［新時代のワークスタイル］

クラウド「超」活用術

KITA SHINYA
北 真也

C&R研究所

はじめに

入社3年目のK君は、かねてより希望していた「新規開拓チーム」に異動となり、それまで担当していたシステムのインフラ構築系とは、まったく異なる業務に従事することになりました。

「これはいらない、これはいらない、これはいる。これ以外は全部作り直し！」

2日かけて作った資料は無残にもバツ印で埋めつくされ、しどろもどろな説明はただ上司の嘆息を招くばかり。デキル上司や先輩が交わす会話にまったく付いていけず、ときにはボコボコに言い負かされ、考えの至らない読むに堪えない資料を破り捨てられることもありました。

K君は自分の無力感に打ちひしがれ、毎夜悔しくて泣いて、遂にはまともに眠ることもできなくなってしまいました。「この仕事、自分には向いていないのかな」と思ったことも一度や二度ではありませんでした。

お気付きの通り、K君とは私のことで、多少オブラートに包んではいるものの、ほとんどが実話です。寄るべきところなく、自信を完全に喪失していた当時の私を救ってくれたのは、多くの書籍やブログであり、これらの書籍やブログから学んだことを必死で実践することだけが、自分を保つ唯一の方法でした。

その後、何とか窮地を脱し、成果がポツポツと出るようになった頃、自分が実践していることをブログで発信しようと思い立ちました。その内容は決してスマートなものではなく、もがき苦しみながら、もっと「上手いやり方」はないかと試行錯誤を重ねてきたものでしたが、同じような悩みを抱えている人には高尚な理論よりも、こちらの方が数倍は役立つはずだという信念を持って発信を続けてきました。

本書では、「クラウドやiPhoneをどう仕事に活用して行くか?」という切り口で、これまで自分が試行錯誤してきた、「上手いやり方」をまとめました。その内容は相変わらず泥臭くスマートさに欠けるものかもしれませんが、少なくとも机上の空論ではなく、実際に仕事やプライベートな活動の中で使われているものとなります。

大きくは、Googleカレンダー、Toodledo、EVERNOTE、Dropboxなどのクラウドツールと、それらと連携するさまざまなiPhone／iPadアプリを用いて、「セルフマネジメントシステム」と「情報マネジメントシステム」という2つの土台を作り上げ、そこからいかにして「アウトプット」を出していけばよいかという流れで話を進めていきます。

メイントピックは、さまざまなツールの使い方の紹介ですが、その目的はあくまで実践可能な方法論を通じて、ビジネスにおける必須スキルを身に付け、アウトプットを出すための仕組み作りを行って、実際に「成果」に結びつけてもらうところにあります。いきなり、すべては厳しいかも知れませんが、ぜひ、できるところから実践してみてください。

2011年10月

北　真也

目次

CHAPTER 1

クラウドで実践するビジネスパーソンの情報武装

CHAPTER

情報を「いつでも、どこでも」クラウドに収集するテクニック

CHAPTER

クラウドの「セルフマネジメントシステム」を使いこなす

CHAPTER

クラウドの「情報マネジメントシステム」を使いこなす

CHAPTER 5

クラウド&iPhoneでアウトプットを活性化する

目次

CHAPTER

クラウド&iPhoneによるライフログとその活用

CHAPTER 1
クラウドで実践する ビジネスパーソンの情報武装

クラウド＋iPhoneがもたらすビジネスパーソン新時代の到来

「クラウド」「スマートフォン」という大きな変革

ここ数年、私たちビジネスパーソンの仕事のやり方に大きな変化が起きています。キーワードは「クラウド」「スマートフォン」の2つです。

1つ目のキーワードである「クラウド」はインターネット上で提供されるサービスのことで、インターネットに接続できれば「いつでも」「どこでも」同じようにサービスを利用することができます。おそらく本書を手に取っている方の多くがGmail、Googleカレンダー、EVERNOTE、Dropboxといった「クラウド」サービスをすでに使っているか、何らかの興味を持っているのではないでしょうか。

2つ目のキーワードがアップルのiPhoneに代表される「スマートフォン」です。これにはiPadなどの「タブレット」端末も含んでよいでしょう。スマートフォンやタブレットは、携帯電話というよりも、むしろ通信機能を持った超小型パソコンといっ

iPhone+クラウドが変えるワークスタイル

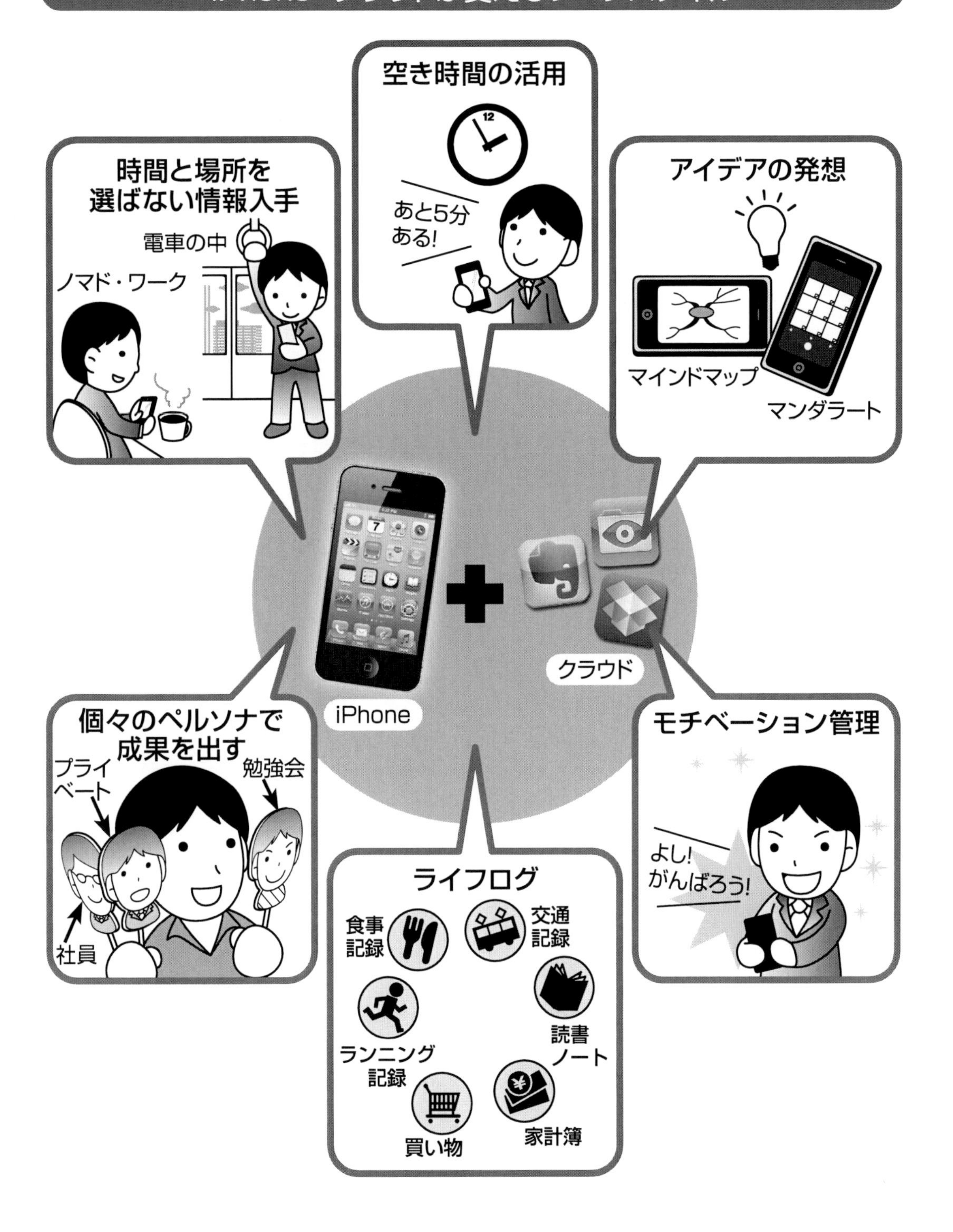

た向きがあり、「いつでも」「どこでも」インターネットに接続ができることに加え、高い性能と操作性を実現しています。

インターネットにつながりさえすれば「いつでも」「どこでも」利用が可能なクラウドサービスと、「いつでも」「どこでも」インターネットにつながる「スマートフォン」。この2つが爆発的に普及する昨今、私たちビジネスパーソンの仕事のやり方にも変化が表れはじめています。

ビジネスパーソンのクラウド＋iPhoneの活用

Googleの各種サービスやEVERNOTEなどの「クラウド」や、「スマートフォン」と仕事を関連付けた書籍が多数発行され、多くの方がそれらの書籍を実際に手にしている状況を見ても、「クラウド」や「スマートフォン」を仕事に役立てたいと考えている方が多いことは間違いないでしょう。

「クラウド」や「スマートフォン」を駆使することで、場所と時間の制約から解放されたり、データ同期のことを気にしなくてもよくなったり、システム導入のコストを引き下げられたりといったさまざまなメリットを得られるのですが、具体的に個人として、できるようになることを挙げると次のようになります。

- 一元的かつ時間と場所の制約がないストレスフリーな情報管理を行うことができる
- 勤務中はもちろん、通勤時間や空き時間などで、無駄のない時間の使い方ができる
- 「会社員」「プライベート」「勉強会主宰」など、すべてのペルソナ（顔）で成果が出せる
- 着想を捉え、アイデアを発想し、アイデアをアウトプットにつなげられる
- ライフログを取得して、そこから次の一手を見つけ出すことができる
- モチベーションをコントロールして習慣形成やパフォーマンス維持ができる

本書では、私たちビジネスパーソンが「クラウド」や「スマートフォン」、とりわけ「iPhone」を活用することで、こういった「成果を出す」ための具体的な方法論を取り上げていきます。

ビジネスパーソンが抱える「制約」

もちろん、企業に勤めるビジネスパーソンにとって、これらのツールの利用に際

してシステムや制度面での制約があることが多いのも事実です。会議や接客のときにツールを自由に使えない、会社のパソコンからアクセスできるサービスへの制限、厳しい情報管理規定、携帯電話の職場への持ち込み制限など、業務上の理由により、これらのツールの活用が規制されてしまうなど、実に多様な制約の元で働かざるを得ない状況なのです。

CHAPTER-1では、まず我々ビジネスパーソンがクラウド＋iPhoneを活用して最大の成果を上げるためにはどのような「仕組み」を作りあげるべきかについて考え、加えて数々の「制約」を抱える中で、「制約」に対してどのように対処すべきかについても併せて考えます。

成果を出し続ける能力と仕組み

「成果を出し続けるための能力と仕組み」を作り上げる

本書の目的は、ビジネスパーソンがクラウドツールやiPhoneを活用して、「成果を出し続けるための能力と仕組み」を作り上げることにあります。

能力と仕組みがなくても偶然の産物として成果を出せることがありますが、そこには再現性がありません。「再現性がある」ということは、中長期的に見てあなたの自信と周囲からの評価につながります。

極端な例を出せば、あなたが素晴らしいアイデアを思い付いたにもかかわらず、それをライバルに盗まれてしまった場合、偶然の力に頼っていたのであれば途方に暮れるしかありませんが、能力と仕組みがあれば動じることなく、「その程度のアイデアはまたいつでも思い付ける」と言うことができるでしょう。さらに言えば、あなたのアイデアを盗まなければならない程度のライバルなど、能力と仕組みを構築したあなたにとっては、ライバルにも満たない存在でしかありません。

また、本書ではアイデアを考える、アウトプットを出すといった直接的な「成果を出す」テクニックのほかにも、目標達成の手法やスケジュールやタスクの管理手法、ボディマネジメントの方法や勉強法といった事柄についてもテーマとして取り上げていきます。

「成果を出す」と「成果を出し続ける能力と仕組み」のバランス

ここで1つ、世界的ベストセラー『7つの習慣―成功には原則があった！』（スティーブ・R・コヴィー、ジェームス・スキナー著、キングベアー出版刊）で取り上げられていた「P／PCバランス」という考え方を紹介します。

Pは「Performance（目標達成）」、PCは「PerformanceCapability（目標達成能力）」という意味ですが、先ほどの言葉に置き換えれば「Peformance」は「成果を出す」こと、「PeformanceCapability」は「成果を出し続ける能力と仕組み」と置き換えることができます。「P／PCバランス」とは、この2つのバランスが取れていることが非常に重要だという考え方です。

「成果を出す」ことにばかりとらわれて、そのために必要な仕組み作りと能力の研鑽（けんさん）、自分自身のメンテナンスをおろそかにしていると、どこかで必ず破綻を来します。また、うまくやるための方法論ばかりにとらわれて、「成果を出す」ことなくテクニックの収集ばかりしても、それが成果に結びつかなければまったく意味がないのです。

つまり、「成果を出す」ことと、「成果を出し続ける能力と仕組み」を構築することは、どちらが重要というものではなく、どちらが欠けてもうまくいかない車の両輪のような関係にあるのです。

「成果を出す」ために必要なこと

もう少し具体的に「成果を出す」ためにどういった能力を研鑽し、仕組みを作り上げればいいかを考えてみましょう。たとえば、「良い企画を出し、それを実現すること」が目指すべき成果だとすれば、次のような仕組み作りや、能力の研鑽が必要です。

仕組み作り

- 企画につながりそうなネタを効率的に集めるための仕組み作り
- 集めたネタからアイデアを発想するための仕組み作り
- アイデアを企画に練り上げるための仕組み作り
- これらの行程を管理するためのスケジュール管理とタスク管理の仕組み作り
- 企画を遂行するためのスケジュール管理、課題管理の仕組み作り

能力研鑽

- アイデアを生み出すための発想能力を磨く
- アイデアを企画書に落とし込むドキュメンテーション能力を磨く
- 企画を通すためのプレゼンテーション能力を磨く
- 企画遂行時の課題を抽出するための課題抽出能力を磨く

ここで重要なことが2つあります。

1つ目は、「成果を出す」ためには単にアイデアやアウトプットを出す能力だけで

はなく、スケジュールやタスク管理などのセルフマネジメントの能力が求められることです。どんなに素晴らしい企画書を書き上げても、それが企画会議に間に合わなければ、まったく意味をなしません。

2つ目は、「アイデアを考える」「企画書や提案書を作成する」といったアウトプット作業には作法やテクニックがあり、それらを明文化した知識は共有できるということです。

個人のアウトプット技法は門外不出になりがちで、徒弟制度における技術伝承のように上司や先輩から盗んで体得すべしという状態であることが多いのです。もちろん、本当に技術として身に付けるためには訓練の上で体得することは必須ですが、知識として身に付ける段階では、明文化されている方がスムーズかつ体系的に学ぶことができるのです。

「成果を出し続けるための能力と仕組み」についてイメージが湧いてきたと思いますので、次のSECTIONから具体的な形にしていきます。

成果を出し続けるために必要な2つのシステム

成果を出し続けるための2つのシステム

成果を出し続けるための仕組みは大きく分けて、「セルフマネジメントシステム」と「情報マネジメントシステム」の2つから構成されます。この2つのシステムで収集、管理された情報を活用して成果、すなわち「アウトプット」につなげていきます。

セルフマネジメントシステム

「セルフマネジメントシステム」とは、直訳すれば「自己管理の仕組み」です。私たちは社会生活を送るにあたって、さまざまな時間的制約や地理的制約の中で活動することになります。たとえば、会社勤めをしている人の大多数は、決められた時間までに会社に出勤して、会議の時間には会議室に集合し、締め切りまでに資料を提出する必要があります。

セルフマネジメントは、ネガティブに考えると「多くの制約の中でルールを破らないようにするための自己管理」に見えるかも知れませんが、もう少しポジティブに捉えれば「制約の中で自分のリソースをいかに配分して成果を得ていくか」という「自分経営の手法」ととらえることもできるのです。

どんなに優れたアウトプットを出せたとしても、セルフマネジメントで失敗してしまっては意味がありませんし、自分の時間や金銭などのリソースをうまく配分しなければ、優れたアウトプットを継

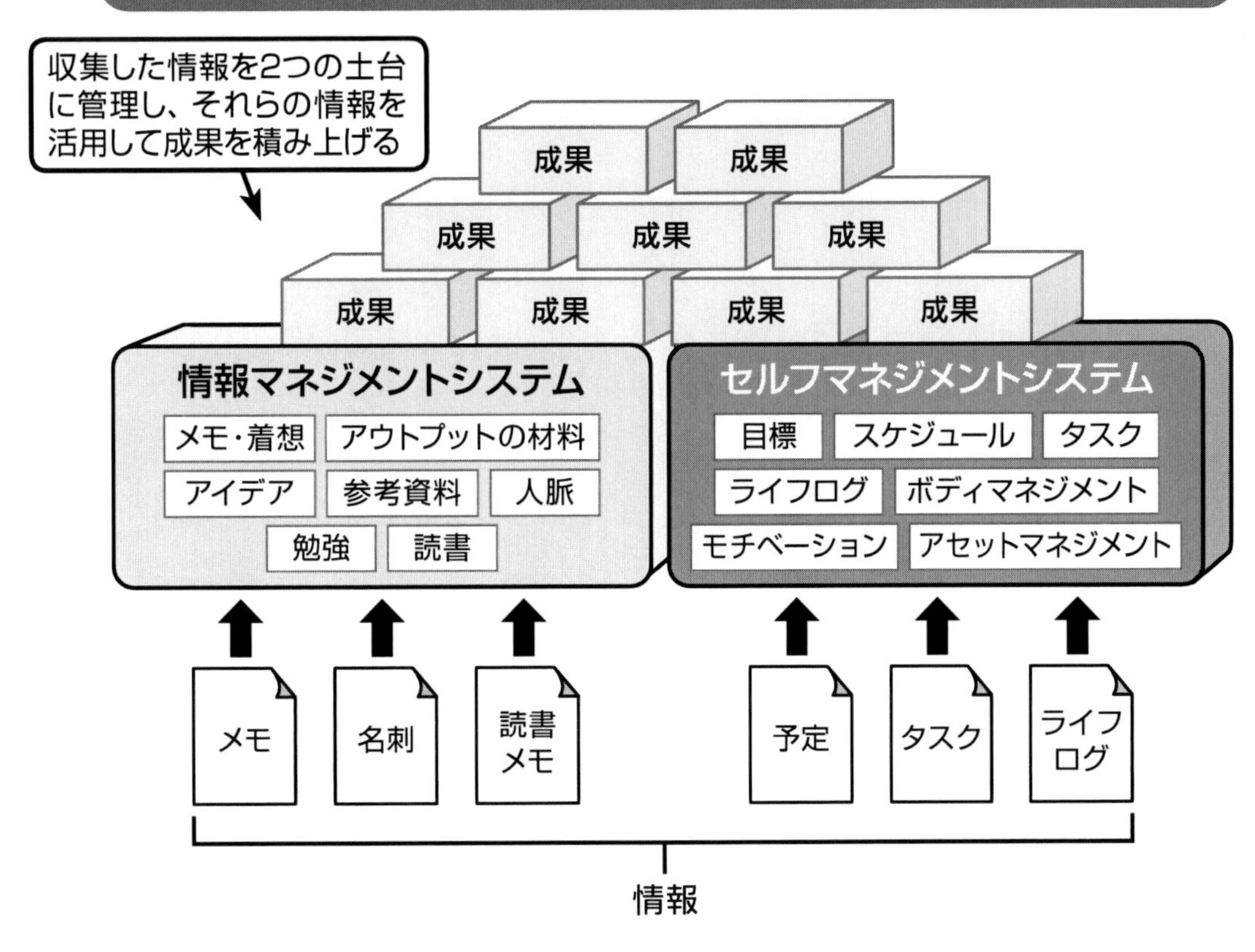

続的に出していくことはできないのです。

情報マネジメントシステム

情報マネジメントシステムというと、少し漠然とした印象を受けるかも知れませんが、ここでは「アウトプットの元となる情報を収集・管理するための仕組み」と定義します。

日々触れる大量の情報の中から自分が興味を持っている情報、もしくは自分の進みたいと思っている方面に関連する情報をメモやウェブクリップとして集め、着想をアイデアに育て上げ、実際にアウトプットへつなげていきましょう。

脳の苦手分野を補完するセルフマネジメントシステム

人は忘れる生き物であるという前提に立つ

人の脳は物事を正確に記憶することが得意ではありません。いわゆる「短期記憶」と呼ばれる記憶領域では、7プラスマイナス2の事柄しか同時に覚えておくことしかできず、さらにそれらが「長期記憶」として残されるかどうかを人の意思が決められるわけではありません。

確実に「長期記憶」として定着させるためには、記憶を維持するために何度も繰り返し「思い出す」必要があります。しかし、たとえ「長期記憶」として残ったとしても、それを想起させる「きっかけ」がない限り、思い出すことはできないのです。

人は、どんなに大切なことであってもすっぽり忘れてしまうことがありますが、それは不思議なことでも駄目なことでもなく、ただ私たちの記憶というのは私たちの意思の思う通りには扱えないというだけのことです。

そういった経緯から、古の時代より記憶を保管するために、さまざまなツールを発明してきました。メモ帳やノート、手帳、パソコン、デジタルガジェット、そして現代はクラウドとスマートフォンです。こういった記憶を外部化するツールは人類が自らの欠点を補うために作り出してきた英知の結晶なのです。

外部からやってくる情報と頭の中にある情報を書き出す

人が忘れる生き物である以上、少なくとも「やるべきこと」や「これからの予定」といった、忘れると社会生活に支障があるものについては、どこかに書き出しておくべきでしょう。同様に、仕事のメモや会議での会話の内容なども、後になって「何だったっけ?」という事態になってしまわないように記録すべきなのです。

「何をどこまで記録するか」は非常に線引きが難しいのですが、GTD(Getting Things Done)という日本でも非常に人気の高い情報管理/タスク管理の手法にそのヒントが隠されています。この手法では「気になることをすべて頭の外に追い出す」という表現で情報を「収集」する作業の範囲を説明しています。

本書でもこの考えをベースにして、情報の「収集」と「記録」について、次の3分類に分けてCHAPTER-2で詳細に紹介します。

- 自分の内側から来る情報の記録
- 自分の外側から来る情報の記録
- ライフログの記録

脳の苦手を克服するセルフマネジメントシステムの構築

もちろん、情報は集めたらそれで終了というわけではありません。適切なタイミングで取り出せなければ意味がありませんし、それが予定やタスクの場合には行動に結び付かなければ意味がありません。

しかし、前述のように脳は大切な情報をいとも簡単に忘れてしまいますし、必要なときであったとしても、その記憶を想起させる「きっかけ」が与えられなければ思い出すことができないのです。

昔であれば、予定やタスクを忘れないためにはメモや手帳をこまめに見返す必要がありましたが、スマートフォンやクラウドが発展した現代では、そこまでの労力は必要ありません。

簡単な例を挙げると、クラウド上のカレンダーサービスに予定を入力する際に、もう数クリック分の作業を増やすだけで、カレンダーは適切なタイミングでＰＣやスマートフォンに予定を知らせてくれるようになります。

本書では、脳が苦手とする予定やタスクといった情報の管理と、実際にそれを行動に結び付けるところまでをサポートする「セルフマネジメントシステム」の構築を1つの重大なテーマとして取り上げていきます。

尖った専門家になるための情報マネジメントシステム

情報を持っているだけでは「専門家」とは呼べない時代に突入した

現代は私たちが情報を手に入れ消費していくスピードよりも、情報が生み出されるスピードの方が圧倒的に速い「情報過多の時代」です。これは、裏を返せば自分にとって必要な情報もまた以前よりもはるかに容易に入手できるようになったことを意味します。

私はモバイル業界でＳＥをやっていますが、業界の最新動向は「IT Media」や「ITPro」、最新技術の使い方やサンプルコードが欲しければ「@IT」や「Codezine」、最新の技術標準を読む必要があれば「標準化団体(たとえば3GPPやIETF)」などの各ウェブサイトで情報を得ることができます。

さらにはこれまで書店で購入していた雑誌や書籍といった情報源も、今では電子書籍の形で多くのものが提供されています。たとえばＩＴ技術者のバイブルであるオライリー（O'REILLY）も出版物の多くを電子書籍の形式で提供しています（http://www.oreilly.co.jp/ebook/）。電子書籍であれば、分厚くて持ち歩くのも困難であった技術書もiPadなどに入れておけば何冊でも持ち歩くことができます。

その気になれば誰もが専門的な知識や情報を得られる状況なわけですから、もはや情報を多く知っているだけでは、「専門家」とは呼べない時代に突入したといっても決して言い過ぎではないでしょう。

これまでは、「情報格差」とは情報を持っているか、持っていないかの差を意味する言葉でしたが、誰でも簡単に情報を手に入れられるようになった今日では、ネットや最新の機器を駆使してより効率的に情報を集めて活用している人と、そうでない人の間に生まれている情報処理能力の格差へと意味が変貌しているのです。

尖った専門家になるためには「情報収集」と「アウトプット」が重要

本書では専門家の定義を「その道の専門知識と専門スキルを有するプロ」とします。職業を選択し、あるセクションに配置されたからといって、いきなりその道のプロになれるわけではありません。その道の「専門知識」と「専門スキル」で「実績」を出さない限り、誰も「その道のプロ」とは認めてはくれないのです。

「専門知識」を身に付けるためには、効率的に「情報収集」を行う必要があり、さらにそこで得た情報を元に何らかの形で「アウトプット」を出すことによって知識を「専門スキル」へと変換する必要があります。

本を読めばその本の内容をまとめたり、ノウハウを実践する必要があり、最新のプログラミング言語について情報を集めたのであれば試しにコードを書いてみるといった実践が必要となるのです。

では、「情報収集」と「アウトプット」をどれぐらい行えば専門家になれるのか？という疑問も当然湧いてくるはずです。そのヒントとなるのが２００９年にヒットした書籍『天才！ 成功する人々の法則』（マルコム・グラッドウェル著、勝間和代訳、原題『outliner』、講談社刊）で提唱されていた「１万時間の法則」です。

この法則は「その道で抜きんでた成果を残す人は皆、１万時間以上の訓練を経ている」というデータが根拠になっているのですが、日本でも仕事で一人前になるには最低でも3年〜5年かかるといわれているので、感覚的にも理解しやすい数字ではないでしょうか。まず一人前の専門家になるためにこの1万時間を目安にするとよいでしょう。

活用ありきの情報マネジメントシステムを構築する

私たちが尖った専門家になるために「情報収集」と「アウトプット」を1万時間繰り返すにはどういった仕組みが必要かを考えてみましょう。個人的には「気合い」や「努力」という言葉も嫌いではないのですが、それではいささか再現性に乏しいため、本書では「情報マネジメントシステム」という仕組みを構築する方向で目標の1万時間を実現していきます。

「情報マネジメントシステム」とは、情報収集→情報整理→情報活用の流れをクラウドサービスやスマートフォンなどを活用して作り上げ、情報を味方に付けるための仕組みです。ストレスなく情報が循環するシステムを作り上げることで、気合いや努力といった不確定要素に頼らない、継続的な「情報収集」と「アウトプット」の流れを作り出しましょう。

情報過多時代の戦略的情報武装のすすめ

情報過多時代をストレスフリーに乗り切る情報武装を手に入れる

現代は、「情報過多時代」といえる時代です。もちろん、これらの情報を気にせず生きる道もありますが、残念ながら多くの人がインターネットを含むさまざまなメディアから膨大な情報を受け取りながら日々を過ごさざるを得ない状況におかれています。

しかし、この状況をそれほど気に病む必要はないでしょう。というのも情報が増加の一途を辿る間に、さまざまなクラウドツールやiPhoneアプリが生まれ、発展を遂げたことで、私たちが増え続ける情報とうまくつきあえるように手助けをしてくれる環境も同時に整ってきているからです。

ともすれば大量の情報に押し流されてしまいそうな時代ですが、さまざまなクラウドサービスやiPhoneアプリを駆使すれば、これらの情報を自分の味方にすることができます。情報を味方に付けることさえできれば、情報過多時代が恐ろしいものではなく、むしろこれまで成し得なかったことが実現できる素晴らしい時代であることに気付くことができるでしょう。

達成したい目的のためにツールをどう使っていくかの戦略を練る

戦略や戦術という言葉は、元々は戦争の用語でしたが、今日ではビジネスの世界でも日常的に使用されています。

「戦略」とは、「達成したい目的のために、長期的展望的な視野でリソース配分および行動を計画すること」という意味を持っています。たとえば、新しい市場に参入する際、短期的には赤字を出したとしても、後々取り返すことができるので、トータルで見れば参入するメリットがあると判断する場合などは戦略的といえます。

「戦術」とは、「一定の目的を達成するために取られる手段、方法」という意味を持っており、戦略に比べると具体的でテクニカルな意味を持っています。たとえば、新しい製品を出すときに、どういったプロモーションを打つか、新しい製品を売るために店舗に配置した営業は何をすればいいか、などの具体的な方策が戦術です。

クラウドやiPhone／iPadといったツールを使う際にも、個々のツールの機能やテクニックといった戦術面にばかり目を奪われず、何のためにそのツールを使うのかを考えながら、少し広い視野でこれらの要素を組み合わせてみましょう。

戦略的に配置した後に個々の戦術を立てる

いきなり戦略だ、戦術だと難しい話になってしまいましたが、もう少し身近な例で挙げるとすると、戦略的に考えるというのは、サッカーや野球のスタメンや交代要員の編成を組む感覚に近いといえます。こういったチームスポーツにはそれぞれのポジションにそれぞれの役割があります。そこに適材適所で人を当てはめていくことで個々人の能力が最大限に活かされたチームを作ることができるのです。

たとえば、情報収集のときには、普段はRSSリーダーの「Reeder」を使い、その中でじっくり読みたいと感じた記事は「Instapaper」に送る、さらにその中に後で使いそうなものがあれば「EVERNOTE」にクリップする……といった具合に、どのツールにどの仕事をやらせるか、またはその流れをどう作り上げていくかが「戦略」となります。

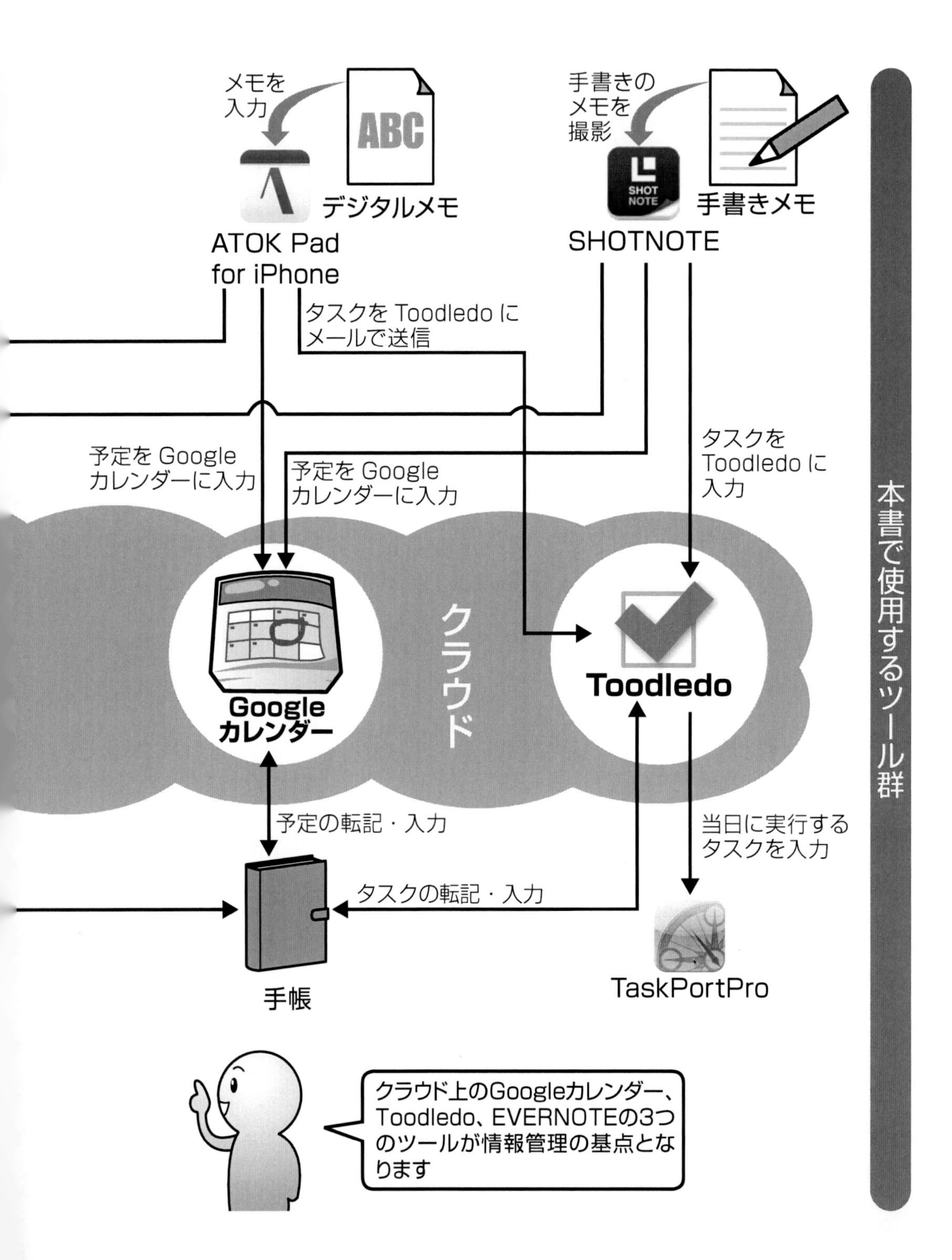

本書で使用するツール群

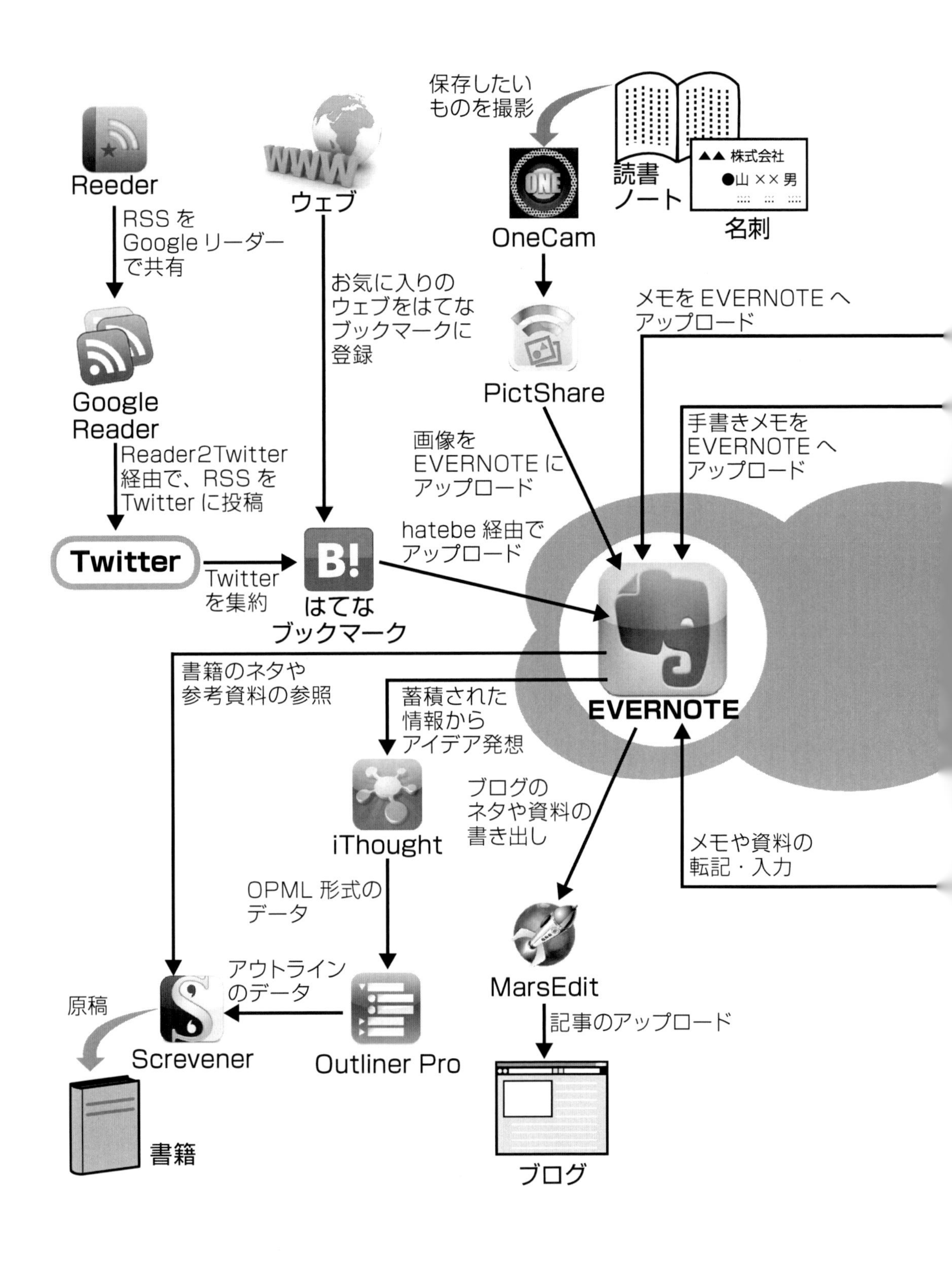
Reeder
RSS を
Google リーダー
で共有
Google
Reader
Reader2Twitter
経由で、RSS を
Twitter に投稿
Twitter
Twitter
を集約
ウェブ
お気に入りの
ウェブをはてな
ブックマークに
登録
はてな
ブックマーク
hatebe 経由で
アップロード
保存したい
ものを撮影
OneCam
PictShare
画像を
EVERNOTE に
アップロード
読書
ノート
▲▲ 株式会社
●山 ×× 男
名刺
メモを EVERNOTE へ
アップロード
手書きメモを
EVERNOTE へ
アップロード
EVERNOTE
書籍のネタや
参考資料の参照
蓄積された
情報から
アイデア発想
iThought
ブログの
ネタや資料の
書き出し
メモや資料の
転記・入力
OPML 形式の
データ
アウトライン
のデータ
Screvener
Outliner Pro
原稿
書籍
MarsEdit
記事のアップロード
ブログ

また、いかに「戦略」が大事といっても、それだけでは具体性に乏しく絵に描いた餅にしかなりません。目的に沿った大局的な「戦略」を立てた後は個々のプレイヤーにどう働いてもらいたいのか具体的な「戦術」を練りましょう。

前ページの図は、私の情報インプットからアウトプットまでの流れの中で、クラウドやiPhone／iPadのアプリをどう組み合わせて使っているかを示したものになります。本書では、この編成のチームが具体的にどう戦っていくのかを説明していきます。

本書で紹介する内容は局地的な「戦術」に関するものが多くなりますが、その背景には大局的な「戦略」があることを常に意識してもらえば、本書の内容をよりスムーズに理解してもらえるのではないかと思います。

使用する主なクラウドサービス

スケジュール／タスク／メモ／資料の統合環境を構築する

本書では、成果を出す仕組みとして「セルフマネジメントシステム」「情報マネジメントシステム」の2つのシステムを構築します。それぞれに最適と考えられるクラウドツールは、次の通りとなります。

セルフマネジメント

- スケジュールの管理 → Googleカレンダー
- タスクの管理 → Toodledo

情報マネジメント

- メモの管理 → EVERNOTE

- 参照する資料の管理→EVERNOTE
- 未読資料／編集する資料の管理→Dropbox

情報の種類や性質によって、保管場所に求められる機能は異なります。これらのツールごとに、それぞれどのような情報をどのように管理していくかを見ていきましょう。

Googleカレンダーで予定・行動計画

スケジュール管理は、クラウドサービスのGoogleカレンダーを用います。Googleカレンダーは、直感的な操作でスケジュール管理が行えるだけでなく、リマインダーを

◉Googleカレンダー

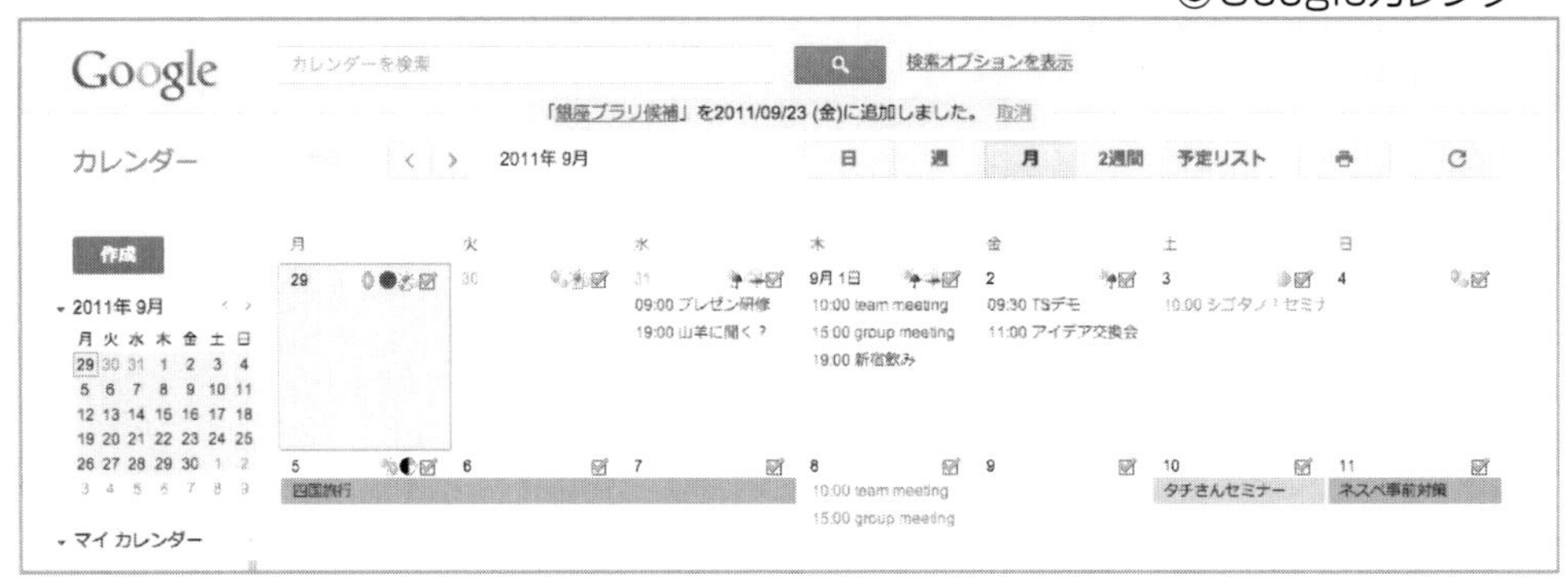

Webサービス情報

Google カレンダー

- **ジャンル** … スケジュール管理
- **提供元** … Google Inc.
- **価 格** … 無料

URL http://www.google.com/calendar/

通知したり、他の人と予定を共有したりとさまざまな機能を備えています。

また、Googleカレンダーでは予定を複数のカレンダーに分類し、カレンダーごとに表示／非表示が設定できます。この特性を活かすことにより、忘れては困る予定を管理する「予定表」と、1週間の時間軸に予定、目標を達成するための行動、タスクを配置する「行動計画表」の2種類の使い方ができます。

Toodledoで行う立体的タスク管理

タスク管理は「Toodledo」を使用します。Toodledoでは、タスクのフィルタリングや並べ替えを自由自在に行うことができ、その時々に必要なタスクを最も使いやすい並びで表示することができます。先々対応すればよいものも含め、自分のやるべきタスクをすべて管理しつつ、いざタスクを実行する段では今日この瞬間にやるべきタスクだけを表示するという使い方ができ、タスクの管理・遂行の両面から使いやすいサービスです。

Toodledoはタスクを「フォルダ」と「コンテキスト」で立体的に管理できるほか、タスクをサブタスクに分解することも可能です。また、タスクに設定できるパラメータも事細かにカスタマイズすることができるため、さまざまなタスク管理手法に対応します。

EVERNOTEでメモと資料の管理

EVERNOTEは「第2の脳」と評される情報管理ツールで、文字や写真、音声などでメモを残せるほか、ウェブページをクリップしたり、PDFやエクセルやワードなどのオフィスのファイルなど、さまざまなファイルを取り込むことが可能です。

取り込まれた情報は「ノート」という単位で管理され、その内容にかかわらず、「ノートブック」や「タグ」という強

◉Toodledo

Webサービス情報

Toodledo

- **ジャンル** ・・・ タスク管理　● **提供元** ・・・ Toodledo
- **価 格** ・・・ 無料 / Pro版 年額14.95ドル / ProPlus版 年額29.95ドル

URL http://www.toodledo.com/

◉EVERNOTE(Mac版クライアント)

◉EVERNOTE(iPhone版クライアント)

Webサービス情報

EVERNOTE

- **ジャンル** ・・・ 情報管理　●**提供元** ・・・ Evernote Corporation
- **価 格** ・・・ 無料 / プレミアム版 月額5ドル または 年額45ドル

URL http://www.evernote.com/

力な整理の仕組みを使って画一的に管理できます。

また、PC／Mac上で動作するクライアントアプリケーションのほか、iPhoneやAndroidなどのモバイルデバイス上で動作するクライアントアプリも用意されており、それぞれがクラウド上のEVERNOTEサーバと同期を行うことでシームレスなデータ連携を実現しています。

本書では、自分が取ったメモと読み終えた資料の管理にEVERNOTEを使用しますが、これは大量のメモや資料の管理にEVERNOTEの整理／検索の仕組みが向いているためです。ただし、読んだことがない資料などは、その資料が何者であるかが不明であるため上手く整理・検索ができず、EVERNOTEに入れてしまうと情報を見失ってしまう可能性がある点は注意が必要です。

Dropboxで未読資料と編集中ファイルを管理

Dropboxは Windows やMac内に作られた「Dropboxフォルダ」をユーザーの操作なしにクラウド上のストレージと同期するサービスです。同じDropboxアカウントを複数のPC／Macに設定すれば、1つの端末で行った変更をシームレスに他のPC／Macに反映することができます。また、一度クラウドのストレージに同期されたファイルはiPhone上のさまざまなDropbox連携アプリから編集／閲覧できます。

EVERNOTEでは一度目を通した資料や、すでに出来上がっているアウトプットを参照する目的で情報を管理していました。対してDropboxでは前段階である未読の資料や編集中のオフィスファイルを管理する用途で使用します。

Webサービス情報

Dropbox

- **ジャンル** … ファイル同期　● **提供元** … Dropbox, Inc
- **価 格** … 無料 / Pro50版 月額9.99ドル または 年額99.00ドル

URL https://www.dropbox.com/

ソーシャル時代の情報収集の形

ソーシャルメディア誕生

2005年にティム・オライリーが「Web2.0」を提唱してから、多くのソーシャルメディアが発展を遂げてきました。ソーシャルメディアとは「人とのつながりという枠組みの中で情報が広がっていくメディア」で、ブログやSNS(ソーシャルネットワーキングサービス)、ソーシャルブックマークなどが代表的なサービスです。

ブログやポッドキャスティングにはRSSという配信の仕組みがあり、RSSを購読した人に対して情報が配信されます。多くの場合、配信を受ける側も複数のソーシャルメディアからRSSを購読して1カ所のRSSリーダーで閲覧しています。

SNSはもう少し人間関係性が強く現れ、国内大手のSNSであるmixiではリアルの人間関係がネット上にも再現されているといわれています。日記や写真をリアルな友達でもあるマイミク(mixi上の友達)と共有する目的で使われています。

Twitterも分類上はSNSという扱いになりますが、こちらは知らない人同士でも気軽にフォローできる雰囲気があり、自分がフォローしている人を経由して、まったく見ず知らずの人が発信した情報が届けられることもあります。

「人」を起点とした情報収集

ソーシャルメディアは人と人とのつながりの中で情報が流通するメディアであり、私たちは自分が欲しいと思う情報を発信している人とのつながりを持つことで、その人を通して情報を得ることができます。これまではTVや新聞などの「マスメディア媒体」が情報流通の担い手で

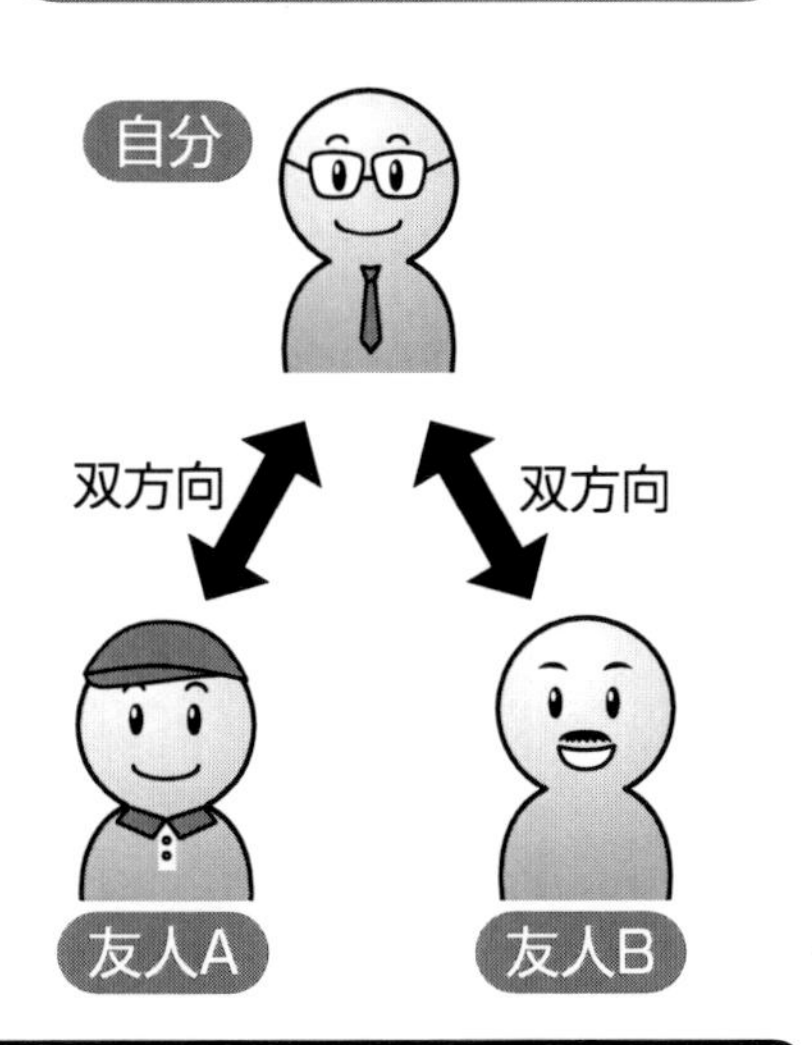

mixi/facebookモデル
自分
双方向
双方向
友人A
友人B
mixiやfacebookは必ずユーザ同士が1対1の関係になり、双方向に情報がやりとりされる仕組みになっている

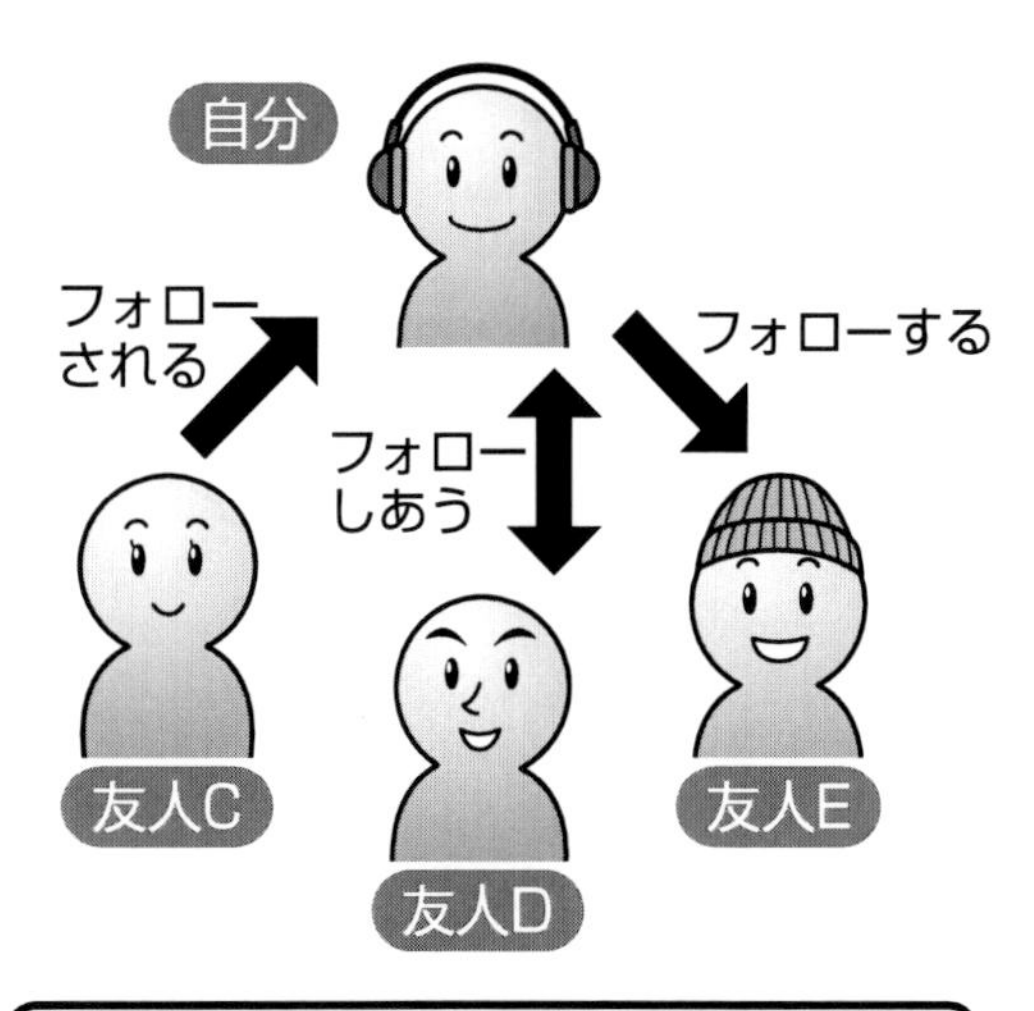

Twitter/Google+モデル
自分
フォローされる
フォローする
フォローしあう
友人C
友人D
友人E
TwitterやGoogle+では一方だけがフォローされている状態になる場合もあれば、双方向にフォローし合う場合もある

したが、現代ではインターネットによって情報を発信する力を得た「個人」もまた情報流通の主要な担い手となっているのです。

この「個人」を起点とした情報収集には、次の特徴があります。

- 多様な考え方を見比べる中でバイアスの除去が可能となる
- 各個人の知識や経験からさまざまな付加価値が生み出される
- マスメディアが取り上げないニッチな情報が入手できる
- 双方向コミュニケーションによる能動的な情報収集ができる

多様な考え方を見比べる中でバイアスの除去が可能となる

同じ出来事を見たり、同じ情報に触れた場合でも、人によって感じ方やとらえ方は異なります。各個人がこれまで生きてきた中で得た知識、経験、思想信条、そのときの感情などを元に、出来事や情報に対する反応を決めるので、人によって発信される情報に何らかのバイアスがかかるのは当然のことです。

ソーシャルメディアを用いれば、自分が知らないすごい情報を次々と発信している人、自分と興味や関心が似ている人、ネットでたまたま見かけた非常にユニークな考え方をしている人、この前のオフ会で出会ってもっと仲良くなりたいと思った人など、さまざまな「人」から情報を得ることができます。

この多様性は、自分がニュートラルでありたいと思うときには複数の意見を比較検討することでバイアスを除去する助けになりますし、自分にとって「快」と思える情報を選び取るチャンスを増やすことにもつながるのです。

各個人の知識や経験からさまざまな付加価値が生み出される

個人が知識や経験を元に発信する情報には、さまざまな付加価値が含まれています。たとえば、心理学ジャーナリストの佐々木正悟氏は、ライフハック・仕事術の分野にご自身の専門である心理学を掛け合わせた、かなり独自色の強い情報を「ライフハック心理学」(http://www.mindhacks.jp/)というブログで日々発信しています。

マスメディアが取り上げないニッチな情報が入手できる

世の中には、ニッチすぎて読者層が少なく商売として成立しない、単にマスメディアと接点がなかったという理由でマスメディアに登場しない情報がたくさんあり、それらの情報が個人から生み出されているケースは枚挙にいとまがありません。

たとえば、EVERNOTEは日本語化され大手メディアが取り上げるようになる2年以上前から一部のブロガーによってその活用法がシェアされていましたし、同様に本書で取り上げているタスク管理のクラウドサービスToodledoに関していえば、今でも個人ブロガーの発信する情報以外には情報を入手する術がない状況です。

双方向コミュニケーションによる能動的な情報収集が可能

ソーシャルメディアは、これまで一方的になりがちだったウェブの世界にコミュニケーションの仕組みを組み込むことで、情報発信を双方向なものへと変化させたメディアです。これによって、これまで受動的に情報を受け取る形であった情報収集が、自分のアクションを起点とした能動的な形へと変質を遂げています。Twitterであなたが「日吉近辺の美味しいラーメン屋さんを教えて！」とつぶやけば、ラーメン好きのフォロワーから「つけ麺好きなら『あびすけ』、家系が好きなら『らすた』って店がオススメだよ」といった形で情報を受け取ることができるのです。

職場の制約には「メンタルモデル」で対応する

制約のある職場でクラウドツールのエッセンスを活かす

ここでは、企業に勤務するビジネスパーソンが遭遇する数々の「制約」について考えてみましょう。世の中にはすでにクラウドやスマートフォンを駆使して仕事をしている人がいる一方で、会社の業務ではクラウドサービスもスマートフォンも使えない環境にある人もいます。かくいう私も会社ではほとんどのクラウドサービスがアクセス規制の対象になっていますし、業務用の携帯電話は4年前のフィーチャーフォンです。

ただ私は、このような制約がある環境だからといって、スマートフォンやクラウドツールが提供する高度な情報管理機能を使わないのは、あまりにも「もったいない」と感じています。

ビジネスの道具として「クラウド」「スマートフォン」が一部のプレイヤーの中で使

われ出している以上、自分の会社で使えないからといって、関係ないと見切ってしまうことは早計にすぎます。他のプレイヤーがそれらを使い出しているという事実は目を背けても変わりませんし、会社で使えなくても個人レベルで活用可能な部分もあるはずなのです。

「制約」にはメンタルモデルで対応する

ほとんどのクラウドツールは情報をインターネット上に保管するため、会社の情報管理規程にはよく注意する必要はあるのですが、たとえそれが「会社で利用できないサービス」だとしても、まずは個人的にでも使ってみることをお勧めします。それは、クラウドツールやスマートフォンといったツールが一体どのようなもので、どのようなメリット・デメリットがあるのかを身をもって理解しておくことは、違う形で今後の糧にすることができるからです。

もし、あなたの会社の環境で、EVERNOTEやGoogleカレンダーを使うことが許されなくても、その「メンタルモデル」を持ち込んだり、代替手段を探すことによって仕事のやり方を工夫することはできるのです。

おそらくほとんどの人にとって「メンタルモデル」というのは聞き慣れない言葉のはずです。ここでは『ライフハック心理学 ― 心の力で快適に仕事を効率化する方法』（佐々木正悟著、東洋経済新報社刊）から次の言葉を引用しておきましょう。

メンタルモデルとは、簡単にいうと、手順の図式の元になるものです。いってみれば〝原理原則〟。（中略）人間はかなり複雑な手順も、メンタルモデルとして記憶しておくことができますから、手慣れた人は周りが驚嘆するほど複雑な操作を、間違えずスピーディに実行することができるのです。

私はプライベートでEVERNOTEを使用するうちにEVERNOTEを中心とした情報管理や、アウトプットのメンタルモデルを構築していきました。はじめは「仕事でもEVERNOTEが使えればもっと成果を出すことができるのに」と思っていたのですが、あるときアイデアを育てたり、アウトプットを生み出す手順はそのままにEVERNOTEを別のツールに置き換えてもうまくいくことに気付きました。

EVERNOTEを使えなくても、Windowsのフリーウェア「紙copi」や「fenrir」で近い動きをさせることもできますし、仕事で使えそうなウェブのクリップや、着想メモの管理まではEVERNOTEを用い、アイデア発想やアウトプット以降の作業を会社のPC上で行えば、上手く運用できることに気付くことができました。

アナログとの連携も重要な手段

もう1点、例を挙げておくと、私は基本的にはGoogleカレンダーやToodledoで自分のスケジュール／タスクを管理していますが、会社ではこれらのクラウドツールが使えないため手帳を使って自分に関する情報管理を行っています。

デジタルとアナログの連携は一見面倒

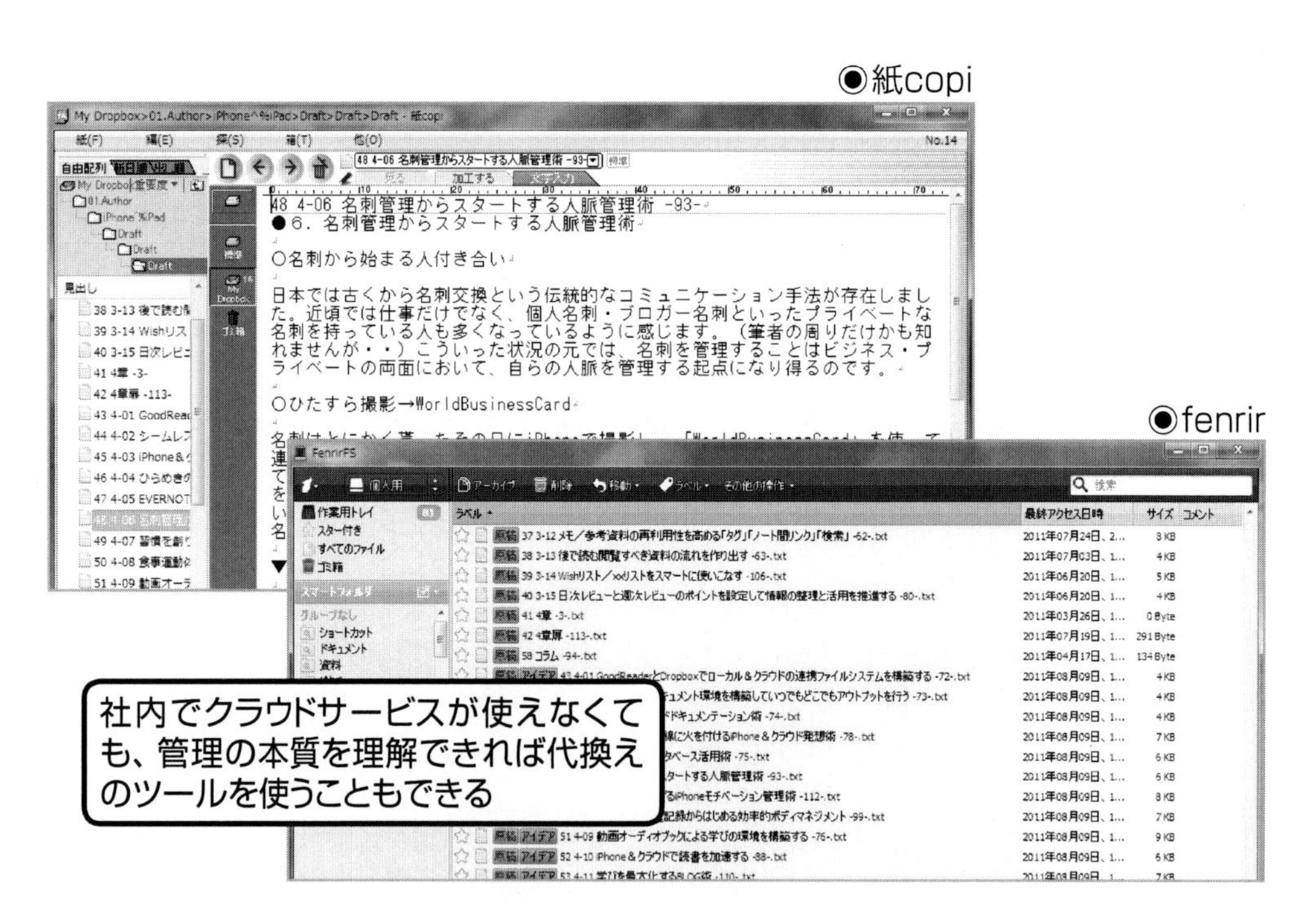

◉紙copi
◉fenrir
社内でクラウドサービスが使えなくても、管理の本質を理解できれば代換えのツールを使うこともできる

そうに見えますが、クラウドツールと手帳の間では緩やかな連携と役割分担が決められており、二度手間にはならないようにできています。また、見方を変えれば手帳という仲介者のおかげで、間接的に私は会社でクラウドを使って仕事ができているともいえるのです。

非クラウド環境の情報管理のやり方

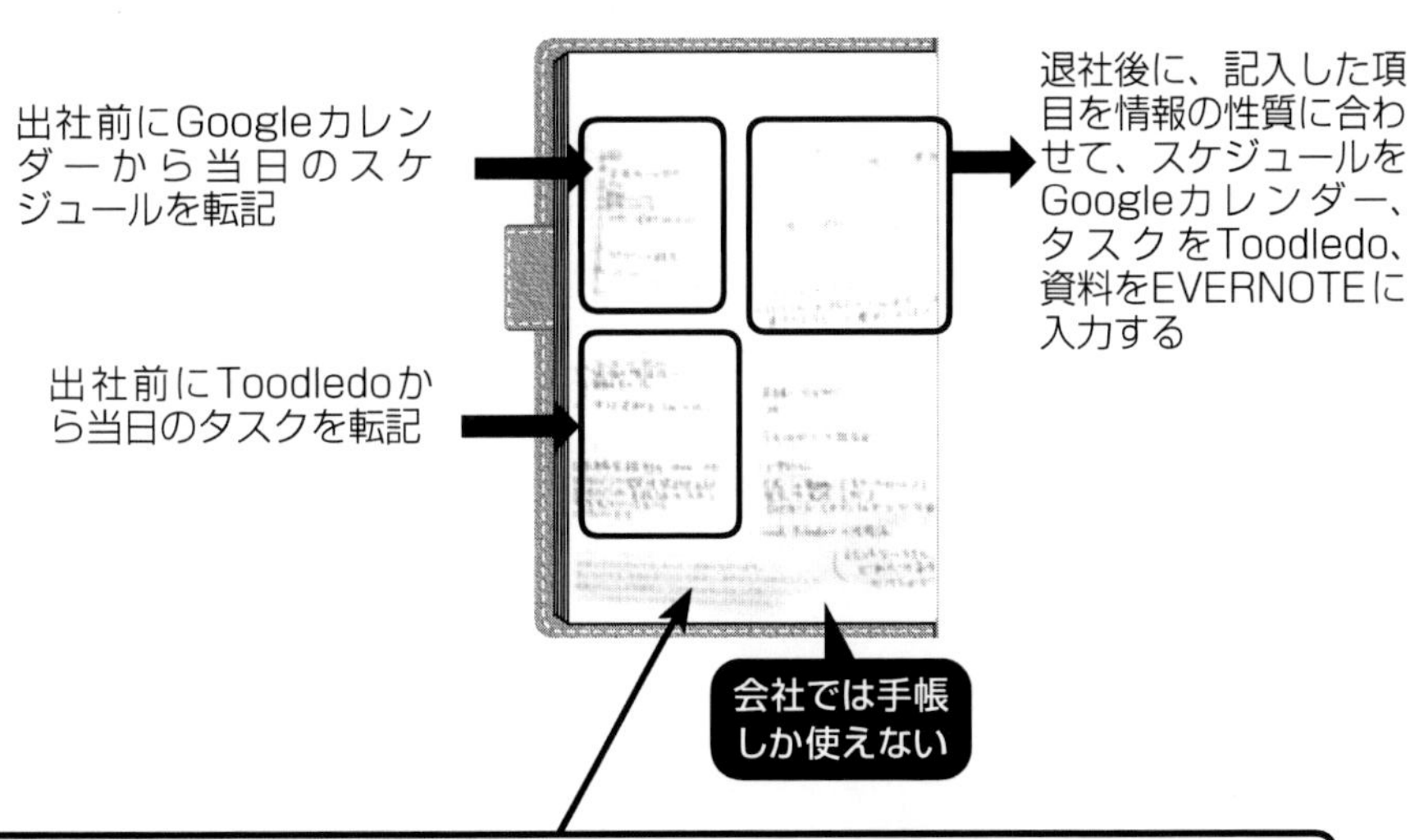
出社前にGoogleカレンダーから当日のスケジュールを転記
出社前にToodledoから当日のタスクを転記
退社後に、記入した項目を情報の性質に合わせて、スケジュールをGoogleカレンダー、タスクをToodledo、資料をEVERNOTEに入力する
会社では手帳しか使えない
基本的にはクラウドで情報を管理しつつ、クラウドが使えない会社では、手帳を使う。全体的な管理はクラウド上で行い、1日分のテンポラリな情報のみを手帳で扱い、両者を緩やかに同期させることで情報の二重管理を防ぐ

コーヒーブレーク①
ゲームアプリ編

本書はテーマ的に堅い内容が続いてしまいますので、コラムでは息抜きにもってこいの楽しいアプリを紹介していきます。まずは、「ゲームアプリ編」ということで、私がハマったiPhoneゲームを2本紹介します。

1本目は、個人的にiPhoneゲームの最高傑作だと信じて疑わない「GrooveCoaster」です。いわゆる「音ゲー/リズムゲー」で、音と流れてくる目印に合わせて、画面をタップしたり、長押ししたり、こすったり、といったアクションを駆使してステージをクリアしていきます。ビジュアルも音楽も秀逸で、難しすぎず簡単すぎずの絶妙なゲームバランス、指一本で遊ぶゲームで、ここまで面白いものが作れることに心から感動しました。

2本目はiPhone4や4SのRetinaディスプレイの美しさを120%堪能できる「Infinity Blade」です。友達に「iPhoneってどんなことができるの?」と聞かれたときには、いくつかのアプリと共に必ずこれを紹介します。画面の美しさもさることながら、戦闘画面のアクション性の高さや思わずフルコンプリートしたくなる装備品の経験値システムなど、実によくできたゲームです。

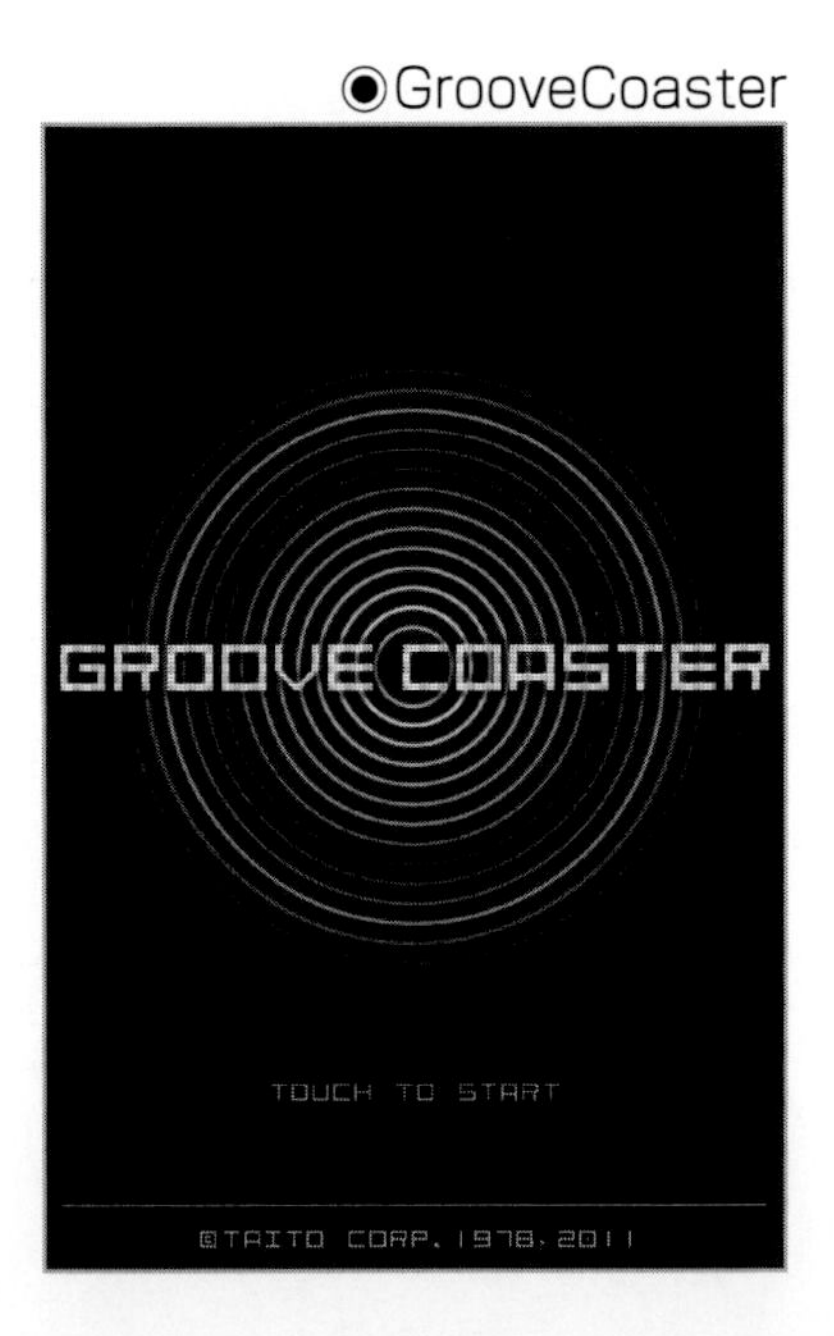

◉GrooveCoaster

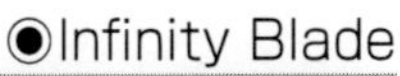
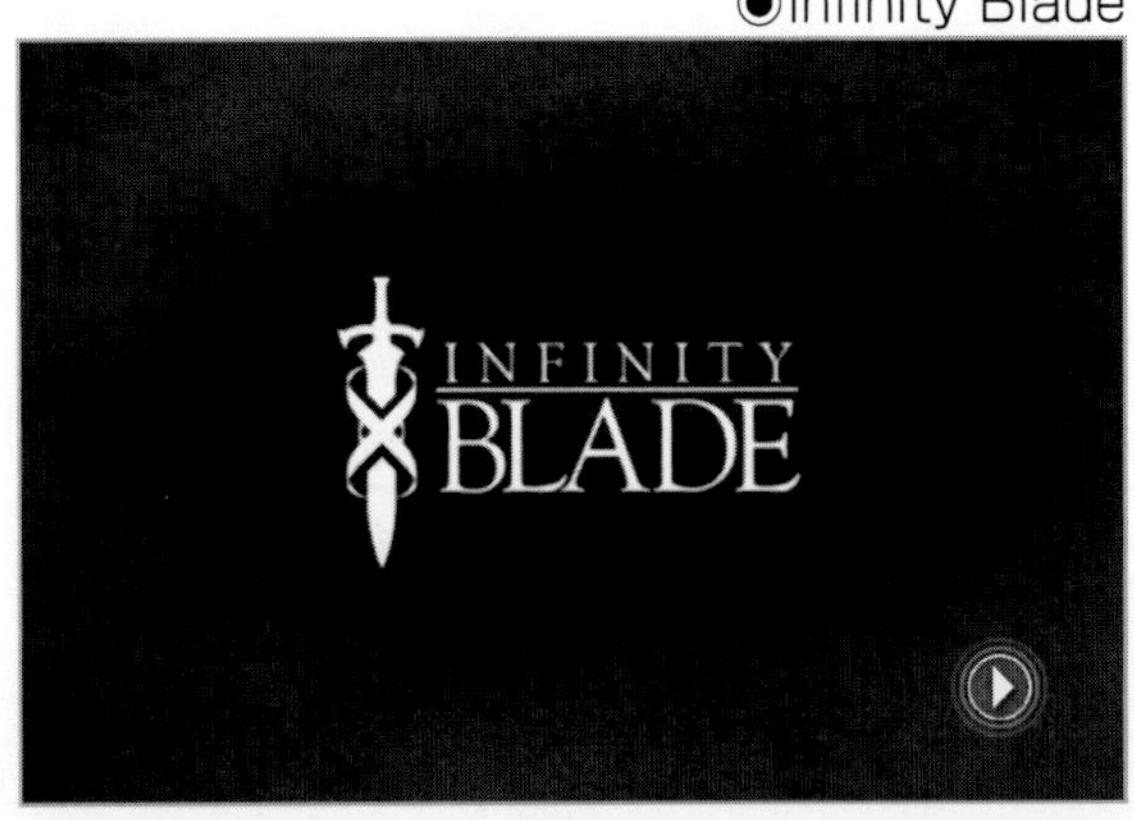

◉Infinity Blade

CHAPTER 2
情報を「いつでも、どこでも」クラウドに収集するテクニック

とらえるべき情報は3つに分類する

情報の分類によって異なる収集の方法

CHAPTER-2では、iPhoneアプリやクラウドツールを駆使して情報を収集するに当たって、「**自分の内側から引き出される情報**」「**自分の外側からやってくる情報**」「**ライフログ**」の3分類に情報を分類して収集の具体的な方法について述べていきます。まずはそれぞれの情報がどういったものかについて見ていきましょう。

自分の内側から引き出される情報

「**内側から引き出される情報**」というのは、あなたが気になっている情報や、やらなければいけないと思っていることなどの内、あなたの頭の中だけにあるものを指します。ずっと「気になる」状態で心に引っかかっているものもあれば、「ひらめき」のような形で突如降ってきたり、何かの拍子に「思い出す」こともあ

とらえるべき情報の種類

るでしょう。考えていくうちに出会う、「思いもよらなかったこと」や「アイデア」もこれにあたります。

「**自分の内側からくる情報**」の取得には、思い付いたときに「どうやって記録するか」だけでなく、自分の内側から情報を「引き出す」ことが非常に重要な作業となります。いかに取り漏らしをなくす仕組みを構築するか、またいかにして内側の情報を引き出すかを後ほど詳しく説明します。

自分の外側からやってくる情報

「**自分の外側からやってくる情報**」が、情報の3分類の中でもっともイメージしやすいものでしょう。自分に対してプッシュされてくる情報としては、「受信メール」や「Twitterのメンション」、「口頭で依頼された仕事」などがあります。他にも「RSS」や「雑誌／書籍」なども外側からやってくる情報といえます。

「**自分の外側からやってくる情報**」についても、「どうやって記録するか」ということが大事ですが、それに加えて「どこから情報を得るか」「何を記録するか」という情報の取捨選択も非常に重要な意味を持ちます。

ライフログ

「**ライフログ**」とは、自分自身の行動や思考の結果、人間の状態、状況、体験などを画像や映像、文字情報などを記録したデジタルデータです。大きく分けて手動と自動で取得できるデータがあり、本書では日記や家計簿もライフログの一種として捉えています。

「**自分の内側から引き出される情報**」と「**自分の外側からやってくる情報**」が、予定、タスク、メモ、参考情報などに使用されるのに対して、「**ライフログ**」は日々の生活の振り返りや今の自分の位置を明らかにするために用います。他の2つの分類の情報は行動のきっかけになったり、何かを行うときの手助けをしてくれますが、「**ライフログ**」は今後の自分の行動を改善するための物的証拠として働いてくれるのです。

ここ最近のスマートフォンやクラウドサービスの発展で手間を掛けず集めることができるようになったので、具体的なライフログの記録方法を紹介していきたいと思います。

「自分の内側から引き出される情報」を記録する

情報を漏れなく書き留める／引き出す方法

「自分の内側から引き出される情報」は、「漏れなく書き留める」こと以上に「引き出す」ことが重要であり、具体的な方法としては、次の2つがあります。

- 「自分の頭にだけある情報」をひたすら書き付ける
- 「ひらめき」を誘発する仕組みと取り漏らさないメモシステムを構築する

この2つの方法について詳しく見ていきましょう。

「自分の頭にだけある情報」をひたすら書き付ける

自分の頭の中にある「気になること」もしくは「やるべきこと」を何かに書き付ける

ことは、誰でも何らかの形で行っているはずです。しかし、「とても大切な作業をしているときに誰かから口頭で依頼されたちょっとした用事」「前から出そうと思っていて、すっかり忘れていた郵便物」「前々から気になっていた新刊を買う」といった些細だけれども気になっていることまで、本当にすべて書き出されているでしょうか。

こういった些細だけれども気になることは、多くの場合、「頭の中にだけある」状態になっています。これらの「頭の中にだけある」情報は、脳に「忘れないようにしよう」というプレッシャーを与えたり、「そういえばあの件どうしようかな……」と思考の脱線を引き起こしてしまいます。

自分の頭にある情報を引っ張り出すヒントは、『ストレスフリーの仕事術―仕事と人生をコントロールする52の法則』(デビット・アレン著、二見書房刊)で紹介されている「GTD(Getting Things Done)」における「収集」にあります。

GTDにおける収集では、ひたすら気になることを書き出して「inbox」に集めるのですが、このときは考えること、整理することを後回しにして、とにかく気になることを書き出します。

この情報収集は「ノートにひたすら思い付くことを書き連ねる」「書き出した情報

に印を付ける」「目印に従って情報を適切な場所に配置する」の3つのステップで行います。

ノートにひたすら思い付くことを書き連ねる

気になることの洗い出しについては、私は基本的に紙のノートであるモレスキン(Moleskine)を使用しています。別にPC上でメモ帳などを用いて作業をしてもよいのですが、根がアナログな人間なのか、手書きでひたすら文章を書き殴ったり、箇条書きで書いたり、図を書いてみたりと、その時々で自分の頭に思い浮かんだことをただ書き連ねる方が効率よく収集で

◉モレスキンに書き出したメモ

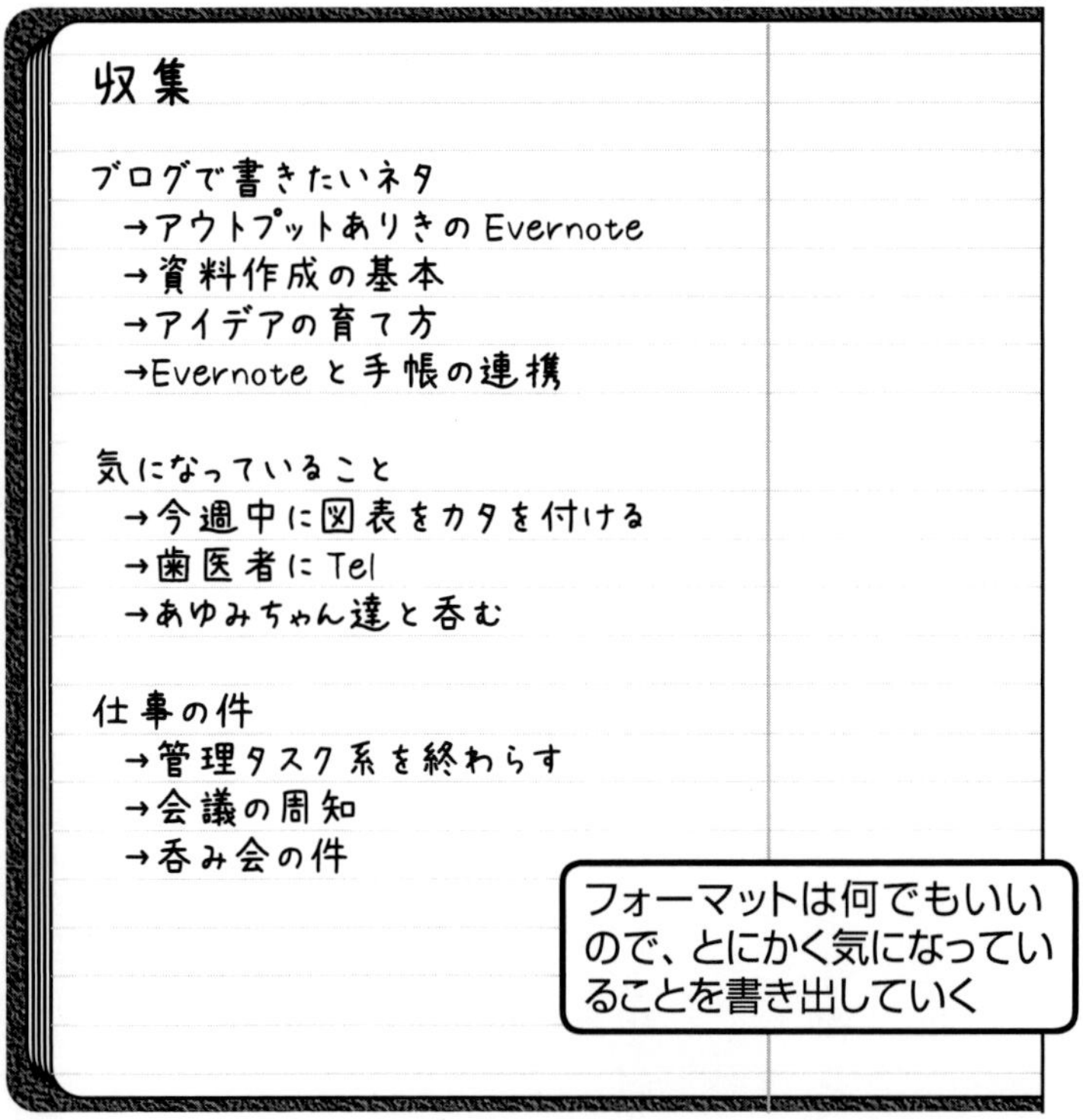

収集

ブログで書きたいネタ
→アウトプットありきのEvernote
→資料作成の基本
→アイデアの育て方
→Evernoteと手帳の連携

気になっていること
→今週中に図表をカタを付ける
→歯医者にTel
→あゆみちゃん達と呑む

仕事の件
→管理タスク系を終わらす
→会議の周知
→呑み会の件

フォーマットは何でもいいので、とにかく気になっていることを書き出していく

◉トリガーリスト

仕事のこと(自分)

- 現在抱えているプロジェクトにはどんなものがありますか?
- 現在の仕事の目標は何ですか?
- 将来行うべきプロジェクトにはどのようなものがありますか?
- 他人と約束(依頼)していることはありますか?
- 仕事の環境で変えたいことはありますか?
- 処理しなくてはいけないメール・書類・電話がありますか?
- 行わなくてはいけない会議はありますか?
- 手帳には何かが書かれていますか?
- 仕事に必要な道具·環境は快適ですか? 新たに欲しいツールがありますか?
- 仕事の環境で変えたいことはありますか?
- 給与・報酬の把握、必要経費の管理はできていますか?
- 習得したいスキルがありますか?
- 調査しなくてはいけないことがありますか?
- 職場(自宅)の机の上、引き出しの中には何が入っていますか?
- 書類入れ、本棚、ロッカーやそのほか、あなたが管理している箇所にはどのようなものがありますか?
- 仕事関係の紙類(重要書類など)の管理は適切ですか?
- 大事なデータのバックアップはできていますか?

家事・暮らしのこと

- 日用品(ティッシュペーパー·洗剤など)のストック管理はできていますか?
- 台所・洗面所・脱衣所・浴室・リビング・トイレ・玄関で買い足したいものはありますか?
- 寝具・リネンは適切に管理できていますか?
- 先々に必要な申込みや手続き、提出・投函物、振込などがありますか?
- 先々に特定の店(家電量販店・ホームセンターなど)で買うものがありますか?
- 家の中で一番汚れている所は何処ですか?
- 資源ごみ(古新聞・古雑誌・ペットボトルなど)の処分はできていますか?
- 粗大ごみに出したいものはありますか?
- カーテンやファブリックなどの洗濯はどうしていますか?
- クリーニングに出しそびれているものはありませんか?

きているようです。

また、この書き出しの作業を行う際には「トリガーリスト」と呼ばれる自分の中から答えを導き出すための「問い」を用意しておくと、よりスムーズに作業を行うことができます。「いま気になることは？」「家庭行事でやりたいことは？」といった質問をあらかじめ用意しておき、さまざまな方向から自分の頭の中にアクセスしてみましょう。

前ページに、私が使用しているトリガーリストを掲載しているので、ぜひ「収集」の際に活用してみてください。トリガーリストに入れるべき質問は人によって異なるので、他に有効な質問があればどんどん追記し、逆に不要と思われる質問は削除してください。

書き出した情報に印を付ける

私の場合は、モレスキンにひたすら思い付くことをフリーフォーマットで書き込むため、その段階ではとても行動に起こせるレベルになっていません。一通りの書き出しが終わった後は、それらの情報に対して、これらの情報が何を表しているかわかるように目印を付けていきます。

私は、「ジェットストリーム(JETSTREAM) 4+1」(三菱鉛筆)という多色ボールペンを使っているため、赤、青、緑の3色を目印として使い分けています。

それぞれの色の使い分けは「赤:タスク」「青:スケジュール」「緑:メモ/参考情報」となっており、分類が難しい情報については、とりあえず、すべて「緑:メモ/参考情報」に分類することにしています。

◉モレスキンに書き出した項目を色分けする

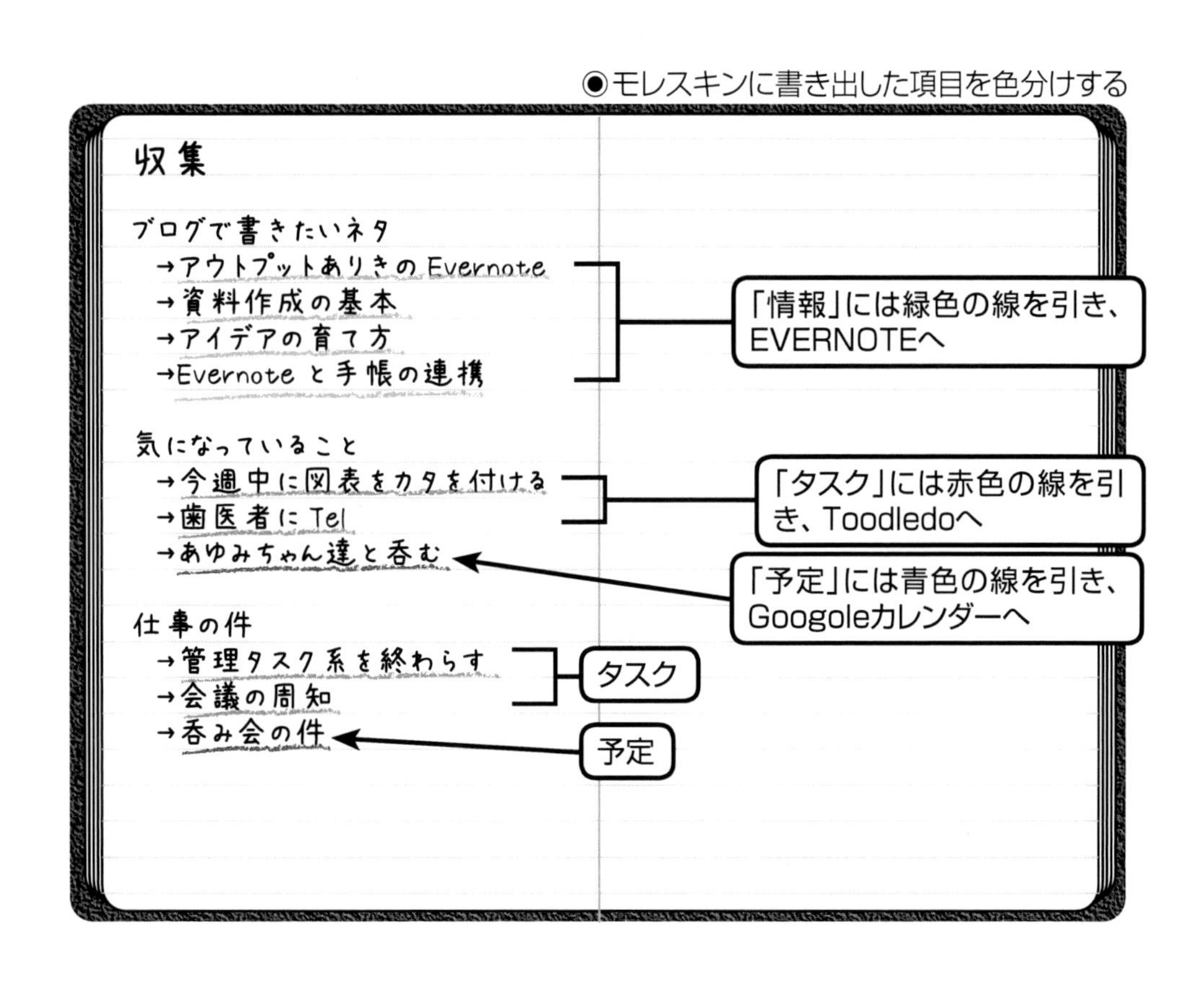

目印に従って情報を適切な場所に配置する

最後に色を付けて分類が終わった情報を適切な場所に配置します。私はPCやMacから、次のように情報を登録していきます。

- 赤：タスク → Toodledoに登録
- 青：スケジュール → 手帳とGoogleカレンダーに登録
- 緑：メモ／参考情報 → EVERNOTEに登録

これで頭の中の情報を一通り「セルフマネジメントシステム」と「情報マネジメントシステム」に入れ込む作業が完了しますが、ここで厳密に振り分けられなくても気にする必要はありません。ここでの振り分けは、あくまで「明確に」タスクやスケジュールとわかっているものだけがそれぞれを管理するシステムに振り分けられればよいと考えてください。

「自分の外側からやってくる情報」を記録する

「自分から取りに行く情報」と「自分に向かってくる情報」を捉える

「自分の外側からやってくる情報」は、おそらく私達がもっとも多く触れ、記録しているであろう情報です。「自分の外側からやってくる情報」をもう一段細分化すると、「自分から取りに行く情報」と、望む／望まぬにかかわらず、「自分に向かってくる情報」に分けることができます。どちらの情報も、後々必要になるのであれば、然るべき場所に保管していつでも取り出せるようにしておく必要があります。

基本的には、前ページで解説した、「タスク→Toodledoに登録」「スケジュール→手帳とGoogleカレンダーに登録」「メモ／参考情報→EVERNOTEに登録」のルールに従い、分類を行います。

私が記録している「自分から取りに行く情報」と「自分に向かってくる情報」の具体例と、その情報の流れは次の通りとなります（36～37ページの図も参照）。

自分から取りに行く情報

現在、「自分から取りに行く情報」と、それを保存する場合に行う処理は、次の通りです。

- ウェブ閲覧……「はてなブックマーク」に登録→EVERNOTEに自動転送（93〜94ページ参照）
- RSS購読……Googleリーダーで共有→EVERNOTEに自動転送（88〜94ページ参照）
- 電子書籍……ページをスクリーンキャプチャで保存→EVERNOTEに保存（129ページ参照）
- 雑誌／新聞……記事を撮影→EVERNOTEに保存（309ページ参照）
- 書籍……書籍に赤線を引いて撮影→EVERNOTEに保存（309ページ参照）

基本的にはいずれも「情報マネジメントシステム」で扱う情報となるため、最終的な情報の保存先はEVERNOTEとなります。

自分のところに向かってくる情報

「自分のところに向かってくる情報」と、それを保存しておきたい場合に行う処理は、次の通りです。

- 口頭での依頼&誘い……メモに残してGoogleカレンダーやToodledoに振り分け（73〜79ページ参照）
- 口頭での参考情報……メモに残してEVERNOTEに送信（75〜78ページ参照）
- メールで依頼&誘い……メールの振り分け時にスケジュールやタスクに振り分け（93〜94ページ参照）
- メールの中の参考情報……EVERNOTEにメールを転送
- Twitterなどで依頼&誘い……その場でスケジュールやタスクに振り分け

口頭で伝えられる情報は、依頼や誘いであればGoogleカレンダーやToodledoに振り分け、参考情報であればEVERNOTEに振り分けます。問題は、口頭で伝えられた段階で、その情報が何者かが必ずしも明確になっていないことですたとえば、上司が雑談混じりに漠然とした指示を出した、一度に複数の依頼を受けた、タスクに落とし込めていない会議の課題事項を「よろしく」と振られたなど、その情報が何者かが不明瞭な場合は、いったんメモを取って「これは何か？」と考える必要があります。

iPhoneが使える状況であれば「ATOK Pad for iPhone」でメモを取り、iPhoneが使えない環境であれば、手書きで「SHOTNOTE」にメモを取ります。忘れないように書き出した後、少し考え、スケジュール／タスク／参考情報のジャッジを行って、それぞれGoogleカレンダー／Toodledo／EVERNOTEに情報を移します。

メールの場合はメモを取らなくてもそこにメールがあるため、定期的に行っているメールのinboxを空にする作業を行う中で「これは何か？」を考えてGoogleカレンダー／Toodledo／EVERNOTEに情報を受け渡します。

取り漏らしゼロのメモシステムを構築する

iPhoneとクラウドサービスを駆使してメモの取り漏らしをなくす

「外から来る」情報にしても「内から掘り起こす」情報にしても、情報をキャッチした時点で忘れないように書き留めるというアクションを起こす必要があります。

しかし、なぜかメモを取りたいと思ったときに限って、メモ帳が手元にない、iPhoneのバッテリーが切れているという事態に見舞われます。その結果、メモを取り漏らして詳細な情報がわからなくなったり、最悪の場合はメモを取り漏らしたことすら忘れてしまって完全に情報をロストするという大惨事になることがあります。

そのような惨事を未然に防ぐために、iPhoneとクラウドサービスを駆使して、取り漏らしをゼロにするメモシステムを構築しましょう。

バックアップと散逸のパラドックスを解消するEVERNOTE

取り漏らしをなくすためにやるべきことはとてもシンプルで、単に「さまざまなメモの手段を用意」すればよいのです。紙のメモ帳やノート、iPhoneやＰＣなど、さまざまな場所からメモを取れるようにしておき、さらにはメモ帳は自宅、職場、鞄ごとにボールペンと一緒に配置しておけば滅多なことがない限り、メモを取り損ねることはなくなります。

しかし、さまざまな手段でメモを取ってしまうとメモが分散してしまい、下手をすれば大切な情報を散逸させてしまう恐れもあります。管理のことを考えれば、メモが複数箇所に分散することは好ましくありません。

一昔前であれば、このメモ帳の分散によるバックアップと散逸の二律背反に苦しむ必要があったのですが、クラウドやスマートフォンが発展した現代においては、この問題はほぼ解消されました。デジタルとアナログのメモが混在しようとも、メモが複数のメモ帳に分散しようとも、すべてのメモをEVERNOTEに集めれば管理上の問題はほぼ解消できるからです。

メモの振り分け方法

私はiPhoneが使える環境であれば、「ATOK Pad fo iPhone」を使い、そうでない環境ではメモ帳の「SHOTNOTE」を使ってメモを取っています。メモを取ったすぐ後で「これは何か？」を考え、すぐに取ったメモがどういった情報であるかが明らかになる場合は、次のルールで情報を振り分けます。

- タスク → Toodledoに登録
- スケジュール → 手帳とGoogleカレンダーに登録
- メモ／参考情報 → EVERNOTEに登録

「これは何か？」を考えてもすぐに答えがでず、特に急ぎの対応が必要でない場合はいったんジャッジを保留してEVERNOTEに取り込みます。EVERNOTEに取り込まれた情報はinboxに放り込まれます。このinboxを整理する段階でもう一度ジャッジして、適切な場所に配置すればよいでしょう。

ATOK Pad for iPhoneでのメモ

「ATOK Pad for iPhone」はWindowsやMacでは変換精度の高さに定評のある「ATOK」というIMEとメモ帳がセットになったiPhoneアプリです。

日本語変換の精度が高く、Bluetoothキーボードからの入力もスムーズに行えるため、長文の入力に適しています。また、TwitterやEVERNOTEとの連携機能のほか、メモをメール送信する機能も備えていることから「ATOK Pad for iPhone」で取ったメモをそのままToodledoに登録することも可能です。

メモを取った直後にまず、「これは何か?」を考えます。スケジュールであればGoogleカレンダーに直に予定を入力し、タスクであればメール投稿機能を用いてToodledoに情報を送り、参考資料であればEVERNOTE投稿機能を用いてEVERNOTEに情報を受け渡します。

iPhoneアプリ情報

ATOK Pad for iPhone

- ジャンル … 仕事効率化
- 提供元 … JustSystems
- 価格 … 1200円

ATOK Pad for iPhoneとEVERNOTEを連携させるには

1 連携画面の呼び出し

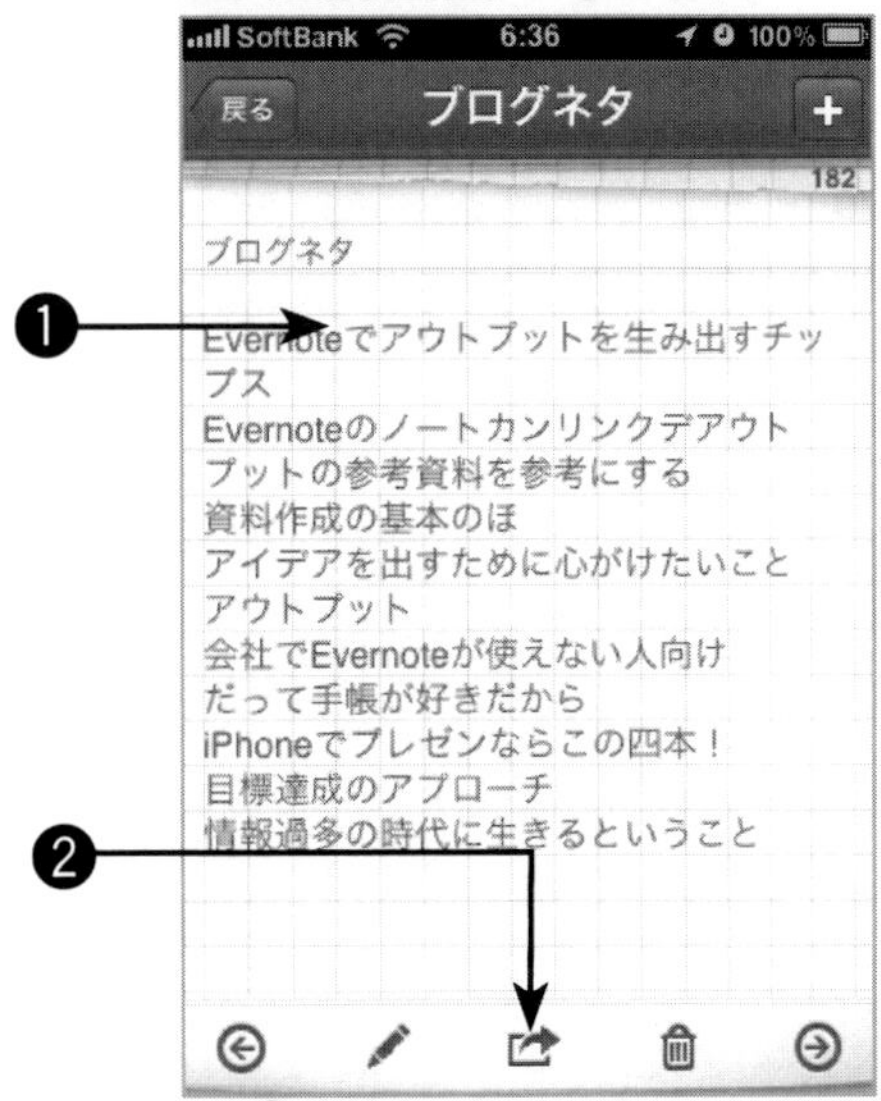

❶ メモを入力します。
❷ [連携] ボタンをタップします。

2 データの送信

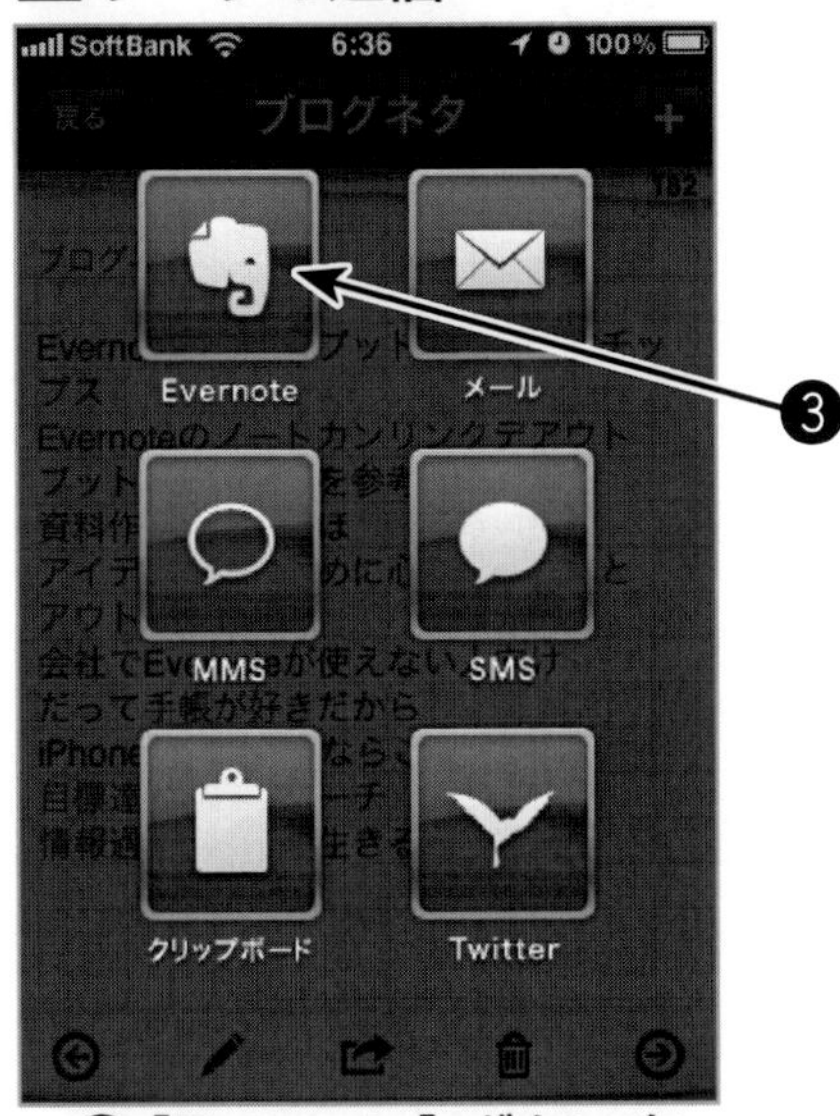

❸ [Evernote] ボタンをタップするとデータが送信されます。

◉EVERNOTEとのメモ同期

メモのリスト表示画面で[同期]ボタンをクリックすると、ATOK Padの全メモをEVERNOTEの「ATOK Pad」ノートブックと同期させることができる

◉Toodledoとの連携

左上の[メール]ボタンをタップして、Toodledoのメールアドレスを指定すると、メモをToodledoに転送できる

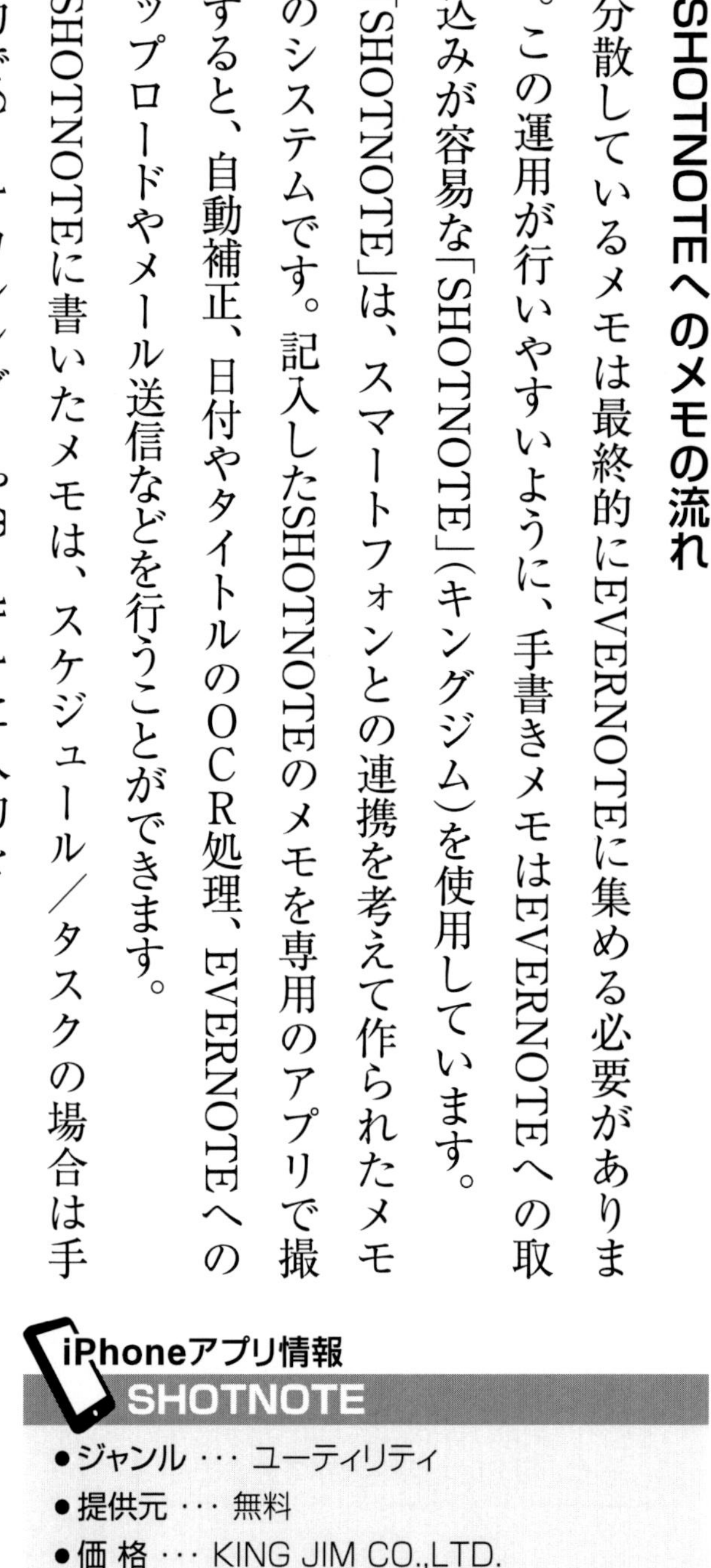

SHOTNOTEへのメモの流れ

分散しているメモは最終的にEVERNOTEに集める必要があります。この運用が行いやすいように、手書きメモはEVERNOTEへの取り込みが容易な「SHOTNOTE」(キングジム)を使用しています。

「SHOTNOTE」は、スマートフォンとの連携を考えて作られたメモ帳のシステムです。記入したSHOTNOTEのメモを専用のアプリで撮影すると、自動補正、日付やタイトルのOCR処理、EVERNOTEへのアップロードやメール送信などを行うことができます。

SHOTNOTEに書いたメモは、スケジュール/タスクの場合は手入力でGoogleカレンダーやToodledoに入力を行いますが、メモ/参考資料についてはメモを専用アプリで撮影してEVERNOTEに受け渡します。転記が終わったSHOTNOTEは、その場で廃棄します。

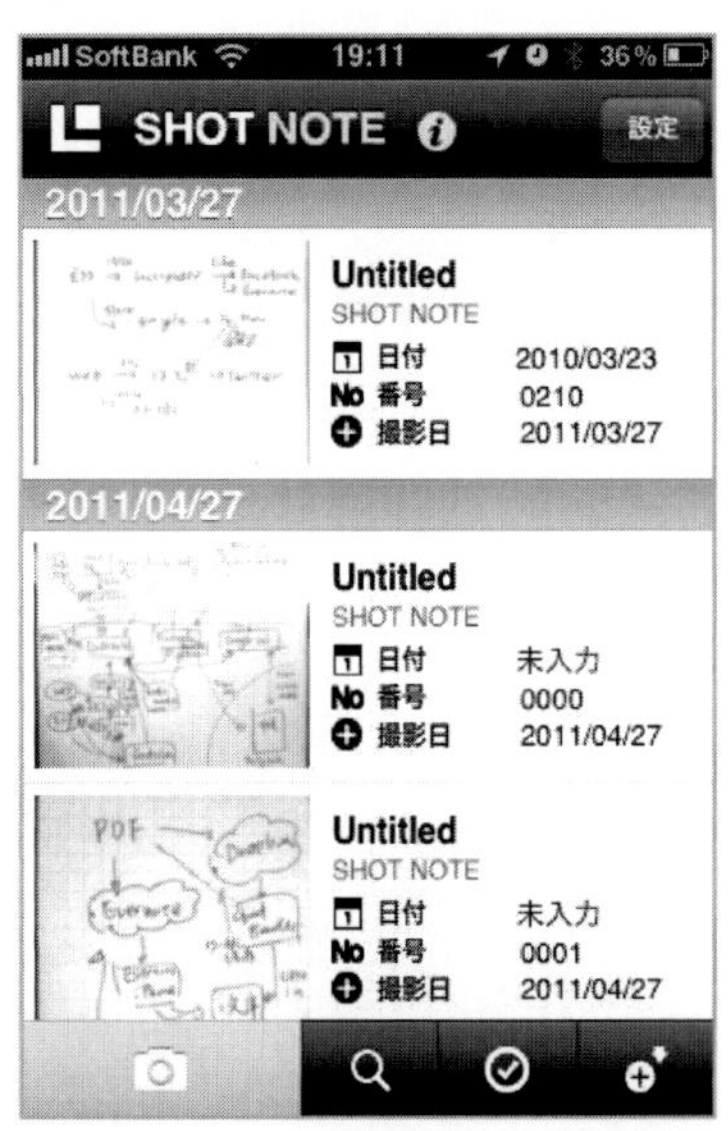

iPhoneアプリ情報

SHOTNOTE

- ジャンル・・・ユーティリティ
- 提供元・・・無料
- 価格・・・KING JIM CO.,LTD.

SHOTNOTEのメモをEVERNOTEに保存するには

1 メモの撮影

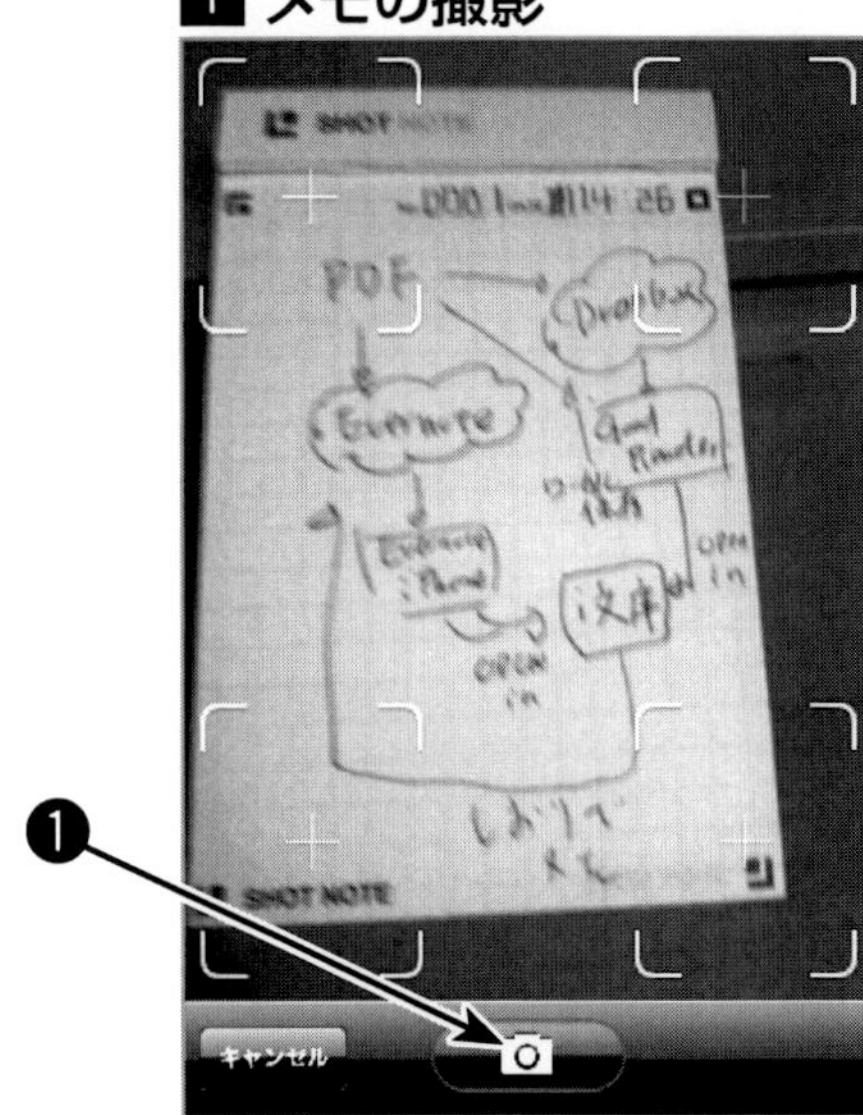

❶［撮影］ボタンをタップします。

2 保存画面の呼び出し

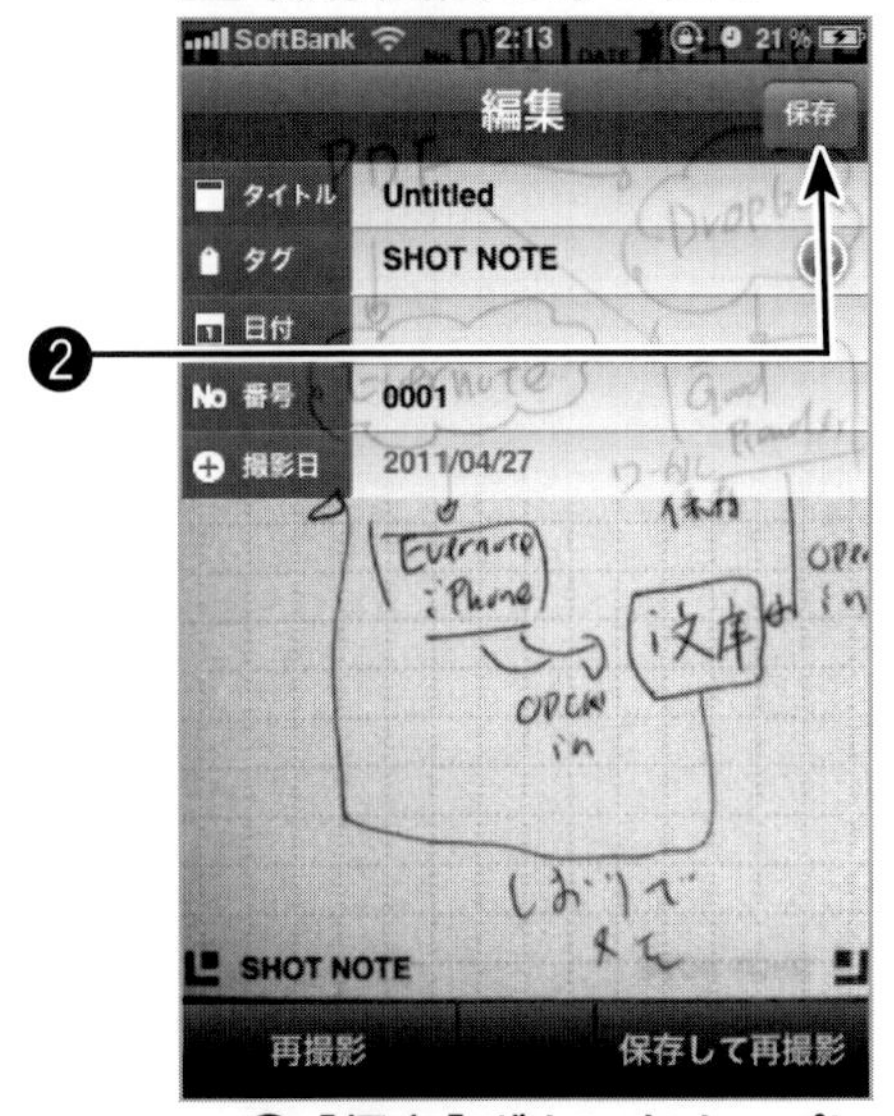

❷［保存］ボタンをタップします。

3 EVERNOTEへの投稿

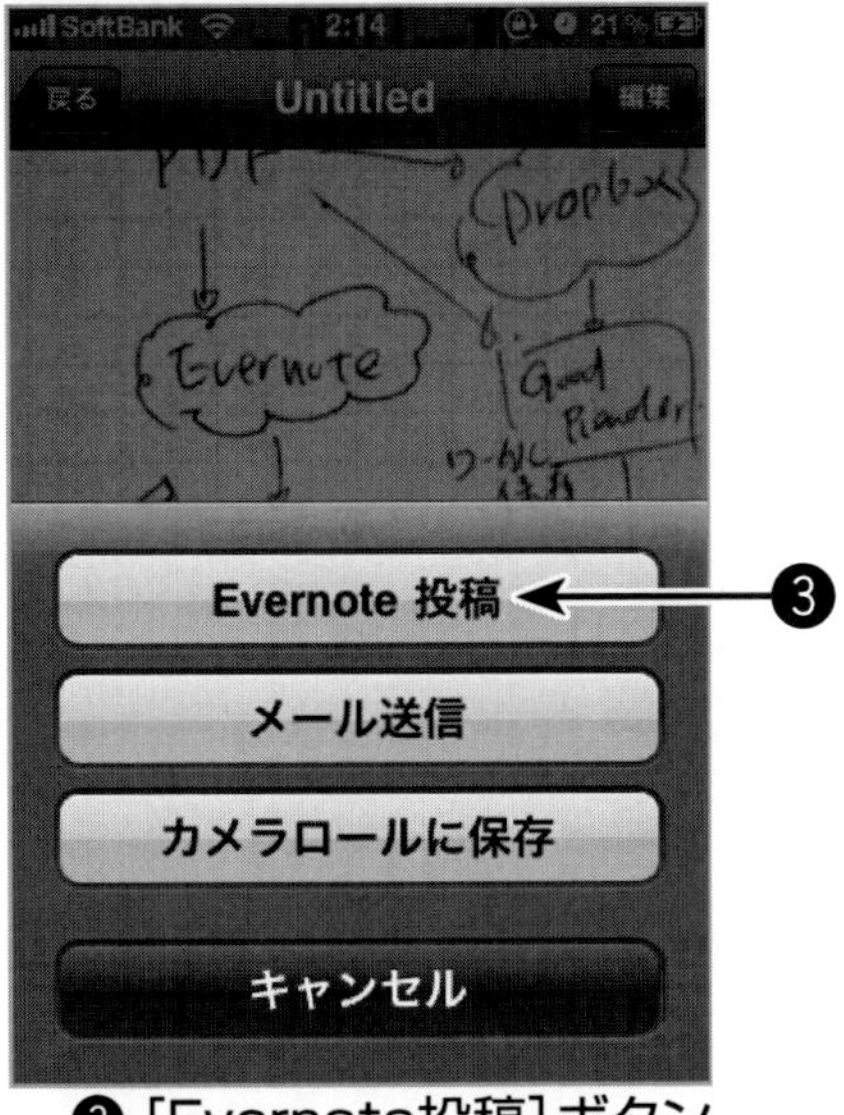

❸［Evernote投稿］ボタンをタップします。

4 保存の完了

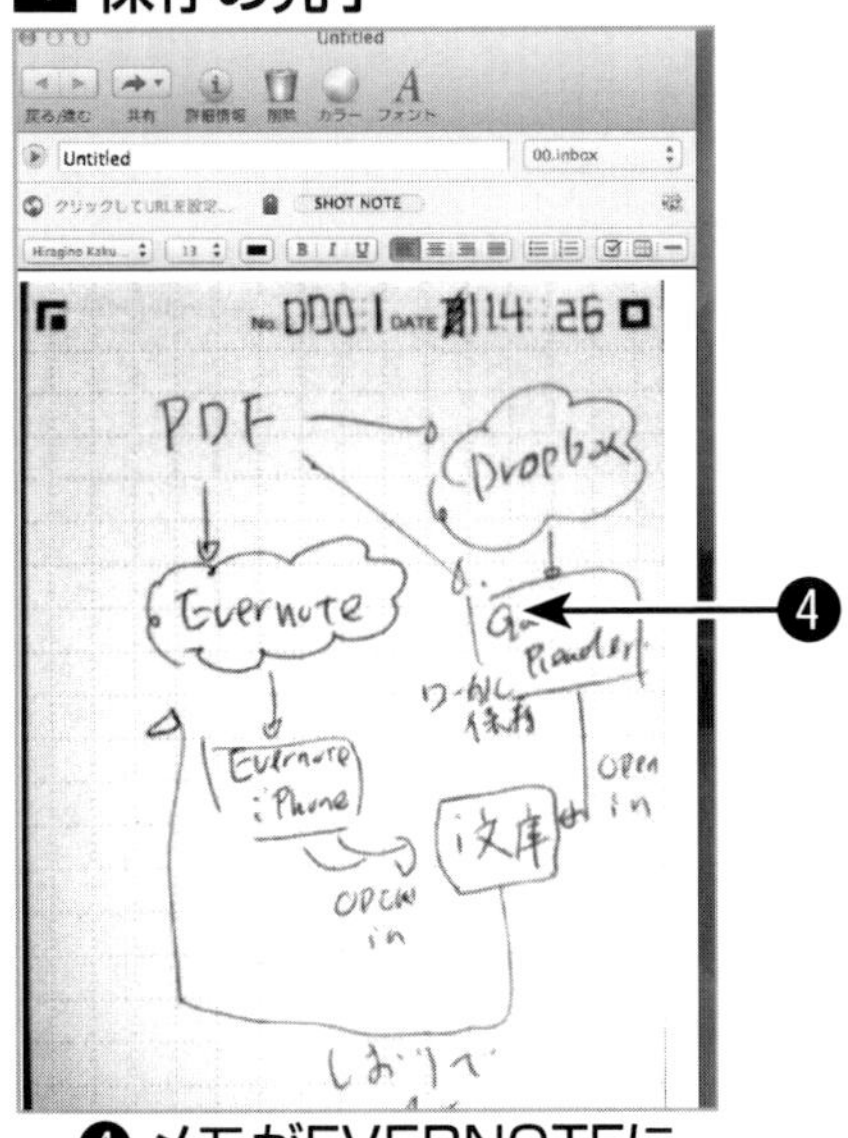

❹メモがEVERNOTEに保存されます。

他人の興味・関心フィルタを活用した情報収集の仕掛け

他人を「興味・関心フィルタ」として利用した情報収集

「ソーシャルメディア」の発展によって情報の流れが「マスメディア」対「大衆」から「人」対「人」へと変化し、迅速かつ多様性のある情報が手に入るようになりました。ここでは次の4点から実際に他人を「興味・関心フィルタ」として利用した情報収集のあり方について考えてみます。

- ブログにおける情報収集
- RSS購読による頻度×クラスタ情報収集
- Twitterにおけるクラスタ情報収集
- 読書やブックマーク

最強の個人メディア「ブログ」における情報収集

インターネットの普及によって誰もが情報発信を行う機会を得ましたが、個人の情報発信が爆発的に広がったのはブログの登場によるところが大きいでしょう。ブログの仕組みを用いればHTMLやFTPでのファイルアップロードの知識がなくても記事をネット上に公開することができますし、公開した記事は自動的にRSSとして配信され、ブログのデザインを変更するのに必要な操作はたった数回のクリックのみと非常にお手軽です。

ブログの手軽さによって、ネット上で老若男女を問わず多くの人が情報を発信するようになりました。発信される情報はさまざまで、日常を綴った日記、毎日の献立とレシピ、専門的なプログラミングのTips、仕事術、投資など、実に多種多様で大量の情報が日々ネット上に公開されています。

これだけ多種多様な情報が入り乱れるさまを見て「ノイズが多い」と見る向きもありますが、この多様性こそがインターネットの醍醐味ではないでしょうか。たとえば、私が自分の家系についての情報を調べるときには、戦国時代であれば「宇喜多家臣団」、平安時代であれば「平重衡」というキーワードを調べる必要があるのですが、素晴らしいことに、ほとんどの人にとってあまり役に立ちそうにないこれらのキーワードについて、かなりマニアックな情報をネット上で手に入れることができました。

RSS購読による頻度×クラスタ情報収集術

多くのブログでは、何らかのテーマが設定されています。私が普段からよく読んでいる「GadgetGirl」(http://d.hatena.ne.jp/spring_mao/)ではiPhoneやAndroidなどのガジェットについてかなりマニアックな記事が書かれていますし、「447ブログ」(http://www.447blog.com/)ではToodledoのマニアックな使い方やタスク管理について実に興味深い記事が書かれています。

ブログのRSSを購読する際にはこういったテーマを自分なりに「クラスタ」に分類し、そのフィードを「読みたいと思う頻度」で優先順位付けを行うと情報収集がスムーズに行えます。私の代表的なクラスタと頻度は次の通りです。

- クラスタ……lifehack、iPhone、IT、マーケティング、文房具、mono、news、Posterous(友達の日記)

●優先度……must、often、無印（設定なし）

クラウドツールのGoogleリーダーは複数個の分類の軸を与えることができるため、クラスタを1つ以上、頻度を1つ設定します。読む頻度としては「must」を最優先で読み、「often」はできるだけ読むようにします。無印は時間があれば読むか、クラスタから情報収集を行う際に読まれるフィードです。

　クラスタを利用するタイミングはブログや本のネタを考えているときや、特に自分の中でそのジャンルに

◉Googleリーダー

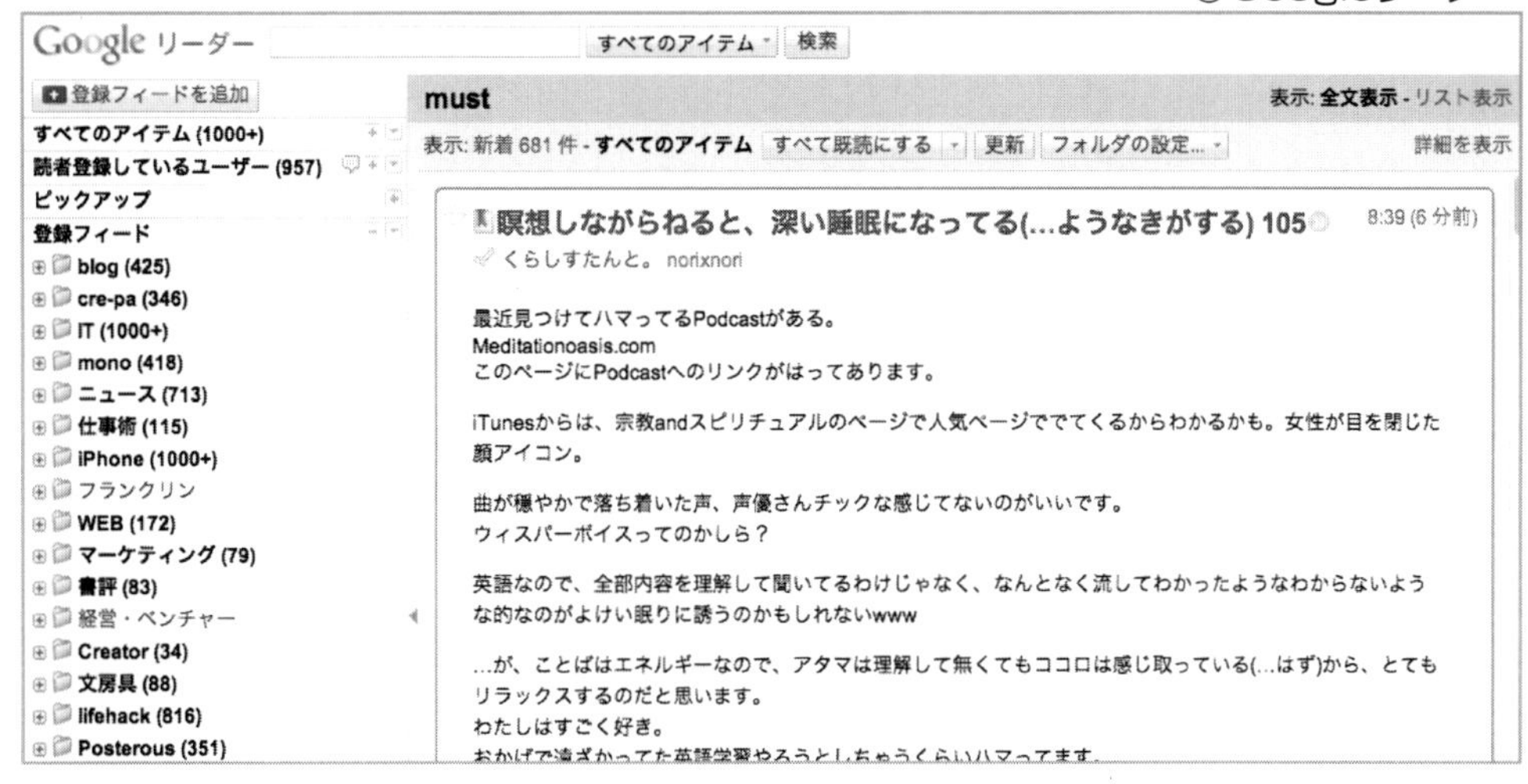

Webサービス情報

Google リーダー

- **ジャンル** ··· RSSリーダー
- **提供元** ··· Google Inc.
- **価 格** ··· 無料

URL http://www.google.co.jp/reader/

興味や関心があるときです。クラスタの中にも優先順位付けがあり、ライフハックブログを書いている身としては、「lifehack」クラスタは優先して読みますし、仕事に直結することが多い「ＩＴ」クラスタもできるだけ目を通すようにしています。

Googleリーダーの優れているところは、優先度「must」のクラスタ「lifehack」に分類したブログがあったとして、「must」で一度そのブログの記事を読んで既読にすれば、クラスタ「lifehack」で再度表示されることがない点です。

Twitterにおけるクラスタ情報収集

Twitterでの情報収集モデルは大きく分けて2つの傾向があります。1つは自分が追い切れる人数だけをフォローして、タイムラインでできるだけその人達のTweetを追いかけるパターン。もう1つがリストで分類して、リストごとに頻度や優先順位付けを行う場合のパターンです。

私はどちらかと言えば後者のパターンで、とりあえず、面白そうな人、趣味が合いそうな人はフォローするようにしています。その中で、実際に会ったことがあったり普段から交流が多い知人を「off-meeting」リストに、面白いブログを書いていたりつぶやき自体が面白い人を「check」リストに分類してできるだけタイムラインを追いかけるようにしています。

そのほか、「iPhone」や「lifehack」というクラスタリングでリストを分類し、それぞれ自分が情報収集を行いたいと思ったタイミングでリストを過去に遡って読み込んでいきます。

こういったTwitterでの情報収集に便利なのがマルチカラム型のTwitterクライアントです。

Twitterの場合は複数のリストに同じ人を分類しても、未読既読に限らず、リストごとにその人のつぶやきが表示されてしまうため、同一人物を複数のリストに登録することは極力避けた方がよいでしょう。

◉マルチカラム型のTwitterクライアント

HootSuite
送信
all
metion
keyword
lifehacklabs
beck1241 (Twitter)
beck (mixi)
ストリーム追加

Mentions
wata345
タイも行って見たいなあー！ RT @beck1240: [オススメ記事] → 安さが魅力だったタイ旅行。30過ぎたので思い切って五つ星ホテルに泊まってきたらテラエクスタシーだった件。 B! http://j.mp/nJiTtb
isloop
タイいきてぇぇぇぇ！ RT @beck1240: [オススメ記事] → 安さが魅力だったタイ旅行。30過ぎたので思い切って五つ星ホテルに泊まってきたらテラエクスタシーだった件。 B! http://j.mp/nJiTtb
noriks55
@beck1240 空調&toodledoでお世話になりました、マキタです。今日は静岡まで遠征して頂き、ありがとうございました！再来月くらい？展開、楽しみにしています！
会話を表示する
ksworks
@taji0103 @beck1240 了解です！今日はお疲れ様でした！！今度、beckさんから取り立てておきます(´▽`)ﾉ
会話を表示する
taji0103
@ksworks @beck1240 自宅に着きました。タクシー代は約4500円でした。タクシー代については降りる時に受け取った額で十分です。
kankichi
@beck1240 間にあってよかったです。逆の方向に曲がっていったという情報もあったのでw Facebookでグ

@beck1246/off-meating
kankichi
Facebook×Twitterで儲かる会社に変わる方法 - bit.ly/noi4Yh
gakushi
帯が！！！ [Share] - だいたいこれだけ真似しとけばおk 【書評】 あっという間に月25万PVをかせぐ人気ブログのつくり方 B! http://j.mp/oXmP5
j1ichikawa
#soundtracking "COLORS" by 宇多田ヒカル ♬ sdtk.fm/oYmTxd
erikok
雛形のとっつぁんが年下…|￣|○
sta7ka
@tomos2006 懐かしっ実！
会話を表示する
amazedkoumei
体重減らない(´・ω・`)
Hiroyukiochiai
決まるのってホント早いですよね。 RT @katsuyamaruta: 本日、総理が決まる。
j1ichikawa
I'm at 都営大江戸線 新宿駅 (E27) (代々木2-1-1, 渋谷区) w/ 4 others 4sq.com/rsS4ed
yayoko314
なんかってなんだ！w

@beck1240/check
kankichi
Facebook×Twitterで儲かる会社に変わる方法 - bit.ly/noi4Yh
dtanaka
I'm at Hauke Park, Mill Valley, CA (Mill Valley) [pic]: 4sq.com/huSCMr
kamekiti
あつい〜
dentomo
おもしろそう 新井俊一のソフトウェアビジネスブログ: ベンチャー起業家が会社設立前に必ず読むべき本 - Venture Deals shunichi-arai.blogspot.com/2011/08/ventur...
sasakitoshinao
政局しか質問しない大新聞のベテラン記者たち。本当にあなたたちはそれでいいと思ってるのだろうか。／小沢を争点化しようとする日本記者クラブの思考停止｜永田町異聞 http://j.mp/ow5rzG
41 Retweets
ShibainuKing
日経ビジネス8月29日号本日発売。特集は「ニッポンの宇宙力〜世界に挑む8兆円産業」と「メガバンクは復興するか」。他に「旗手たちのアリア〜石渡美奈・ホッピービバレッジ社長」「国民不在の政権たらい回し」など。ぜひご一読ください。 nkbp.jp/qBgHsZ
idanbo
晋遊舎、MACLIFE特別編集「The History of Jobs & Apple 1976〜20XX」発売中 bit.ly/qVjPRY

@beck1240/blogger
sawonya
絵に書いたような典型的なセミの鳴き声が大音量で外から聞こえてくる…この大きさは今夏初めてかもしれない。死に際に命枯れんとばかりに鳴いているのかと思うとちょっと切ない。
kamekiti
あつい〜
sawonya
ハイテックコレトの替芯の先っぽに、カバーの丸っこいの付いてるじゃない？あれが実は飴ちゃんになってて甘いといいのにな〜、とか、朝からよく分からんことを考えている。
sawonya
2011年も残り4ヶ月…4ヶ月？！そんなバカな…
iphonejoshi
[記事更新] handyCloset｜持ってる服のコーディネートを考えたり日記に残したりできるクローゼット管理アプリ。 bit.ly/rdXpsq
Sayobs
1人でウェブサービスを作りたい人の参考になると良いな / 初めて1人でOkinawaGramというウェブサービスを作ったので色々調べた事とか書いてみる。 fb.me/EECWmusy
smoothfoxxx
【脳力開発】『頭の回転が速くなるすごい！法』佐々木豊文: マインドマップ的読書感想文 bit.ly/p051n5

読書の興味・関心を得る

蔵書管理を行うことができる「MediaMarker」というウェブサービスがあります。このサービスでは他のユーザーのバーチャルな本棚や、読書メモを見ることができます。また、RSSの購読にも似た「ウォッチ」という機能を用いれば、自分が「ウォッチ」している人達の本棚の更新情報をまとめて確認することができるので、自分が注目している人達がどんな本に興味を持ち、どんな風に読んでいるのかをうかがい知ることができます。

◉MediaMarkerのウォッチ機能

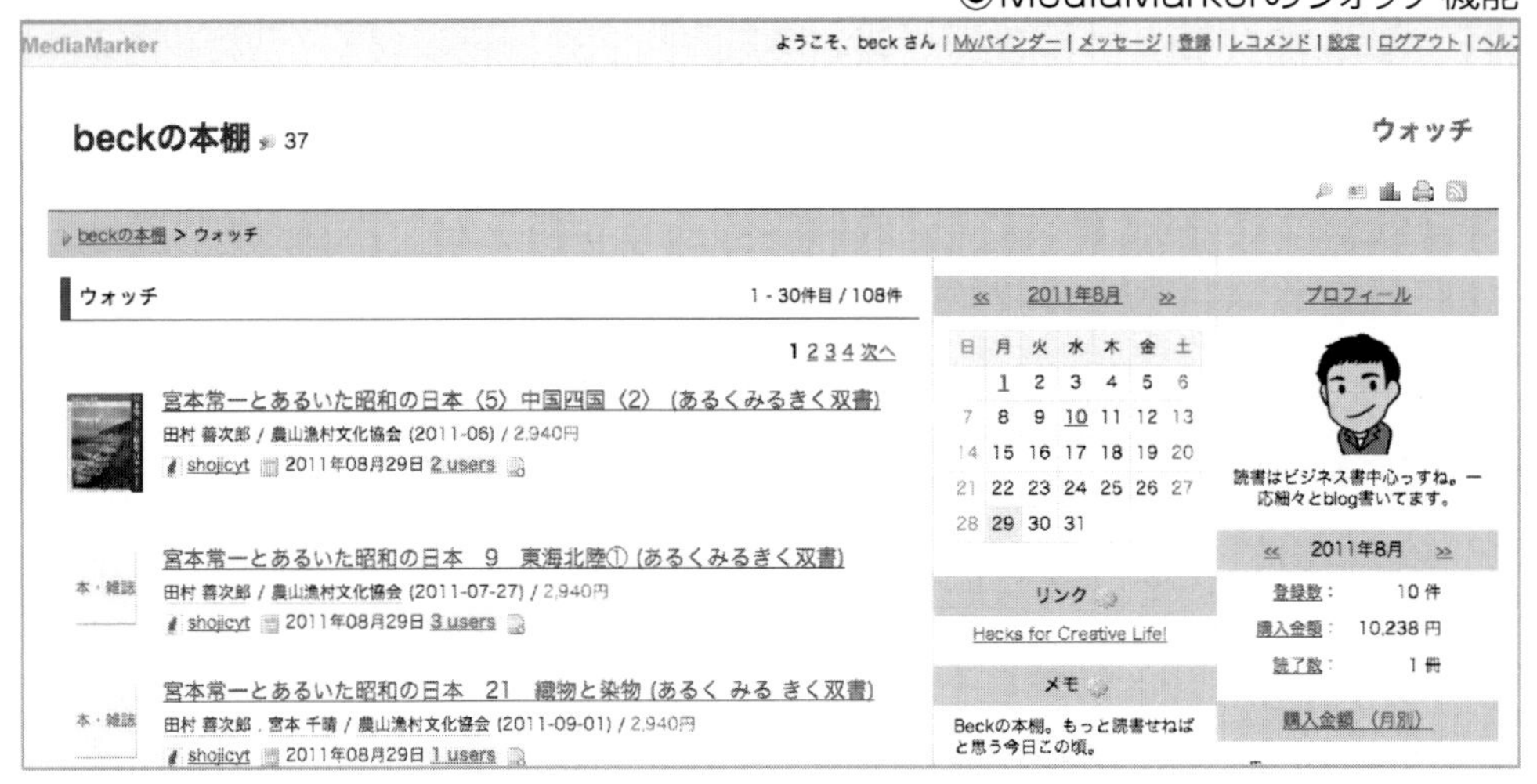

Webサービス情報

MediaMarker

- ジャンル・・・蔵書管理
- 提供元・・・クリックアシスト
- 価格・・・無料

URL http://mediamarker.net/

はてなブックマークの利用

MediaMarkerが書籍という媒体の「興味・関心フィルタ」だとすると、ウェブ媒体の「興味・関心フィルタ」がソーシャルブックマークサービスの1つ「はてなブックマーク」です。このサービスの「お気に入り」を用いることで、自分が注目している人達がどのようなウェブサイトに興味を持っているかをうかがい知ることができます。

◉「はてなブックマーク」のお気に入り

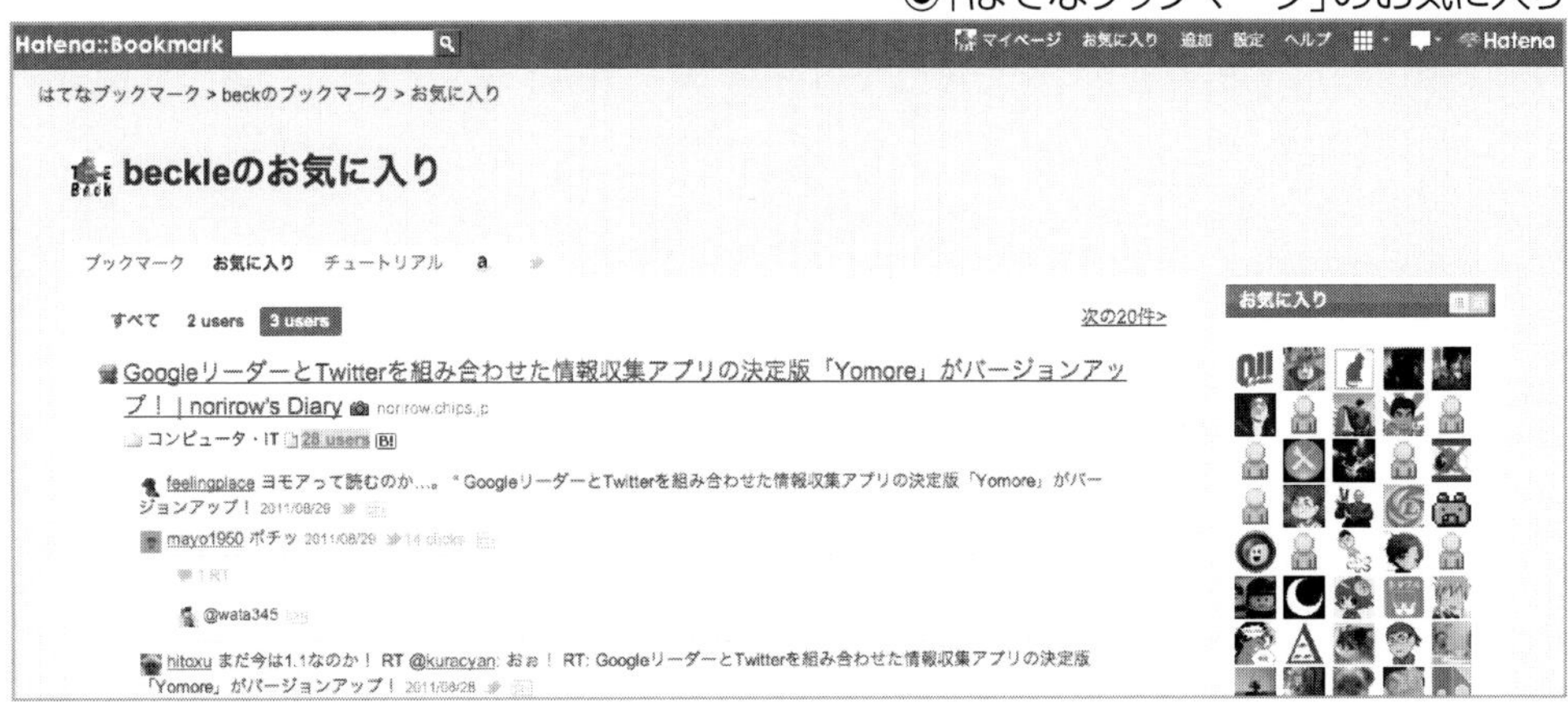

サービス情報

はてなブックマーク

- ジャンル … ソーシャルブックマーク
- 提供元 … はてな
- 価 格 … 無料

URL http://b.hatena.ne.jp/

ウェブページ／RSSをEVERNOTEに取り込むためのワークフロー

ウェブページ／RSSをEVERNOTEに取り込むまでのワークフロー

ここでは、SECTION-12の「自分から取りに行く情報」として分類したウェブページ／RSSをEVERNOTEに取り込むワークフロー構築について見ていきます。

私のワークフローは、次ページの図の通りです。大まかな流れとしては、ウェブページ／RSSは「はてなブックマーク」に集約した上で「hatebte」というサービスを使って記事全体の取り込みとEVERNOTEへのメール転送を行っています。

ここでは、RSS／ウェブページからどのように情報収集を行い、お気に入りの情報をどのようにしてEVERNOTEへ転送しているかについて詳しく見ていきます。

RSS購読環境とはてなブックマークの接続

RSSを読む際には普段はMac／iPhone／iPadすべての環境で利用できる

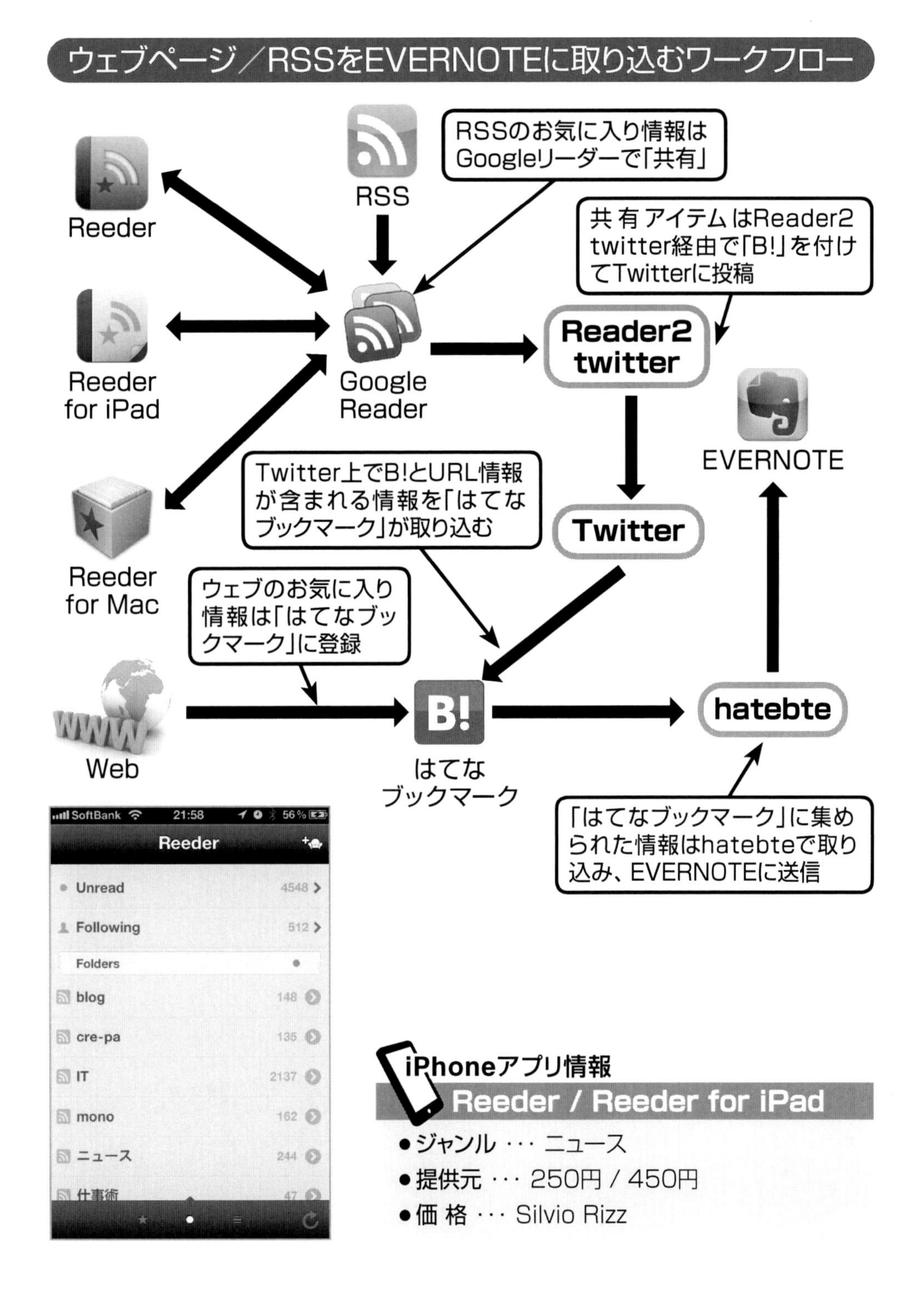
ウェブページ／RSSをEVERNOTEに取り込むワークフロー
Reeder
RSS
RSSのお気に入り情報は
Googleリーダーで「共有」
共有アイテムはReader2
twitter経由で「B!」を付け
てTwitterに投稿
Reeder
for iPad
Google
Reader
Reader2
twitter
EVERNOTE
Twitter上でB!とURL情報
が含まれる情報を「はてな
ブックマーク」が取り込む
Twitter
Reeder
for Mac
ウェブのお気に入り
情報は「はてなブッ
クマーク」に登録
Web
はてな
ブックマーク
hatebte
「はてなブックマーク」に集め
られた情報はhatebteで取り
込み、EVERNOTEに送信
SoftBank 21:58 56%
Reeder
Unread 4548
Following 512
Folders
blog 148
cre-pa 135
IT 2137
mono 162
ニュース 244
仕事術 47
iPhoneアプリ情報
Reeder / Reeder for iPad
●ジャンル ··· ニュース
●提供元 ··· 250円 / 450円
●価格 ··· Silvio Rizz

「Reeder」というアプリを使用しています。

「Reeder」は、Googleリーダーと同期するアプリで、どの環境でRSSを読んでも、Googleリーダーを経由して既読／未読や共有、お気に入りの情報を同期できます。

私は、Googleリーダーの共有アイテムをTwitterに送信する「Reader2Twitter」というサービスを用いて、自分が気に入った記事をTwitterに流します。この

●Reader2Twitter

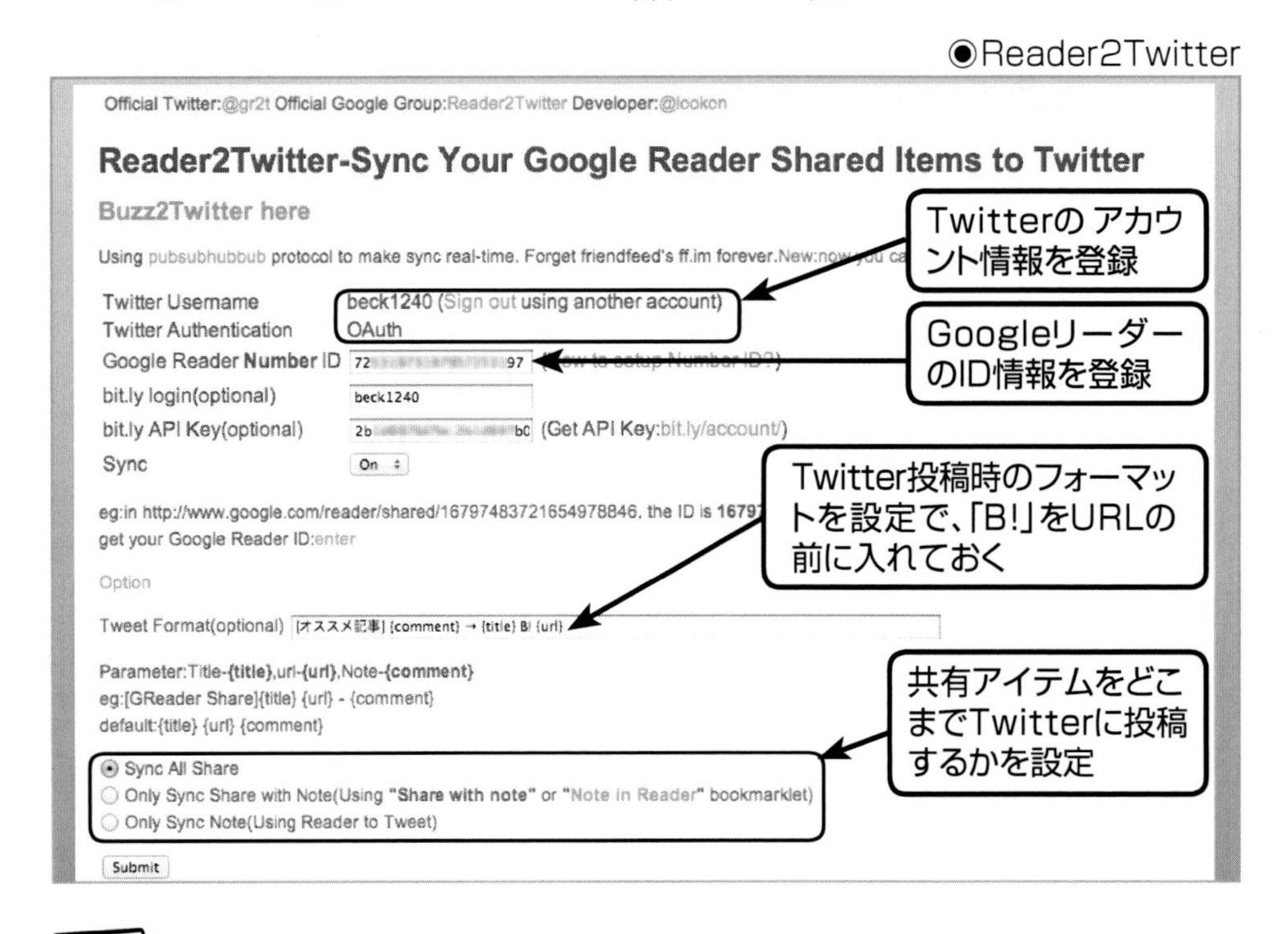

Reader2Twitter

- ジャンル ･･･ Twitter配信
- 提供元 ･･･ @gr2t
- 価 格 ･･･ 無料

URL http://reader2twitter.appspot.com/

RSSを「はてなブックマーク」に取り組む流れ

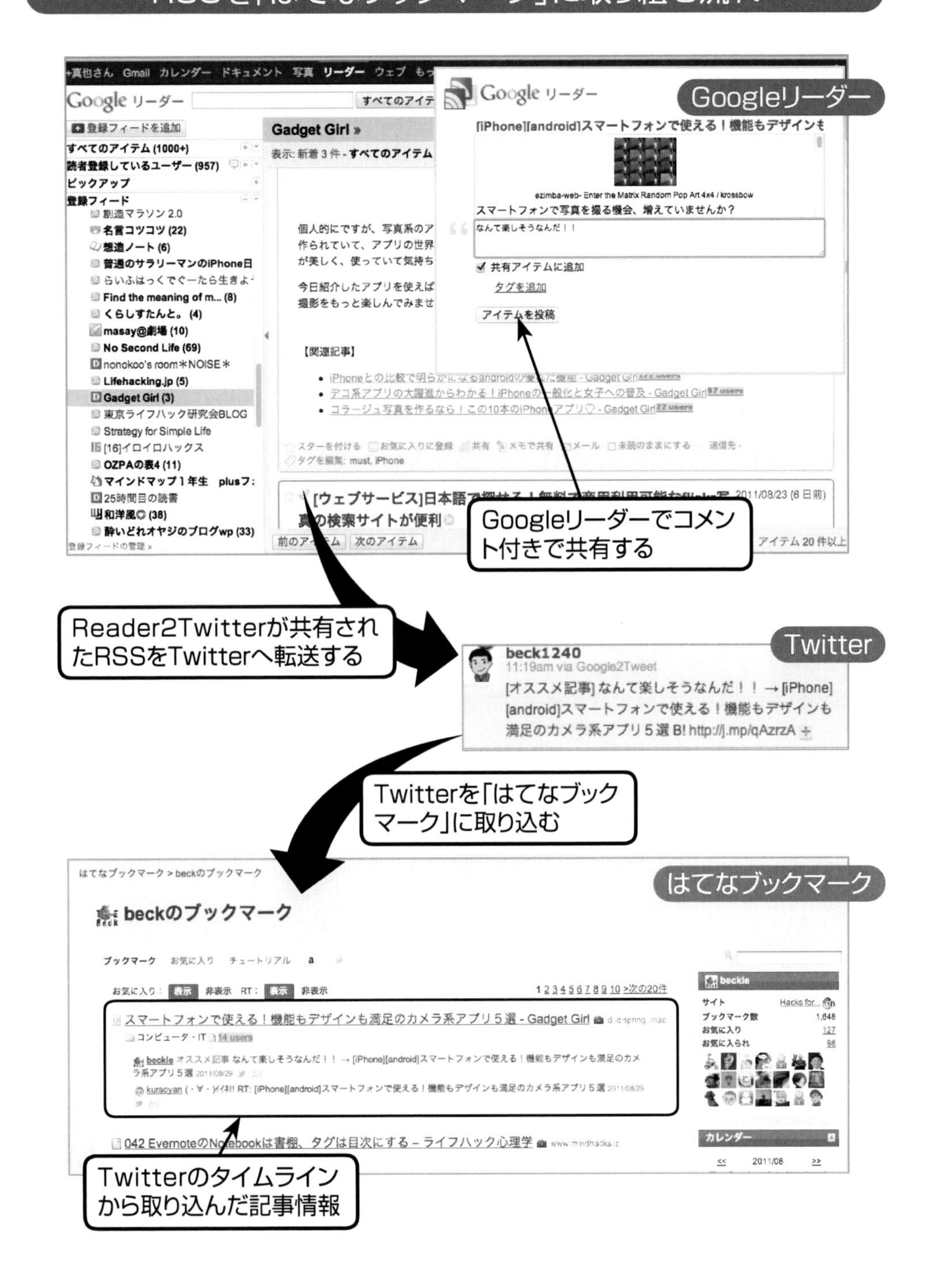

ようにする目的は2つあり、1つは自分をフォローしてくれている人と情報共有するため、もう1つが「はてなブックマーク」へ登録するためです。

「はてなブックマーク」には、「Twitterの自分のつぶやきに、「B!」という文字とURL情報が含まれていれば、そのページを自動的にブックマークする機能があります。「Reader2Twitter」で「Twitterに情報を流す際に「B!」を付加しておけば、「Twitter経由でGoogleリーダーで共有設定したアイテムを「はてなブックマーク」に登録することができます。

●Twitterを取り込む「はてなブックマーク」の設定

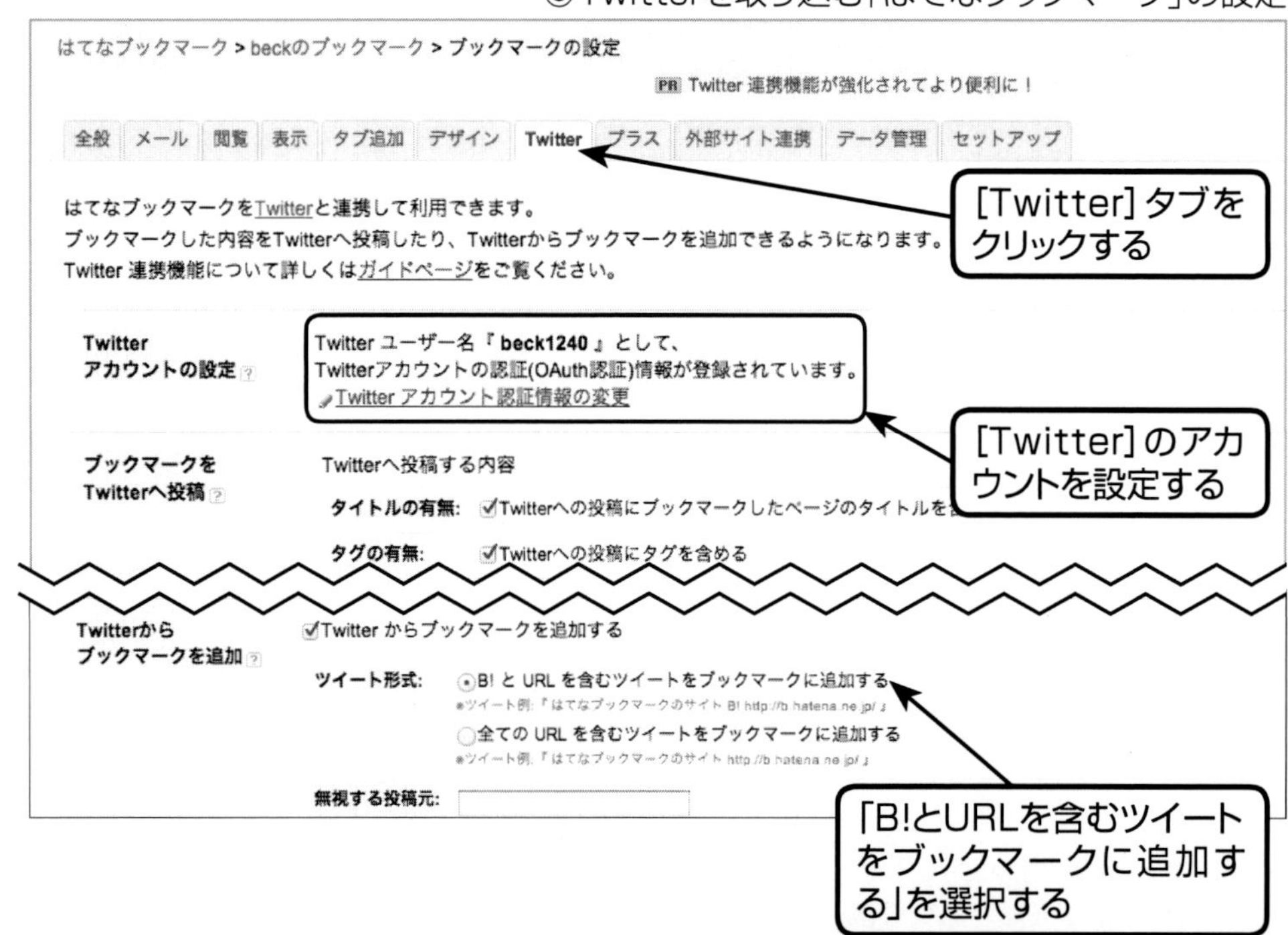

ウェブページは「はてなブックマーク」に直接クリップする

先ほどはお気に入りのRSS情報をTwitterでシェアしつつEVERNOTEに取り込む方法について紹介しましたが、ウェブブラウザ上で閲覧しているウェブページをTwitterでシェアしつつ、EVERNOTEに取り込みたい場合は、直接、「はてなブックマーク」のブックマーク機能を用います。

「はてなブックマーク」のブックマーク機能を用いた場合、Twitter以外にもFacebookやmixiチェックに情報を流すこともできる点も非常に便利です。

◉「はてなブックマーク」のクリップ画面

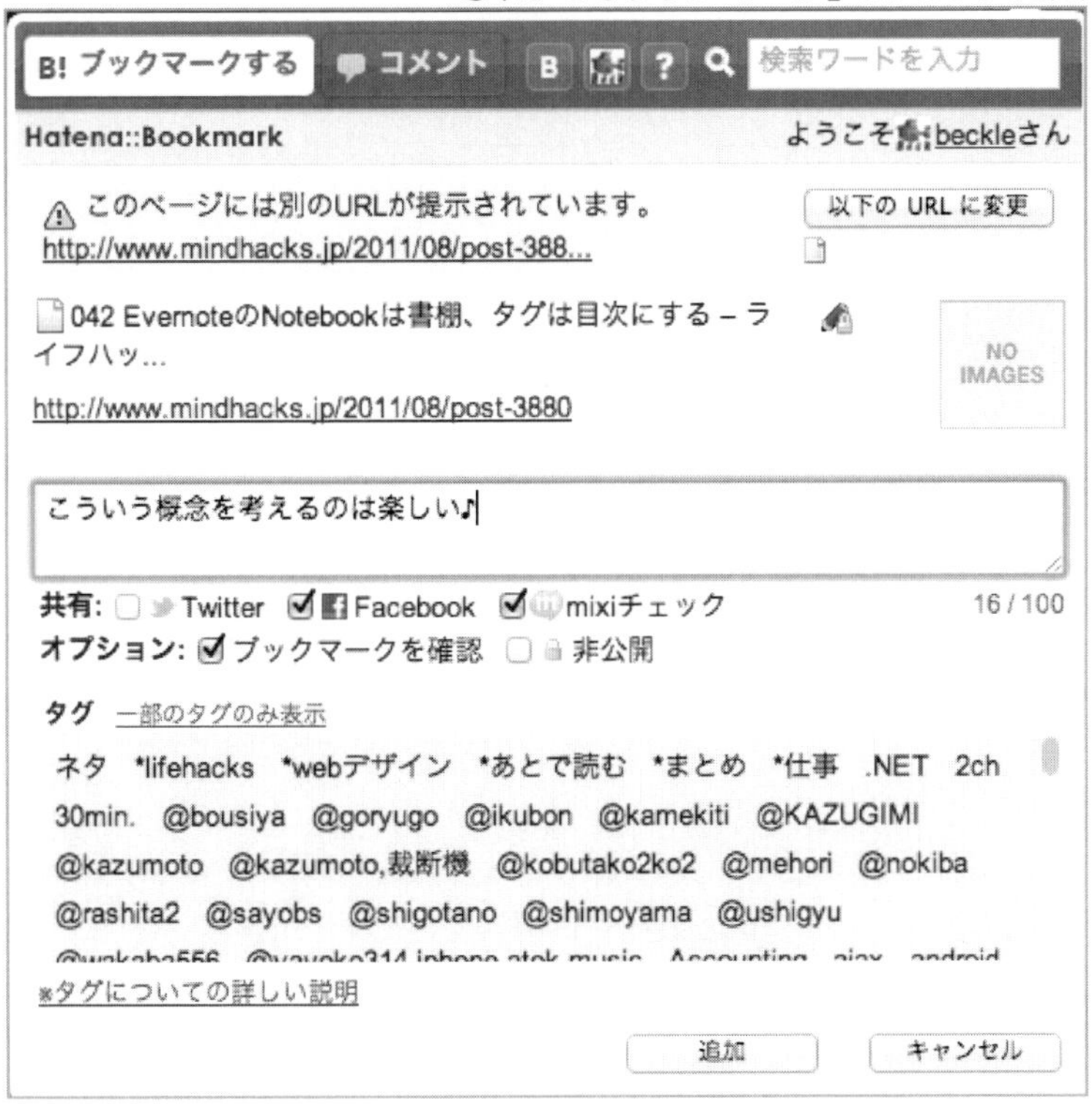

はてなブックマークをEVERNOTEに送信する

ここまで説明してきた内容で、RSSとウェブページのお気に入り情報を、はてなブックマークに集めることができました。最後にはてなブックマークに集められた情報を「hatebte」というサービスで記事全体を取り込んでEVERNOTEにメール送信しましょう。

「hatebte」では、EVERNOTEへの投稿時にタグを付けることができるので、「WebClip」などのタグを付けて投稿することで、他の重要なメモなどと整理のタイミングを分けることができます。

●Hatebteの設定画面

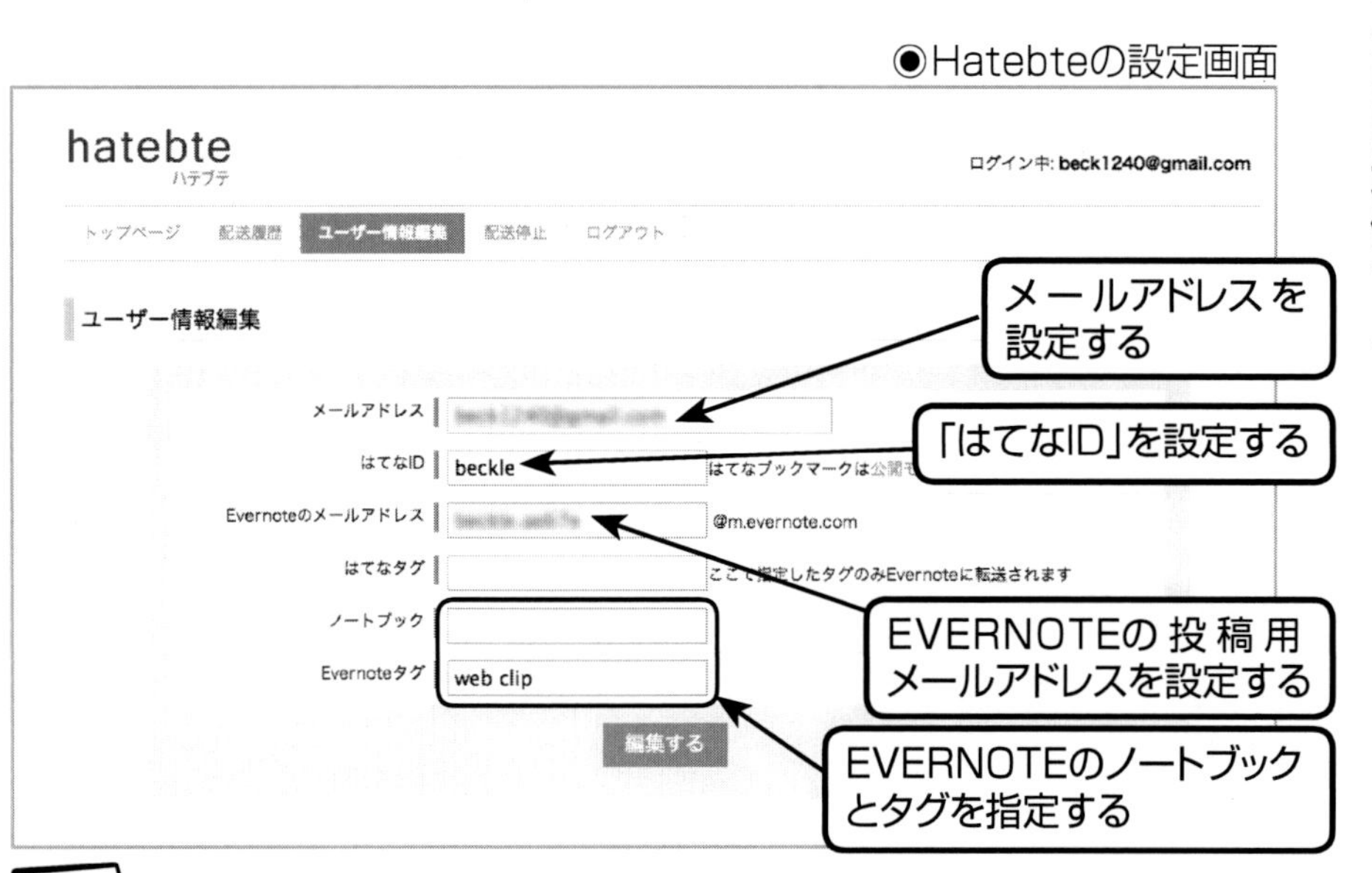

サービス情報

hatebte

- ジャンル … EVERNOTE連携
- 提供元 … @elk1997
- 価格 … 無料

URL http://hatebte.com/

また、はてなブックマーク上に付けたコメントや元記事のURLも付加情報として記事末尾に添付されるので、後から記事を振り返ったり、元記事にアクセスしたい場合にも非常に便利です。

◉はてなブックマークに登録した情報をEVERNOTEに取り込む

スマートフォンで使える！機能もデザインも満足のカメラ系アプリ５選 - Gadget Girl

Gadget Girl

<[ウェブサービス]日本語で探せる...

2011-08-28

スマートフォンで使える！機能もデザインも満足のカメラ系アプリ５選

iPhone, android | 01:30 | 14 users

ezimba-web- Enter the Matrix Random Pop Art 4x4 / krossbow

◉Hatebteが付ける付加情報

サイト名: スマートフォンで使える！機能もデザインも満足のカメラ系アプリ５選 - Gadget Girl
URL: http://d.hatena.ne.jp/spring_mao/20110828/1314549040
コメント: なんて楽しそうなんだ！！ → [iPhone][android]スマートフォンで使える！機能もデザインも満足のカメ

「ライフログ」を記録して自分の人生をデータ化する

ライフログを残す意味

ここ数年、「ライフログ」という言葉が一般的に使われるようになりました。ライフログとは人間の状態、状況、体験などを画像や映像、文字情報などで記録したデジタルデータです。

ライフログは自分の行動や活動の記録であり、その内容次第で次の行動が変わるという部類の情報ではありません。また、ライフログを残さなかったからといって日常の生活に困ることとは、まずありません。

ライフログが役立つ場面は「現在位置の把握」と「振り返り」です。そう言われても漠然としすぎていてピンと来ないでしょうから、いくつか質問をしてみます。

Q1．先週の木曜日に食べた晩ご飯の時間とメニューを教えてください。

Q2．この10年間であなたが遊びに行った旅行の中で3番目に遠い場所はどこですか？

Q3．この3カ月間の、あなたの勉強時間の総計は？


この質問に記憶だけで答えるのは難しいのではないでしょうか？

もちろん、この質問に回答できること自体にはさほど意味はありませんが、これらの情報をいつでも取り出せる状態にしておくことで、次のようなメリットを得ることができます。

- 1週間の食事と運動のバランスから自分の生活の改善ポイントを見つける
- これまでの旅行の傾向から次の旅行先や旅行プランを立案する
- 1000時間の勉強時間が目安の試験勉強を50％まで達成したことが確認できる

このようにライフログはあなたの現在位置を明確にすると共に、改善計画を立てる際の貴重なデータとなってくれるのです。

ライフログの種類とiPhone

ライフログを残す方法としては、大きく手動記録と自動記録に分けられます。前者はロガー（記録する装置）に対して自分から能動的に記録を行う必要がありますが、後者は特別な操作を必要とせずに逐次的にロガーに記録が残ります。

手動記録の代表的な例は「日記」や「家計簿」であり、人によっては「読書ノート」や「運動記録」などの手動記録を残している場合もあるでしょう。

自動記録では、特殊な機械やサービスで自動的に計測したデータを保存する仕組みが必要です。身近なものであれば「歩数計」や「GPSトラッカー」と呼ばれる逐次位置情報を記録し続ける装置などが代表的な自動記録の仕組みになります。

iPhoneはさまざまなセンサーで私達の状況を認識してくれる最強のコンテキストアウェアネスなデバイスであり、アプリさえ立ち上げておけば多くのコンテキストを自動記録することが可能です。また、いつでもどこでも私達と行動を共にしていることから、手動記録を取る場面においても活躍してくれます。

以降で、手動記録と自動記録の具体例をiPhoneアプリやクラウドサービスと共に紹介していきます。

手動記録のライフログ

手動記録のライフログとしては、次のようなものがあります。

- 食事記録……iPhoneアプリ「RecRecDiet」を使って3食の献立とカロリーを記録
- 時間記録……iPhoneアプリ「aTimelogger」を使って時間の使い方を記録
- 家計簿……iPhoneアプリ「iCompta」を使用してMac／iPhone／iPadから記録
- 睡眠記録……iPhoneアプリ「おはようパンダ」＋ウェブサービス「ねむログ」で睡眠時間を記録

これらのツールは、自分である程度のデータの入力が必要となりますが、「Twitter」やDropboxと連携することにより、EVERNOTEへの取り込みを行うことが可能です。個々のツールについて簡単に紹介します。

RecRecDiet

食事記録を残す際に活用したいのが3食の献立や摂取カロリーを記録できる

iPhoneアプリ情報

RecRecDiet

- ジャンル … ヘルスケア/フィットネス
- 提供元 … 350円
- 価 格 … Sugigami Youhei

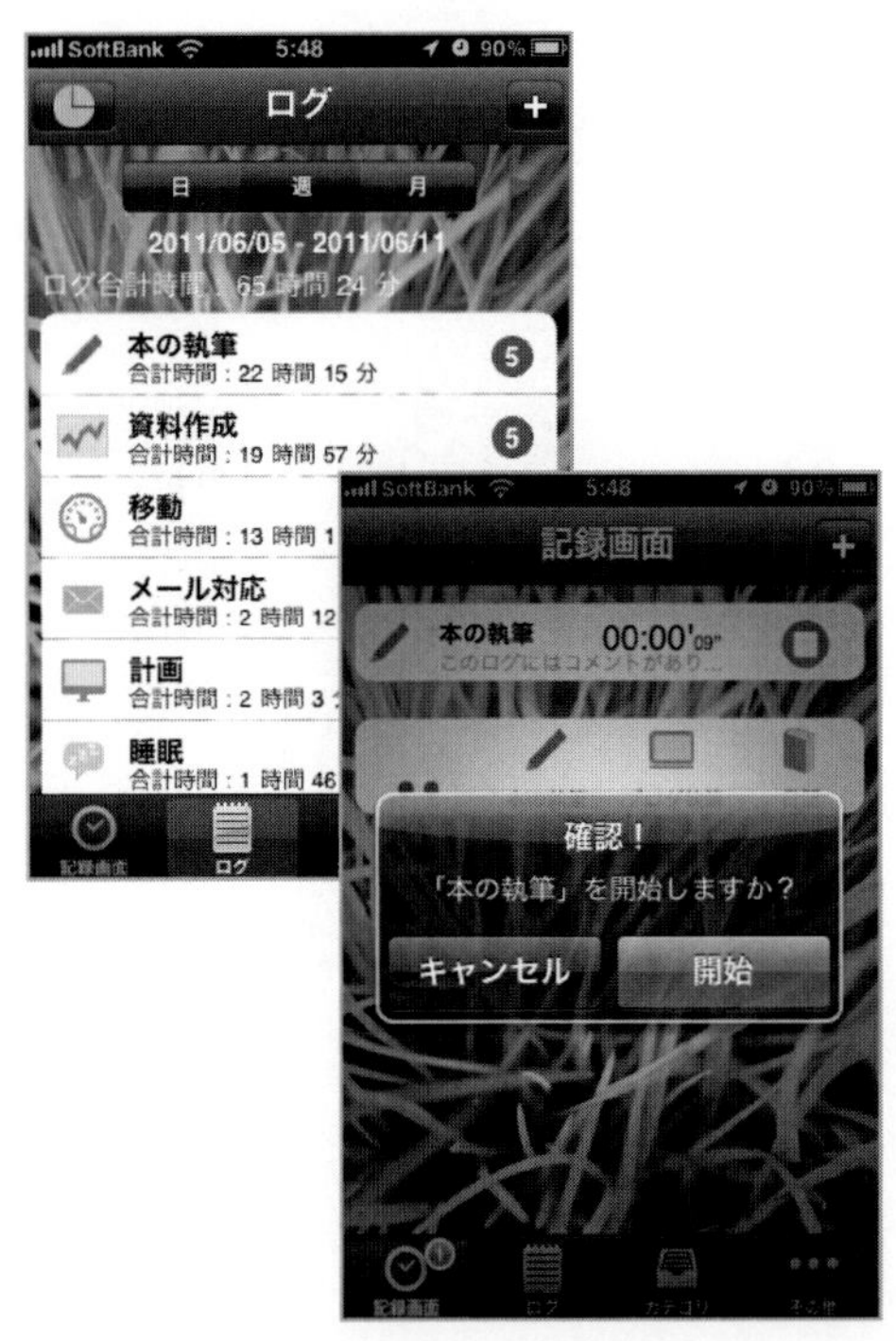

iPhoneアプリ情報

aTimelogger

- ジャンル … 仕事効率化
- 提供元 … 350円
- 価 格 … Sergei Zaplitny

「RecRecDiet」です。本アプリケーションの特徴は、あらかじめプリセットで登録されたメニューから選択することで、少ないタップ数で食事内容とカロリーが記録できるところにあります。プリセットに登録されていないメニューがある場合はその場で登録できるので、よく行く外食チェーンや、会社の食堂の定番メニューなどを登録しておくと、日々の食事記録がグッと楽になります。

aTimeLogger

自分の時間の使い方を記録することをタイムトラッキングといいますが、iPhoneアプリケーションの「aTimeLogger」は簡易なインターフェイスと優れたカスタマイズ性を備えたタイムトラッキングツールです。職場で、外出先で、ぜひ時間の使い方を記録してみてください。

iCompta

iPhoneアプリケーションの中でも家計簿アプリは非常に人気があり、さまざまなアプリケーションが公開されています。しかし、意外なことにクラウドサー

iPhoneアプリ情報

iCompta

- ジャンル … ファイナンス
- 提供元 … 450円
- 価 格 … LyricApps

iPhoneアプリ情報

おはようパンダ

- ジャンル … ヘルスケア/フィットネス
- 提供元 … 170円
- 価 格 … Shinichiro Suzuki

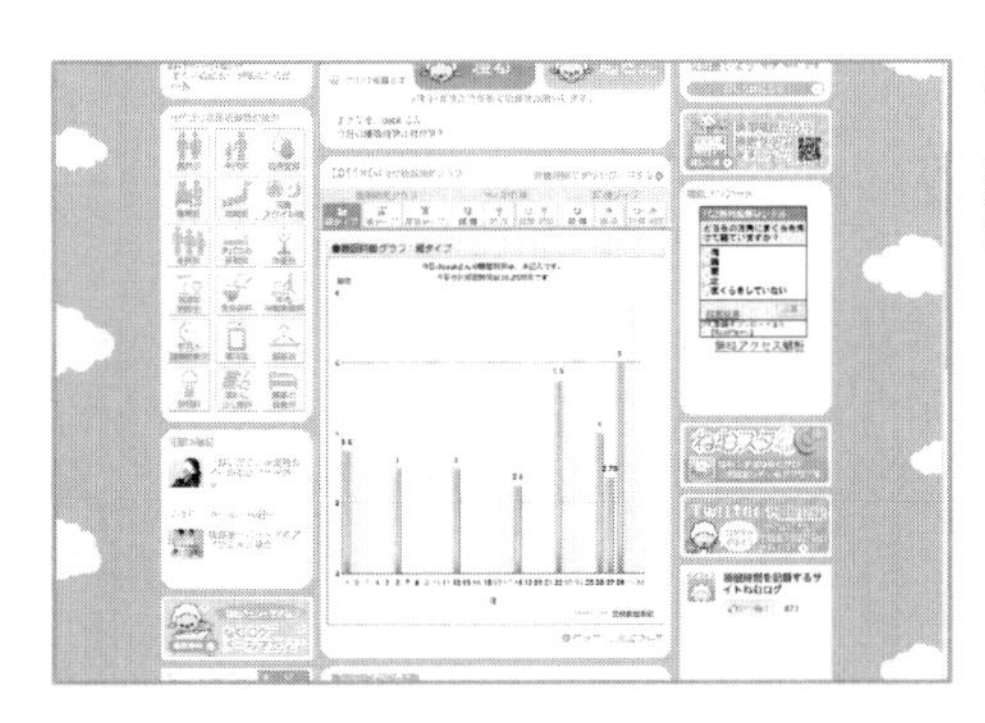

Webサービス情報

ねむログ

- ジャンル … 睡眠記録
- 提供元 … ビー・オー・スタジオ
- 価 格 … 無料

URL http://www.nemulog.jp/

ビスやデスクトップアプリと連携できるものはそう多くはありません。本格的な資産管理アプリケーションである「iCompta」は、MacとiPhoneのアプリケーションをDropbox経由で連携させることができます。

おはようパンダ、ねむログ

睡眠記録を残すアプリとしてiPhoneであれば「おはようパンダ」、ウェブサービスであれば「ねむログ」が有名です。おはようパンダは「ねる」「起きた」の2種類の操作で就寝と起床の時刻をひたすら記録すると共に、Twitterに任意のメッセージを流すことができます。

「ねむログ」は自分のTwitterアカウントのつぶやきから「おやすみ」や「おはよう」のキーワードを拾って就寝と起床の時刻を記録する機能があるので、「おはようパンダ」上で就寝／睡眠時間を記録すれば、同時にねむログでも記録が行えてしまうのです。

自動記録のライフログ

自動記録のライフログとしては、次のようなものがあります。

- 運動記録……iPhoneアプリ「Nike+GPS」を使用してランニングデータを自動記録
- 身体記録……体重計「Wifi Body Scale WBS01」で体重を自動記録
- 音楽視聴記録……クラウドサービス「Last.fm」を使用してiPod／iTunesの視聴履歴を自動記録

これらのツールは、データの取得からクラウドツールとの連携まで自動的に行ってくれます。こちらも個々のツールについて簡単に紹介します。

Nike+GPS

運動記録アプリケーションは数多く存在しますが、「Nike+GPS」は機能の豊富さや記録の見返しやすさでは群を抜いています。タイム、時間、ペース、消費カロリーをリアルタイムに計算する基本機能はもちろん、Nike+のウェブサイ

iPhoneアプリ情報

Nike+GPS

- ジャンル … ヘルスケア/フィットネス
- 提供元 … 170円
- 価 格 … Nike, Inc.

◉Wifi Body Scale WBS01

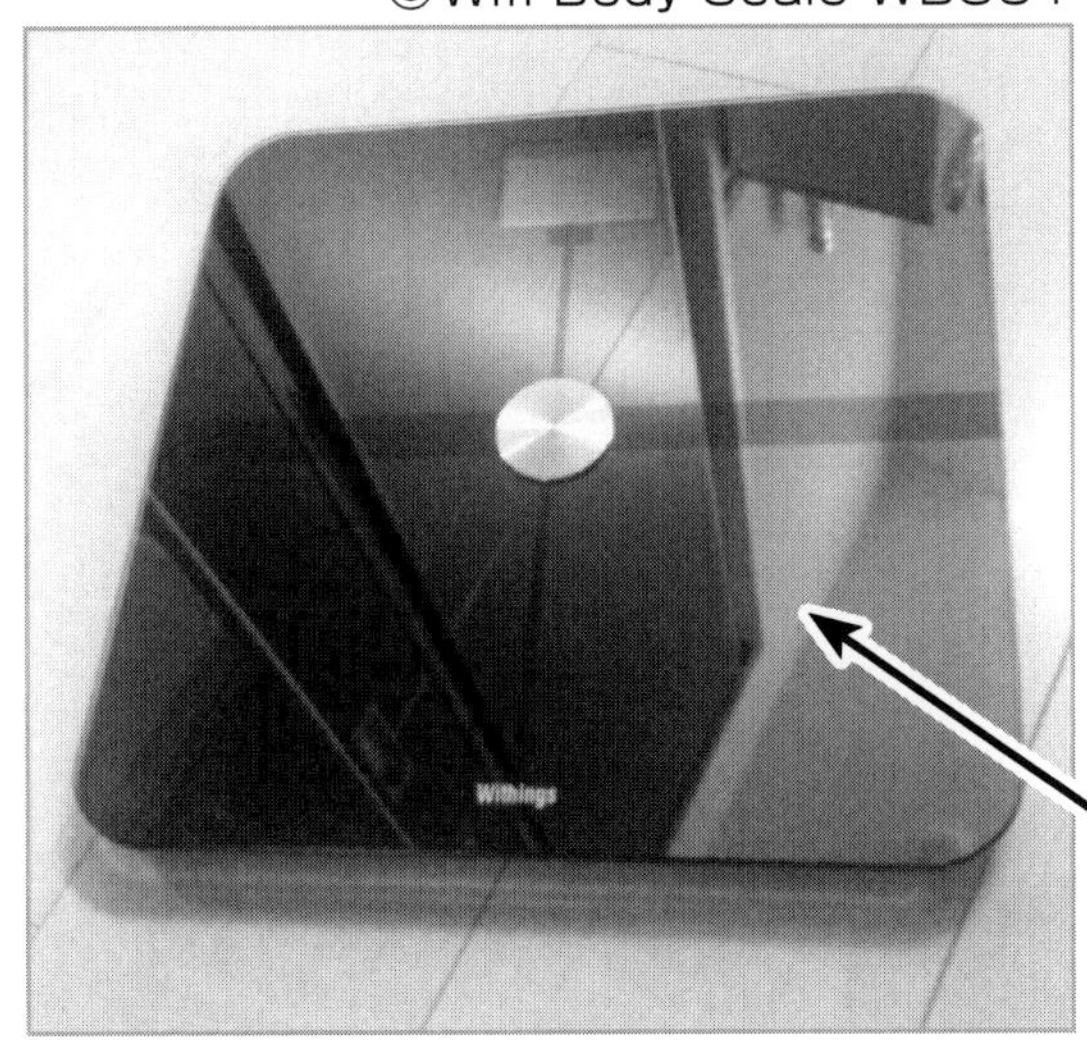

「Wifi Body Scale WBS01」は、乗るだけで体重／体脂肪率といった計測情報を無線LAN経由でネット上のサーバにアップできる

トで目標を管理したり、マップ上に自分の平均速度をマッピングしてくれたり、Facebook経由で他の人から声援を受けられたり、ことあるごとにほめてくれたりと、ランニングがもっと楽しいものになるような趣向が凝らされています。

Wifi Body Scale WBS01

「Wifi Body Scale WBS01」という体組成計は、乗るだけで体重／体脂肪率といった計測情報を無線ＬＡＮ経由でネット上のサーバにアップしてくれ、いつでもPC／MacやiPhoneから計測情報を確認することが可能です。また、Twitterに計測結果を自動的に流すこともできるため、友達の目をチェック機能にして、ダイエットを推し進めるといった使い方も可能です。

Last.fm

普段からよくiPhoneやPC／MacのiTunesで音楽を聴く人であれば、「Last.fm」というサービスを使用することで、音楽試聴履歴を自動的に記録することができます。

「Last.fm」では、1曲単位の視聴履歴から1週間／3カ月／6カ月／12カ月ごとのアーティスト別や曲名別の統計情報を確認し、友達と共有することができるようになります。

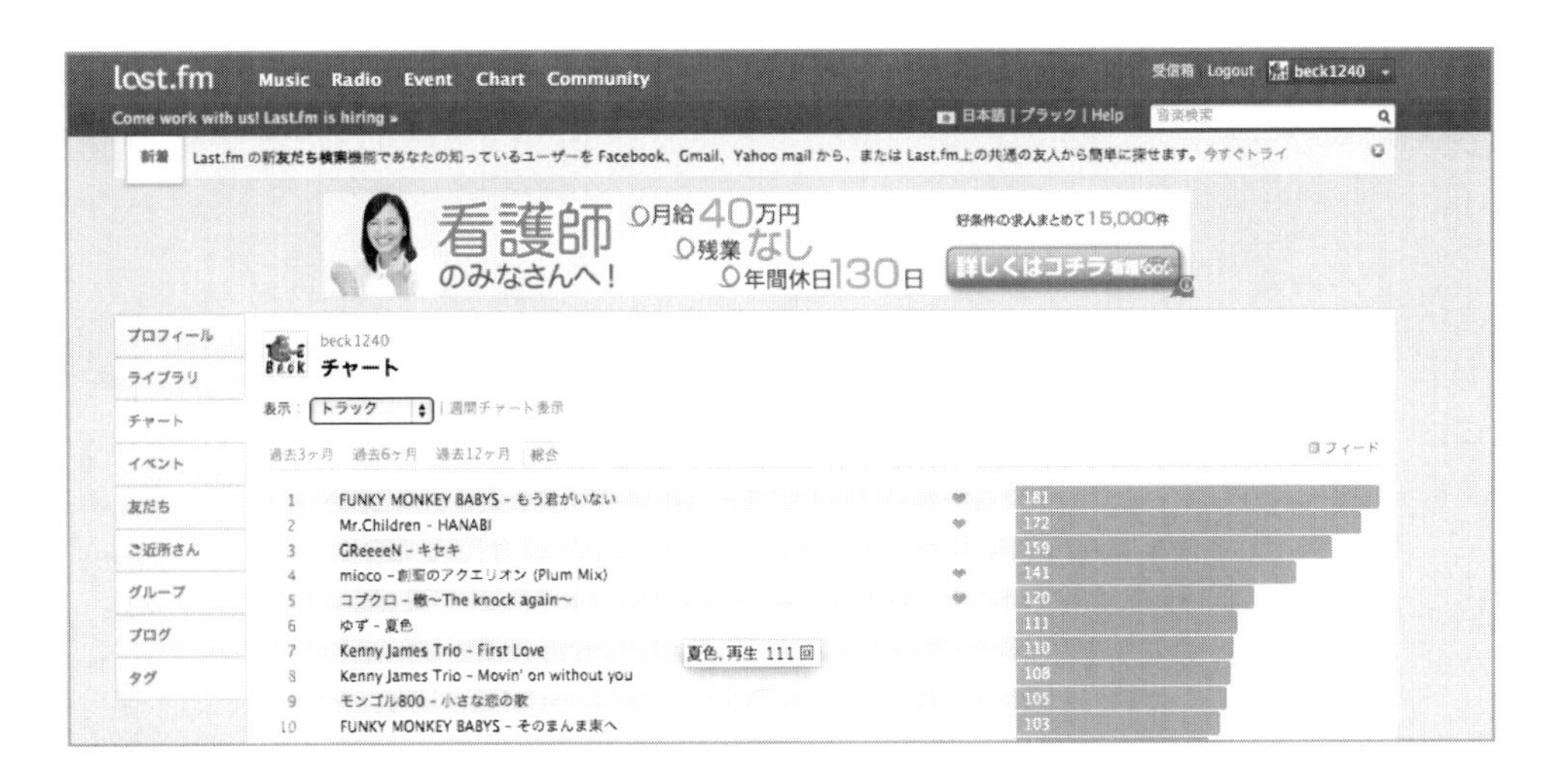

Webサービス情報

Lastfm

- ●ジャンル ･･･ 音楽視聴履歴　●提供元 ･･･ Last.fm Ltd.
- ●価 格 ･･･ 無料

URL http://www.lastfm.jp/home

Twitterを利用したライフログの集約とEVERNOTEへの保管

Twitterに情報を集約する

ここではバラバラに取られているライフログを収集し、EVERNOTEに取り込む方法について紹介します。

- Twitterを使ってライフログを時系列順に並べる
- TwitterとメールMail送信によるEVERNOTEへのライフログ集約
- 振り返りに最適なアプリ「Moment」の活用

Twitterを用いてライフログを時系列順に並べる

ライフログで使用するアプリやサービスの多くはログを記録するだけでなく、蓄積された情報を集計したり、グラフ化して表示することができます。1週間分のランニングデータや睡眠時間を確認したいときは個別にアプリケーションを立ち上げればよいのですが、1日を通して振り返りたい場合には、個別のアプリケーションを確認していくのはいささか面倒です。

ライフログを記録できるアプリやサービスの中にはTwitterと連携できるものがあり、その機能を活用すれば、さまざまなライフログ情報をTwitter上に時系列で並べることができます。1日分のライフログをTwitter上で確認できれば、振り返りも非常にスムーズにできます。

たとえば、Twitterと連携するアプリケーションやクラウドサービスには、次のようなものがあります。

- 睡眠時間を記録する「おはようパンダ」
- ランニングを記録する「Nike+GPS」
- チェックインした場所を記録する「Foursquare」
- 食事記録や体重／体脂肪率を記録する「RecRecDiet」
- タイムトラッキング「aTimeLogger」

◉Twitterを経由してEVERNOTEに集められたライフログ情報

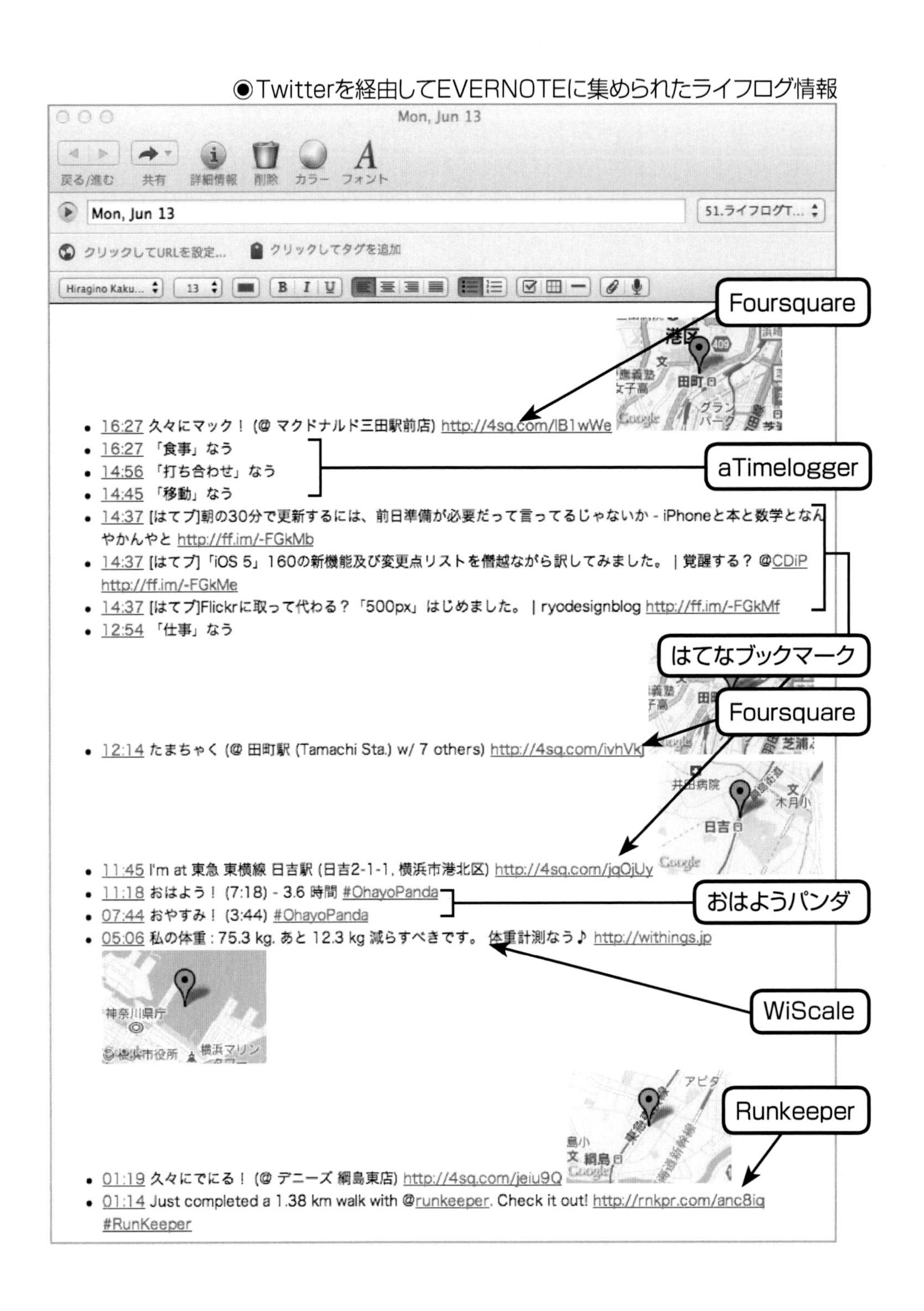

●数値情報を記録する「Dayta」

私はこの他にも自分が思ったことや考えていることをつぶやいていますし、はてなブックマークやGoogleリーダーの共有情報もTwitterに流しています。こういったアウトプットも自分にとっては大切なライフログであり、情報を集約させた自分のつぶやきを追いかけることで効率的かつ効果的な振り返りを行うことができるのです。

twieveとメール送信によるEVERNOTEへのライフログの集約

Twitterに自分のライフログを集約できたところで、次はTwitterの自分のつぶやき1日分をEVERNOTEに送信してくれる「twieve（ツイエバ）」を使用します。

しかし、これですべてのライフログ情報がEVERNOTEに取り込めるわけではありません。Twitterへの投稿機能を持たないアプリやサービスの情報は、この段階では情報が取り込めていないため、何らかの方法を使ってこれらの情報をEVERNOTEに投稿する必要があります。

●twieveでEVERNOTEに転送されたTwitterのつぶやき

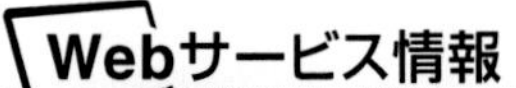

Webサービス情報

twieve（ツイエバ）

- ジャンル ･･･ Webサービス
- 提供元 ･･･ Takashi Aoki
- 価 格 ･･･ 無料

URL http://twieve.net/

SleepCycleからEVERNOTEへのメール投稿

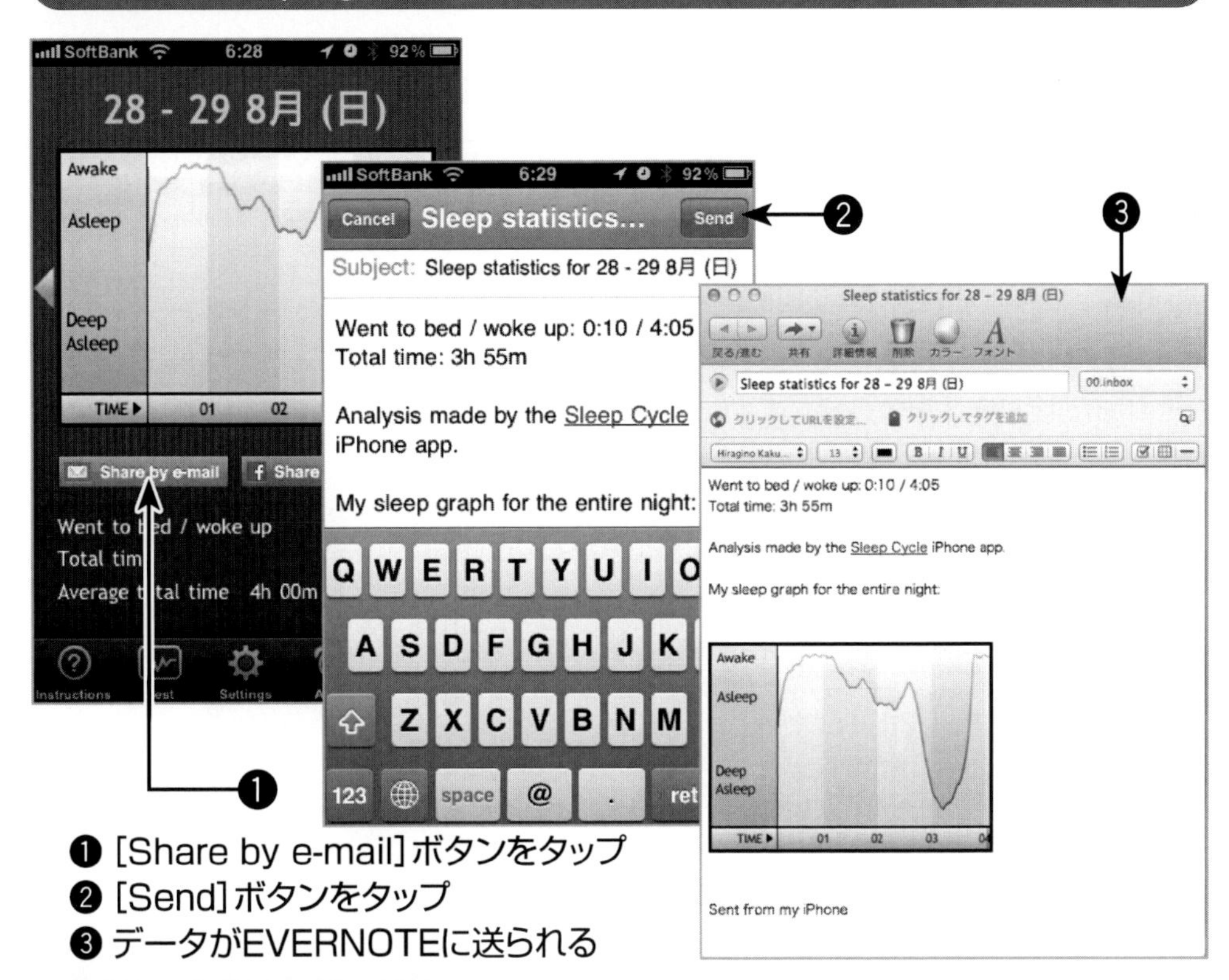

❶ [Share by e-mail]ボタンをタップ
❷ [Send]ボタンをタップ
❸ データがEVERNOTEに送られる

iPhoneアプリ情報

Sleep Cycle alarm clock

- ジャンル ･･･ ヘルスケア/フィットネス
- 提供元 ･･･ Maciek Drejak Labs
- 価 格 ･･･ 85円

たとえば、家計簿アプリケーションの「iExpenseIT」やスリープトラッカーの「SleepCycle」は、メールでのレポート機能を持っているため、こういったアプリであれば、容易にEVERNOTEに記録を残すことができます。

振り返りに最適なアプリ「Moment」の活用

「Twitter」「Facebook」「Instagram」「Flickr」「Foursquare」などのフィードを集めて時系列順に並べ、さらにその中に独自のメモを残すこともできる「Moment」というiPhoneアプリがあります。このアプリを使用すれば、「Twitterとメール送信によるEVERNOTEへのライフログ集約」を行わなくても、iPhoneだけで1日の振り返りを行うことができるようになります。

ただし、Momentでは、集めたタイムラインをメールなどに書き出すことができないため、

iPhoneアプリ情報

Moment

- ジャンル … ライフスタイル
- 提供元 … d3i Ltd
- 価 格 … 250円

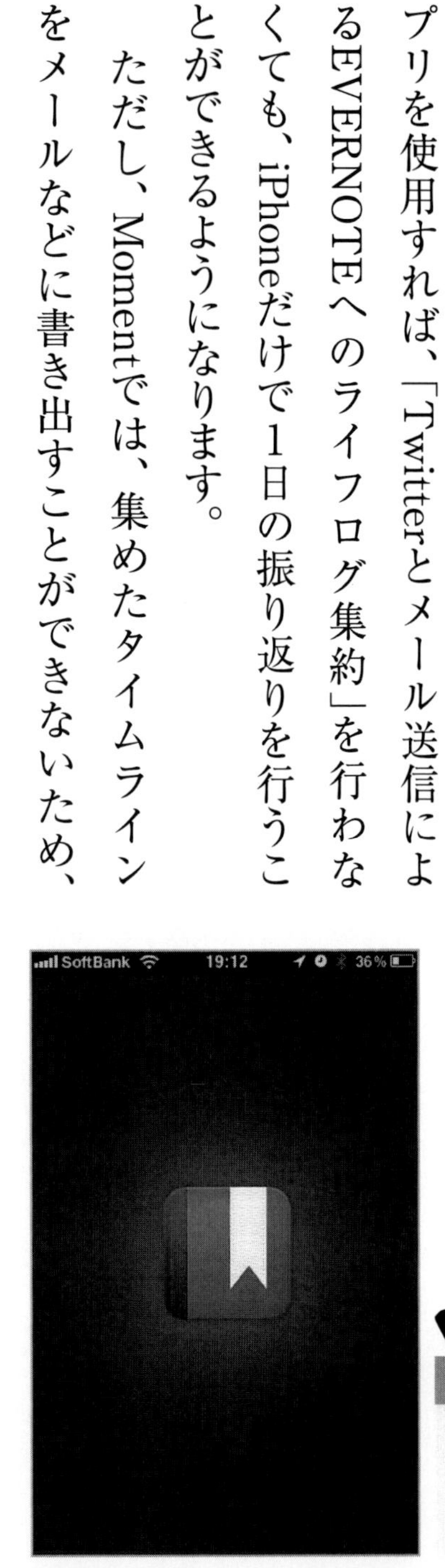

後々PCからデータを加工したいとか、検索などで適宜、引き出したいなどのニーズがある場合は、前述のEVERNOTEへの情報集約を行うほうが利便性が高いといえるでしょう。

Momentの設定画面と表示画面

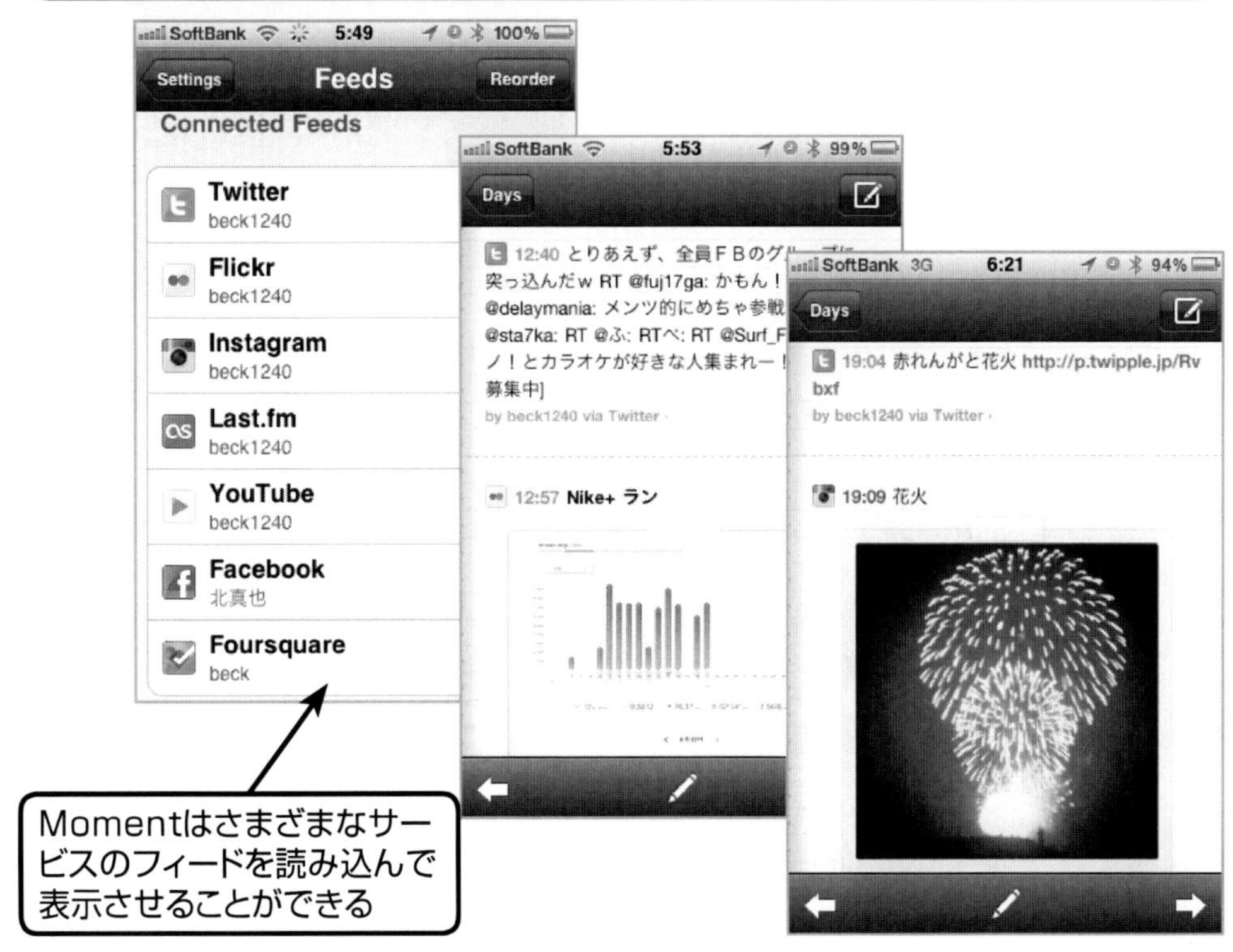

写真メモによるライフログ

カメラアプリ「OneCam」の活用

ライフログを手動で残す場合、ちょっとした手間が積み重なって「面倒だ」と感じることがあります。たとえば文字入力を行う場合、どんなにフリック入力で素早く操作を行ったとしても、入力する文字数分だけ画面へのタップが発生します。

こんなときに活躍するのがカメラアプリの「OneCam」です。OneCamは「バックグラウンドで起動しておけば、アプリの立ち上がりが速い」「ジオタグ情報が残せる」「撮影日を写真に付与できる」「カメラのシャッター音を小さくできる」「Twitterへの投稿ができる」など、かゆいところ

iPhoneアプリ情報

OneCam

- ジャンル … 写真／ビデオ
- 提供元 … masahiro seto
- 価格 … 170円

に手が届くアプリです。

OneCamで写真を撮影すると写真データに付加情報として「撮影日」「撮影場所（ジオタグ情報）」などの情報が残るため、写真を1枚撮影するだけで「いつ」「どこで」「何をしていたか」という情報を残すことができるわけです。

読書メモに便利な「OneCam」

私は本を読んでいて、良いなと思う箇所があれば写真メモを残すのですが、最も本を読んでいる通勤電車の中では写真でメモを残すのは非常に困難です。集中して読書ができる図書館でもカメラのシャッター音は目立ってしまうため、使うことが憚られてしまいます。

「OneCam」は、こういった場面で力を発揮します。OneCamはシャッター音をかなり下げることができるため、電車や図書館でも気兼ねなく撮影できるようになり

●OneCamスナップ

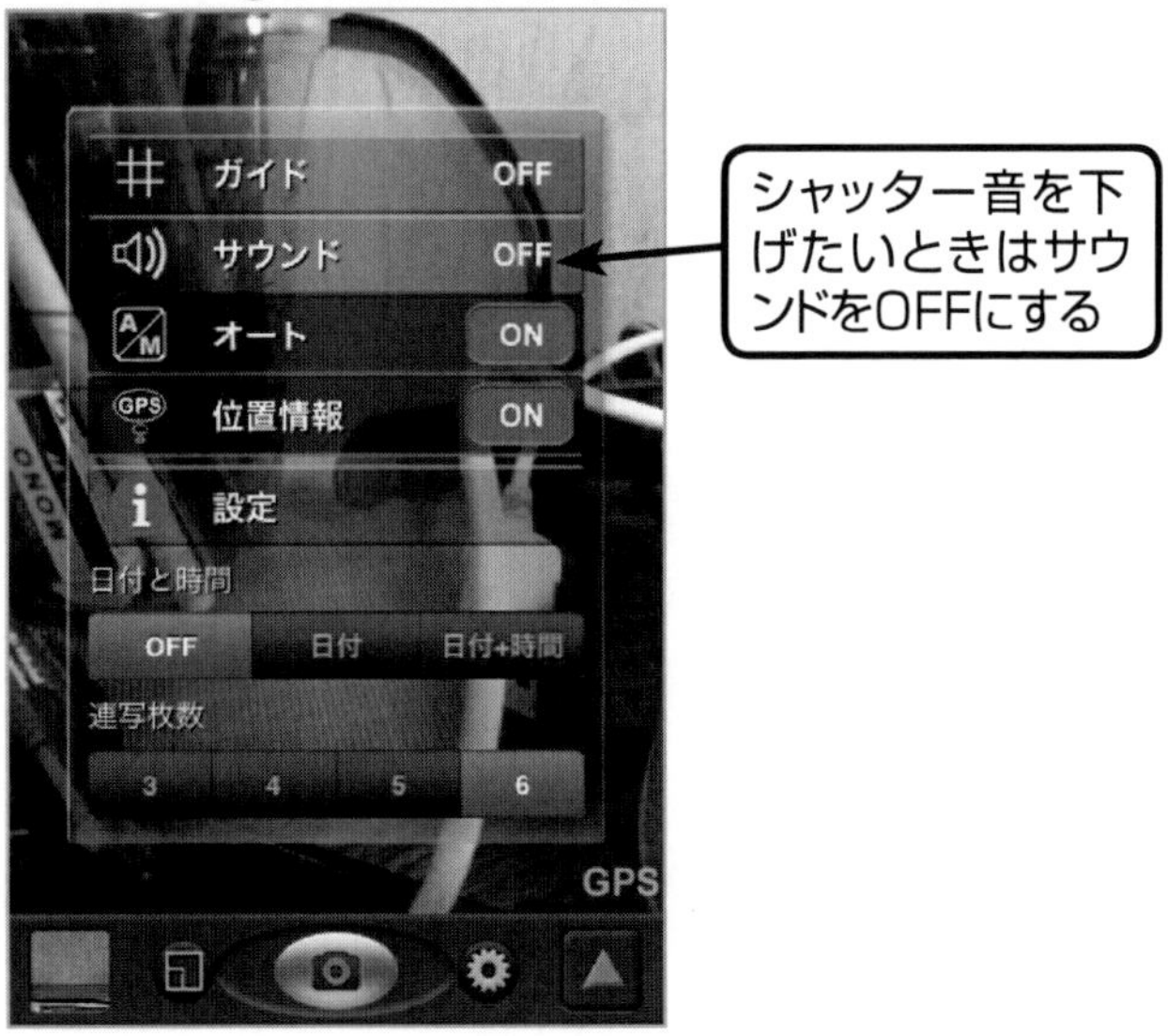

ます。悪用ができないように、カメラが一定角度以上に上を向くと通常のシャッター音が鳴るようになっているため、「ちょっと危ないアプリなんじゃないか？」という心配も不要です。

FasteverSnapで写真メモの作成時間を短縮する

EVERNOTEのiPhoneアプリからカメラロールで写真データを読み込むと、ノートを作成した日時が「ノート作成日」として設定されます。つまり、撮影した写真の「いつ」という情報と「ノート作成日」と一致させるためには、カメラロールからの取り込みではなく、常にEVERNOTEのスナップショットで写真メモを作成する必要があるのです。このときの手順は次のようになります。

EVERNOTEを起動→スナップショットを選択→写真を撮る→同期させる

iPhoneアプリ情報

FasteverSnap

- ジャンル … 写真／ビデオ
- 提供元 … rakko entertainment
- 価 格 … 170円

これだと1つの写真メモを作成するのに数秒から十数秒掛かってしまい、頻繁に写真メモを残すことをおっくうに感じてしまう恐れがあります。

このときに便利なのが「FasteverSnap」というiPhoneアプリです。このiPhoneアプリを使えば撮影した写真がサイズダウンした上で即座にEVERNOTEにアップロードされるため、ステップ削減と同期スピード向上による、よりストレスの少ない写真メモの作成が可能となります。ただし、このiPhoneアプリはEVERNOTE専用ですので、カメラロールに写真を残したりFacebookやTwitter、Flickr

FasteverSnapでノートを作成するには

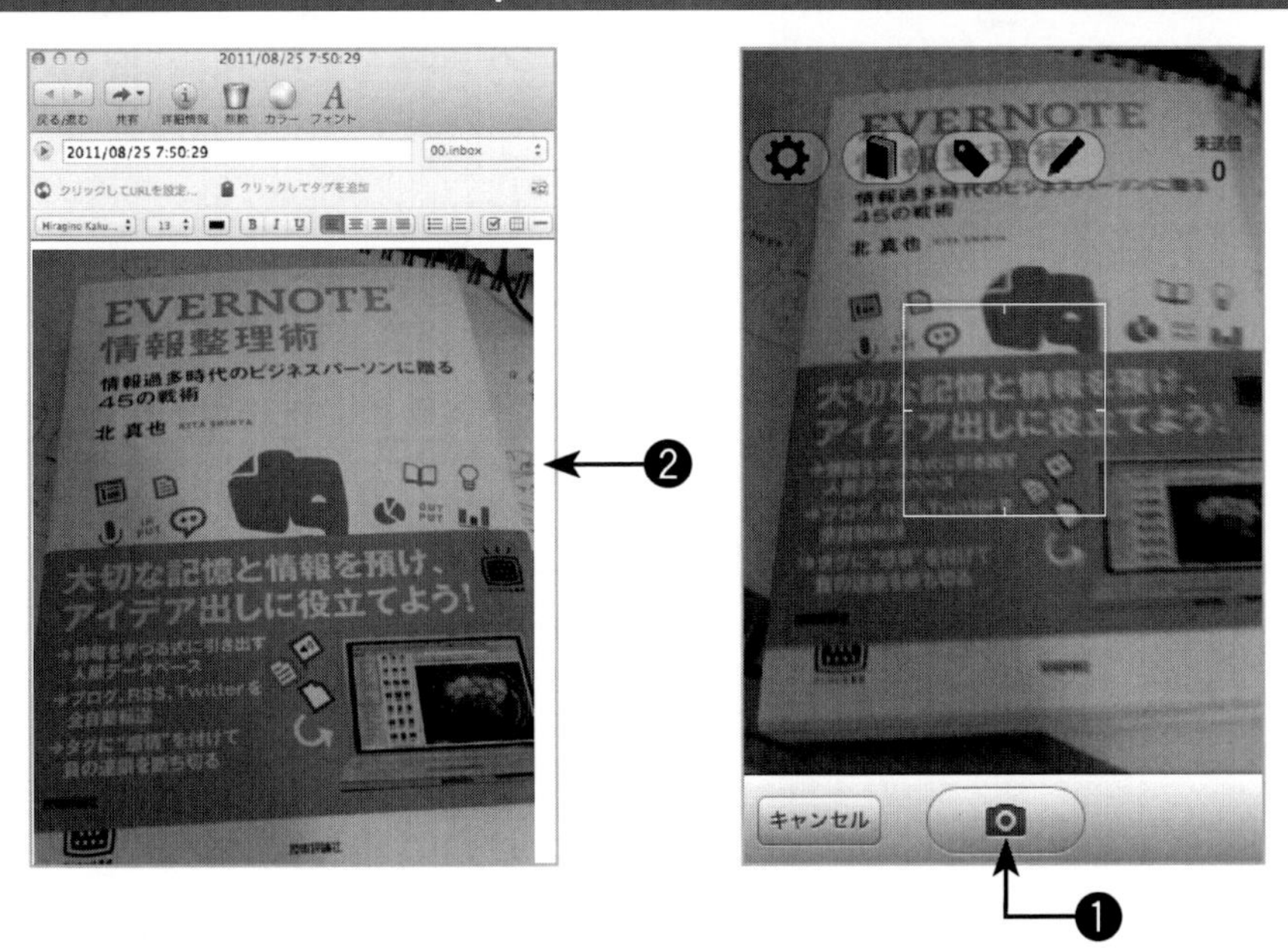

❶ [撮影]ボタンをタップします。
❷ 撮影した画像が即座にEVERNOTEにアップロードされます。

などに写真をアップロードする用途では利用できません。

画像をまとめてアップロードするPictShare

時と場合に応じて写真の保存先やアップロード先を変えたい場合に便利なのが「PictShare」という、カメラロールに保存されている写真を複数枚まとめてEVERNOTEやFlickr、FacebookなどにアップロードできるiPhoneアプリです。PictShareが素晴らしい点はEVERNOTEに投稿する際に写真の「撮影日」を「ノート作成日」に設定し、「位置情報」もそのままノートの「位置情報」に引き継ぐことができるところです。

普段はOneCamで写真を撮り続けておき、気が向いたときにPictShareでまとめてEVERNOTEに写真をアップロードするだけで、常にライフログの「いつ」「どこで」「何をしていたか」を残すことができるようになります。そのほか、アップ

iPhoneアプリ情報

PictShare

- ジャンル … ソーシャルネットワーキング
- 提供元 … 啓 ito
- 価 格 … 250円

PictShareからEVERNOTEに画像をアップロードするには

1 画像の撮影

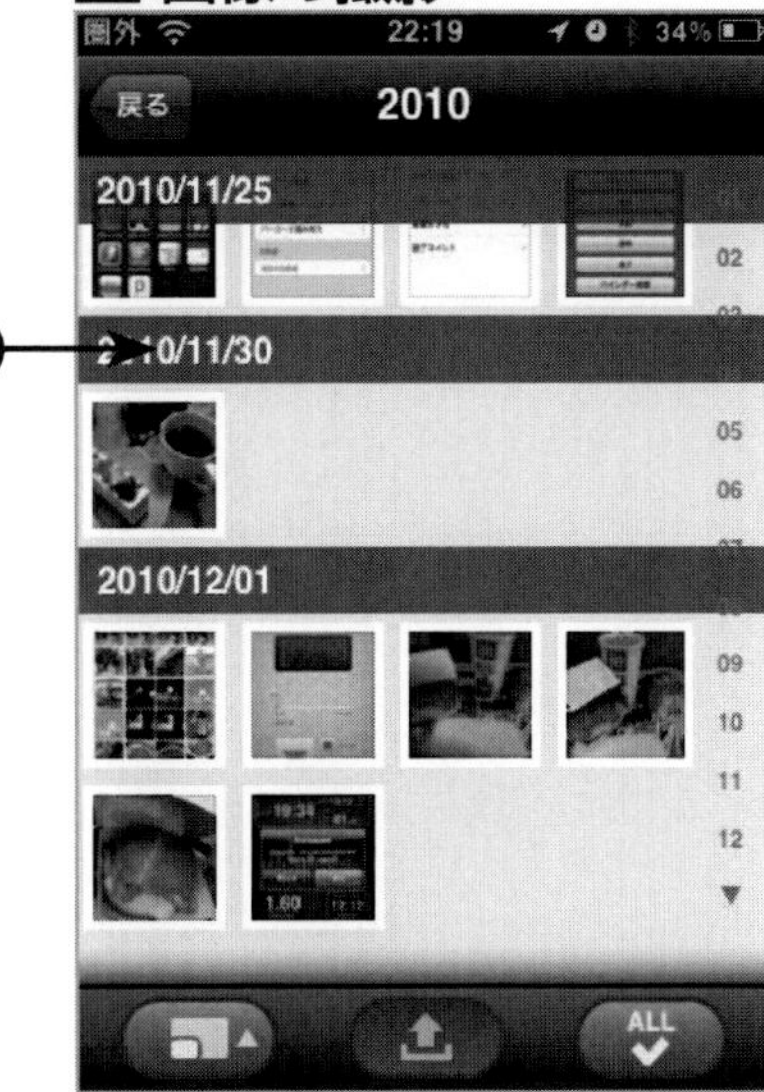

❶ OneCamなどで写真を撮りためておきます。

❷ PictShareで定期的にEVERNOTEに送信します。

3 送信の完了

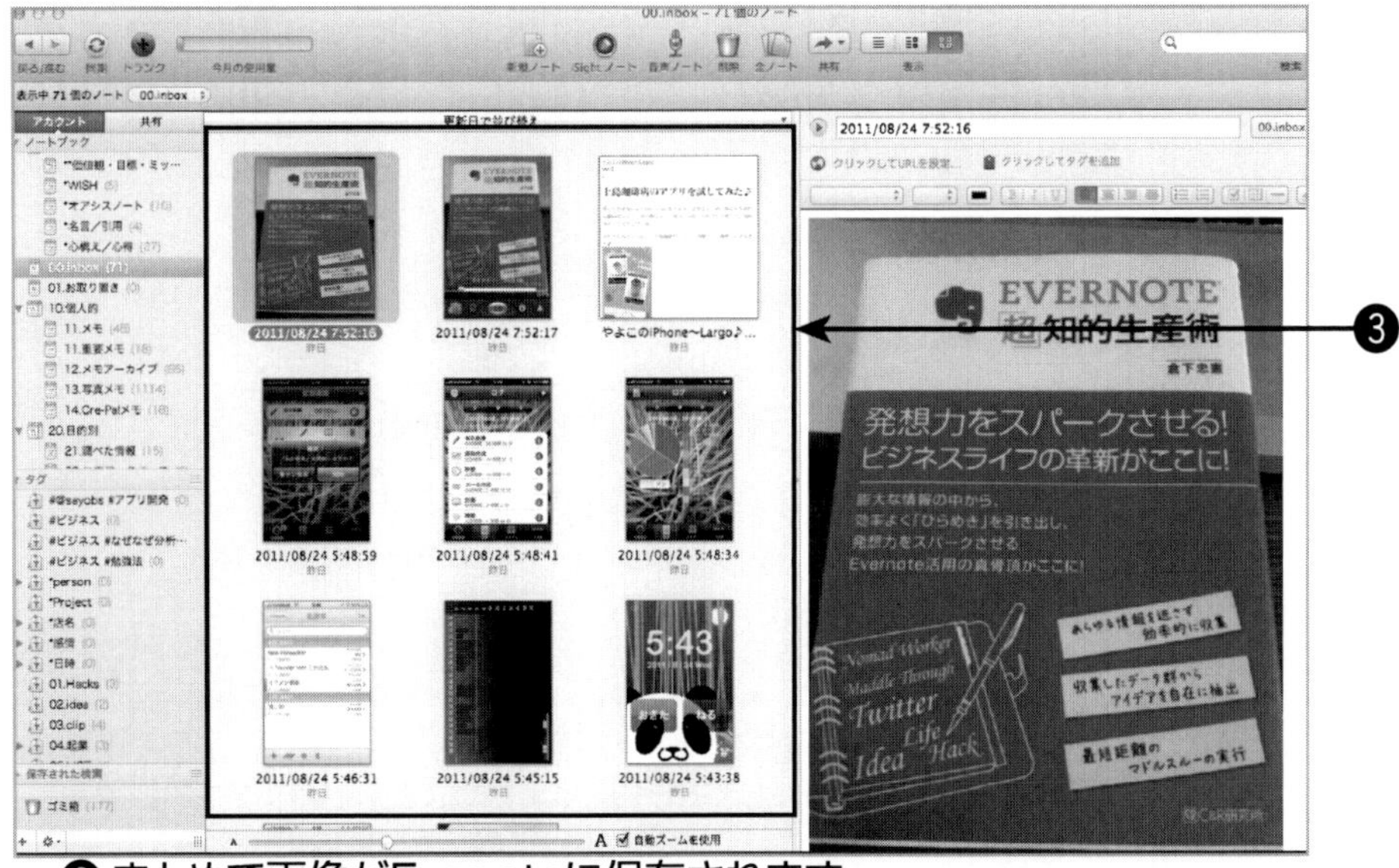

❸ まとめて画像がEvenoteに保存されます。

ロード前に画像の向きを変えたり、名前やタグの設定を行うことも可能ですし、ワンタッチで投稿先をTwitterやFacebook、Posterous、Flickr、Picasaという共有サイトに変更することも可能です。

Instagramで楽しく写真メモを残す

「Instagram」はトイカメラで撮影したような写真を撮ることができるカメラアプリと、写真でつながるTwitterのようなSNSサービスが組み合わさったアプリケーションです。自分のタイムラインにはフォローしている人の写真がひたすら表示され、自分が撮った写真は自分をフォローしている人の元に配信されます。

Instagramでは、配信された写真に対して手軽にLikeを送ったり、コメントを残すことができるのですが、自分が投稿した写真に対してLikeやコメントというフィードバックが得られ

iPhoneアプリ情報
Instagram

- ジャンル … 写真/ビデオ
- 提供元 … Burbn, inc
- 価 格 … 無料

ることは、非常に写真を撮るモチベーションにつながります。

写真投稿時にTwitter、Facebook、Flickrへの同時投稿を行うこともできるほか、メールで写真を送ることもできるため、撮影した写真をEVERNOTEにメール投稿するのもよいでしょう。

また、Instagramで撮影された写真はカメラロールに保存することもできるので、「PictShare」を用いてEVERNOTEへアップロードすることも可能です。

隙間時間を有効活用するためにインプット情報をiPhoneに仕込む

最近では、電車でiPhoneをはじめとしたスマートフォンを操作している人が珍しくなくなりました。のぞき込んでチェックしたわけではありませんが、Twitterをしている人、RSSをチェックしている人、そして動画を楽しんでいる人も多いようです。少し前までは携帯でやることと言えば、メールかゲームだったことを考えると、現代のスマートフォンの多様な使われ方は隔世の感を覚えます。

ここでは電車などの隙間時間をさらに有効活用するために、iPhoneに仕込んでおくべきインプット情報について紹介します。

迷ったらGoodReaderとDropboxに資料を突っ込んでおく

Dropboxなどのクラウドストレージが一般的に使われるようになってきた昨今、PC／MacとiPhone／iPadのファイル連携もDropboxを使えば、ストレスなく、すべてネット経由で行うことができます。また、本書で紹介するアプリケーションの中にも、Dropboxを経由して異なるアプリ間、デバイス間でスムーズにデータ連係ができるものがあります。自宅でも出先でも閲覧・編集が必要なデータは、とりあえず、Dropboxに保存しておけば間違いないでしょう。

しかし、実際にはネット接続が切れた状態ではDropboxのファイルにはアクセスできませんし、サイズが大きいファイルなどをつどネットからダウンロードするというのも時間が掛かってしまい、煩わしいと感じてしまうかも知れません。

こういった面倒を回避するために、閲覧頻度が高い資料はあらかじめiPhoneのローカルストレージともいえる「GoodReader」に取り込んでおくとよいでしょう。当初は高速なＰＤＦリーダーとして知られた「GoodReader」ですが、実際には次のような特徴からＰＤＦリーダーの枠に

iPhoneアプリ情報
GoodReader for iPhone / iPad
- ジャンル ･･･ 仕事効率化
- 提供元 ･･･ Good.iare Ltd.
- 価 格 ･･･ 450円 / 450円

収まらない多様な用途を私達に提供してくれています。

- 動画、画像、音声、Officeドキュメント、PDFなど、多様なメディアを閲覧・再生できる
- PDFをアノテーション（校正）できる
- ZIPファイルを圧縮・解凍できる
- iPhone／iPadのローカルストレージに、あらゆるファイルを置くことができる
- DropboxやWebDavなどのオンラインストレージとファイルをやり取りできる
- ウェブからファイルを直接ダウンロードして保存できる
- 他のiPhoneアプリケーションに対してファイルを受け渡すことができる

大量のデータやファイルサイズの大きなデータを取り込む必要があるときなどは、iTunesからファイルを送り込むとよいでしょう。一度GoodReaderに取り込んでおけば、さまざまなアプリケーションへとデータを引き継ぐことができます。

Dropboxをオンラインストレージ、GoodReaderをローカルストレージとし、この

2つのアプリケーションを起点にさまざまなアプリケーションとの連携を構築する方法についてはCHAPTER-5で詳しく解説します。まずここでは資料は取り敢えずDropboxに配置して、利用頻度の高い情報はGoodReaderにも取り込んでおくことを覚えておいてください。

電子書籍の時代がやってきた！

2010年はiPadの発売もあり、日本でも多くの電子書籍が発売されました。

電子書籍といってもいろいろな形があり、世界ではオープンフォーマットの「ePub」や「PDF」、Amazonキンドルの「AWD」フォーマットが主流ですが、日

◉GoodReader

本ではシャープがザウルスやＰＣ向けの電子書籍フォーマットとして提唱した「XMDF」や、ウェブコミックでよく用いられる「.book」が主流のようです。

電子書籍のフォーマットやリーダーの情勢が混沌としている中で、雑誌スタンド系アプリケーションの充実には目を見張るものがあり、「ビューン」「マガストア」「雑誌ONLINE」「日経ＢＰ STORE」などさまざまな雑誌スタンドが登場しています。

これらの雑誌スタンドは、アプリごとに仕様の差異があり、多くの雑誌スタンドではダウンロードした雑誌データをローカルに保存しておけるのですが、「ビューン」はローカルにキャッシュできないため、Wi-fiが届く範囲

◉日経BP STORE

◉ビューン

でしか読むことができません。その代わりに、42冊もの雑誌最新刊とガイドブックが読み放題というメリットがあります。

私は、「日経ビジネスアソシエ」や「プレジデント」といった雑誌を読むために、日経ＢＰの「日経ＢＰ STORE」で電子書籍版の「日経ビジネスアソシエ」を購入し、「ビューン」で「プレジデント」「週刊ダイヤモンド」「DIME」などの雑誌を購入しています。

これらの雑誌で気に入ったページは、「ホームボタン」＋「スリープボタン」でスクリーンショットを撮ることで簡単にクリップすることができます。

また、「日経ＢＰ STORE」や「マガストア」であれば、本文中のテキストを取得することができるため、本文をコピーしてEVERNOTEに貼り付けることも可能です。

ＰＤＦ形式で電子書籍を販売／配布しているサイト

出版社系では、ＩＴ技術者のバイブル「オライリー（O'REILLY）」（http://www.oreilly.co.jp/ebook/）は多くの本をＰＤＦ形式の電子書籍としても販売しています。

１冊あたりの本が分厚く重い「オライリー」の本を何冊分もiPadに入れて持ち歩ける

なんて素晴らしい時代になったと感動すら覚えます。

また、「できる」シリーズで有名な「インプレス」(http://direct.ips.co.jp/book/impressjapan.cfm)もEVERNOTEやUSTREAMなどのiPhone/iPadとも親和性が高いものを中心にPDF形式の電子書籍のラインナップをそろえています。

出版社系以外では「ブクログのパブー」(http://p.booklog.jp/)という電子書籍の制作/販売プラットフォームが最も勢いがあり、プロアマ有料無料を問わずさまざまな電子書籍が1万作品以上登録されています。ノマドワークを提唱したことでも有名なITジャーナリストの佐々木俊尚さんが「キュレーションの時代」の電子書籍をパブーで配信していることも1つ大きな話題になりました。

無料の電子書籍投稿サービス「iPadZine」(http://www.ipad-zine.com/)では、プロアマ問わずさまざまな作品が登録されているだけでなく、路線図やチートシート(ショートカットキーやタグ、関数などを一覧にまとめた紙)などの便利な資料が提供されています。

CHAPTER 3

クラウドの「セルフマネジメントシステム」を使いこなす

管理する情報の流通経路を設計して運用フローを構築する

収集した情報の流れる経路と運用フローを明確にする

さまざまな手法によって集められた情報は、「Googleカレンダー」「Toodoledo」「EVERNOTE」「Dropbox」で管理します。情報をスムーズに振り分け、管理するためには、情報の流通経路を設計しておくだけでなく、「目標設定」「週間計画」「日次計画」といった運用フローを確立しておく必要があります。

2つのinboxで情報の保存先をジャッジする

まずは情報の流通経路を設計します。私の例を左ページの上図に示します。着目して欲しいのは、図中に2つのinboxがある点です。

1つ目のinboxは、CHAPTER-2で紹介したメモ帳やメールなどの自分の情報を一時的に受け止める入り口です。明らかに予定とわかっているメモはGoogleカレン

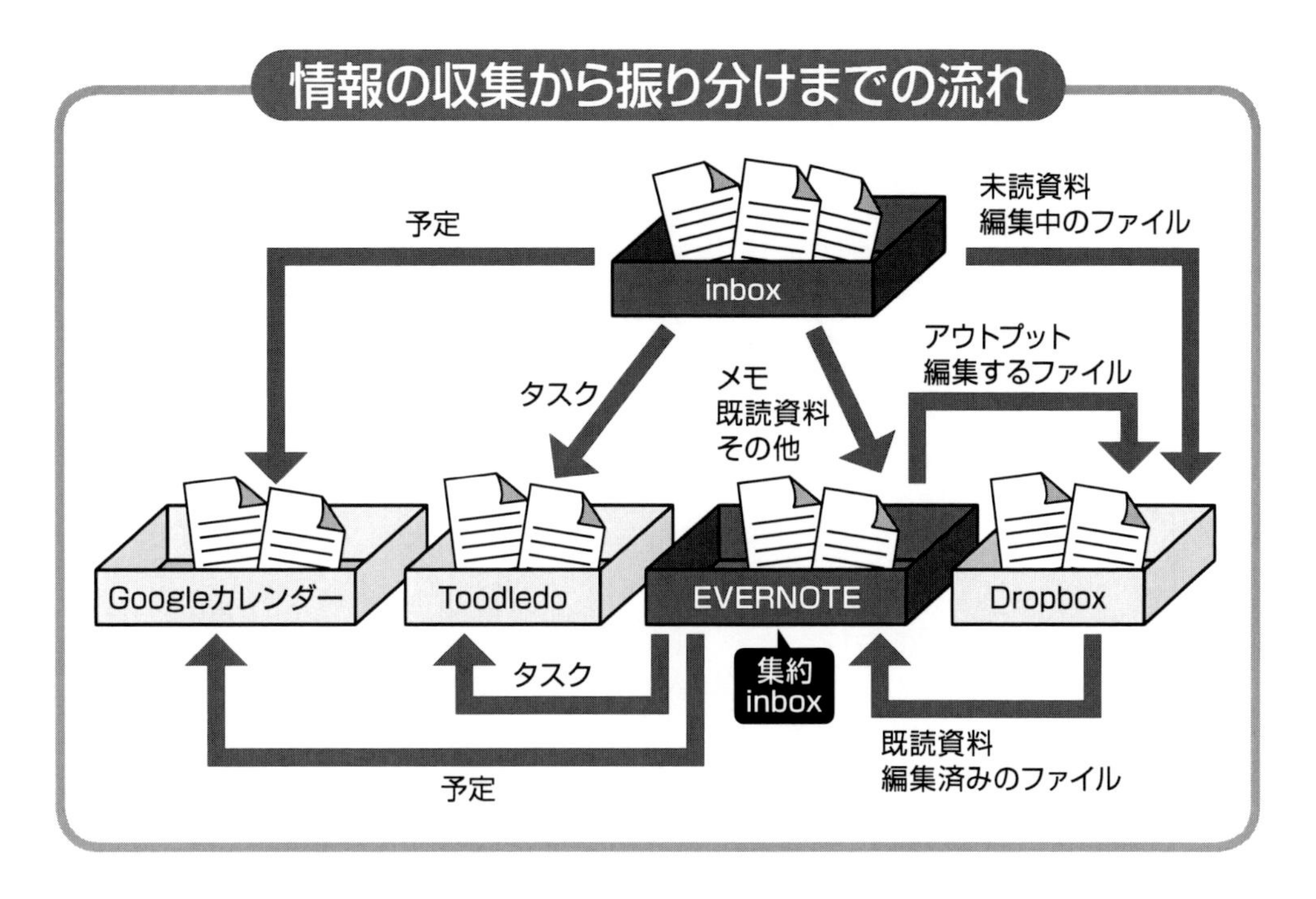
情報の収集から振り分けまでの流れ
未読資料
編集中のファイル
予定
inbox
アウトプット
編集するファイル
タスク
メモ
既読資料
その他
Googleカレンダー
Toodledo
EVERNOTE
Dropbox
タスク
集約
inbox
既読資料
編集済みのファイル
予定

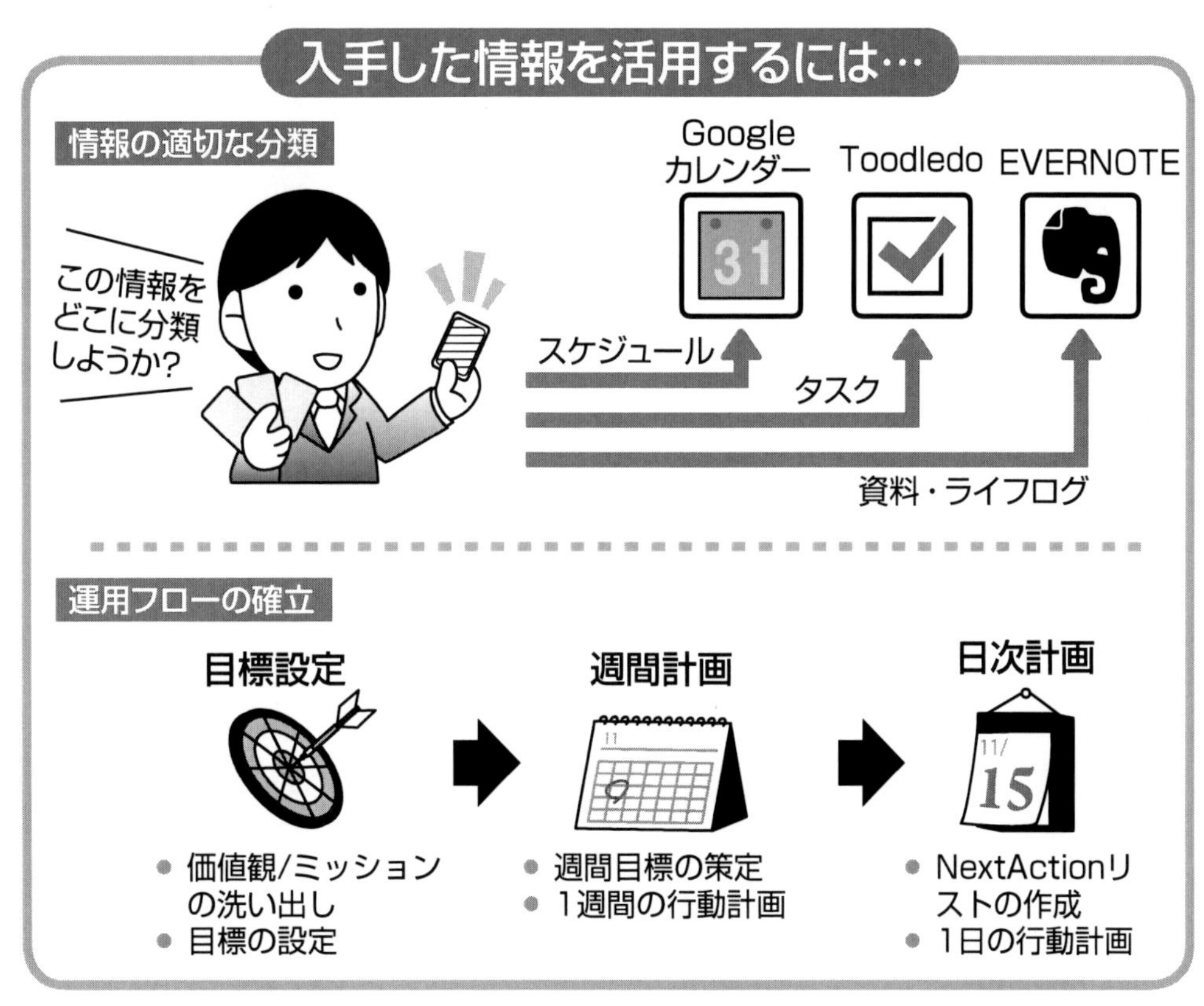
入手した情報を活用するには…
情報の適切な分類
Google
カレンダー
Toodledo
EVERNOTE
この情報を
どこに分類
しようか？
スケジュール
タスク
資料・ライフログ
運用フローの確立
目標設定
週間計画
日次計画
価値観/ミッション
の洗い出し
目標の設定
週間目標の策定
1週間の行動計画
NextActionリ
ストの作成
1日の行動計画

ダーに入れ、買ったばかりの電子書籍はDropboxに保存することになります。

2つ目のinboxはEVERNOTEです。1つ目のinboxは分散しているため、情報の散逸を防ぐためにも、情報がキャッチされたら可及的速やかに整理される必要があります。このとき、瞬時に判断できる情報は適切な整理場所に配置すればよいのですが、そうでない情報は一時的にEVERNOTEに集めてから再度整理を行う形をとります。

たとえば、同僚からもらったメールに、①このメールへ返信してほしい、②添付資料を読んでほしい、③それを元に資料を作成してほしい、④明日飲みに行こうという要求や誘いが文章中に散りばめられているとすると、瞬時の判断が難しくなります。

また、EVERNOTE上に集めた情報からアウトプットを行う場合や、いったんアーカイブしたファイルを再度編集する場合は、Dropboxにファイルを移動し、逆にDropbox上で既読になった資料や編集が済んだ資料についてもEVERNOTEへ移動する流れができます。

GTDのプロセスを参考に情報整理のフローを構築する

情報の振り分け先やinboxを決めたとしても、情報が手元にきた瞬間にそれをどこ

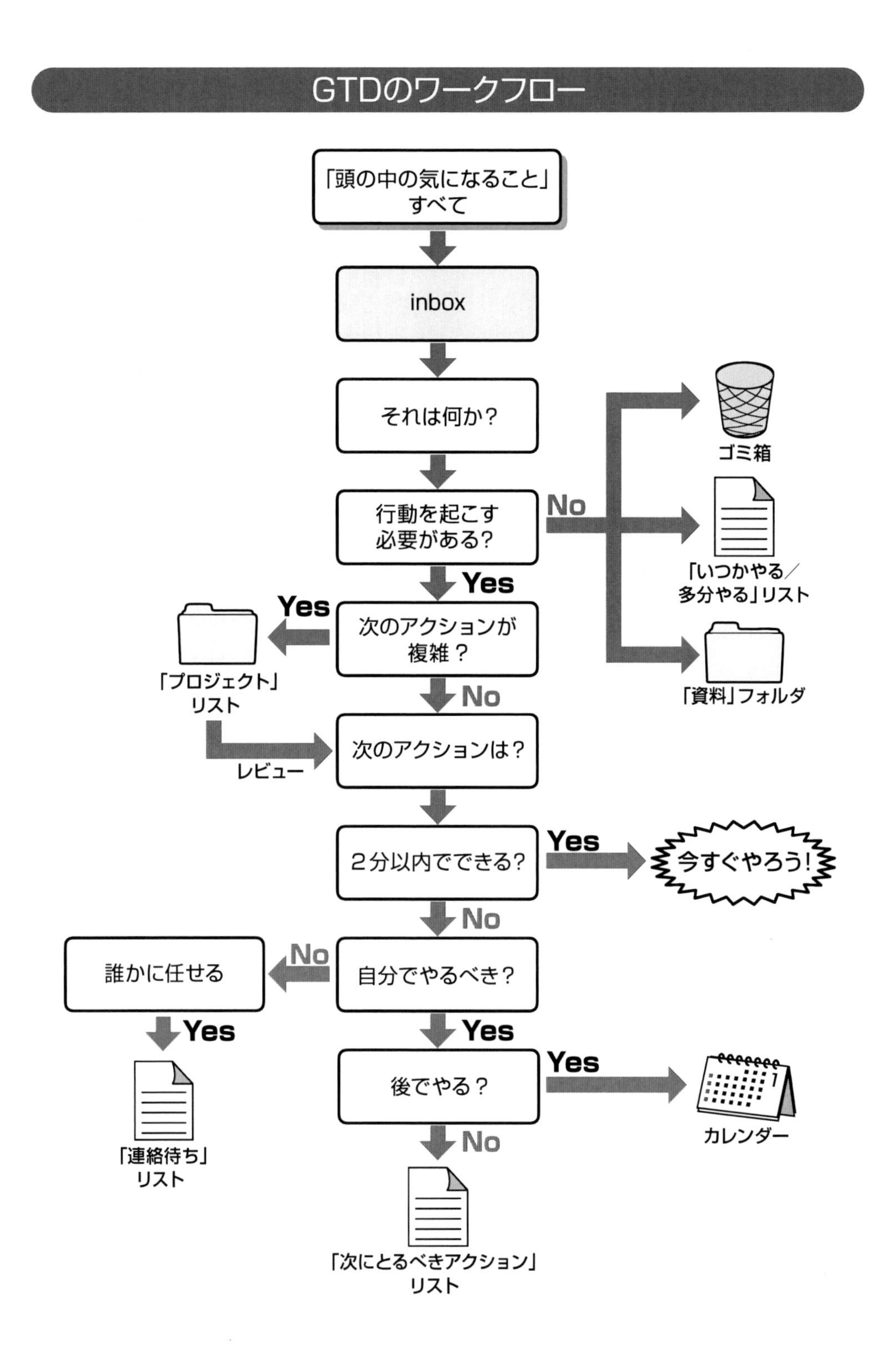
GTDのワークフロー
「頭の中の気になること」
すべて
inbox
それは何か？
行動を起こす
必要がある？
No
ゴミ箱
「いつかやる／
多分やる」リスト
「資料」フォルダ
Yes
次のアクションが
複雑？
Yes
「プロジェクト」
リスト
レビュー
No
次のアクションは？
2分以内でできる？
Yes
今すぐやろう！
No
自分でやるべき？
No
誰かに任せる
Yes
「連絡待ち」
リスト
Yes
後でやる？
Yes
カレンダー
No
「次にとるべきアクション」
リスト

に配置すべきかを即座に判断することはとても困難です。というのも、多くの情報は手元にやってきた段階では何者であるかが不明瞭であり、「これは何か?」と少し考えてみる必要があるからです。

集めた情報が何かを判断し、適切な場所へと整理する一連の作業を行う際に参考になるのが、63ページで紹介したGTDのワークフローです(図は前ページ参照)。

GTDでは情報をまず、「inbox」に「収集」し、それが何かを考える「処理」を行った後、その情報をあるべき場所に配置する「整理」を行います。この処理・整理を行う段階で、情報がスケジュールなのか、タスクなのか、メモ・資料なのかが初めて確定します。ポイントは、自分の手元にきた情報をワークフローに沿って処理していけば機械的に行き先が決まる点です。

その後、「レビュー」を行い、「NextAction」リストを完成させて、タスクを「実行」することになります(178ページ参照)。

自分なりのワークフローを作り上げる

次に、GTDのワークフローを参考に、4つのクラウドツールを整理先とし、処理の考え方に少し手を加えて自分なりのワークフローを構築してみます。下図のワークフローは実際に私が使用しているものです。

スケジュール、タスク、その他の情報と振り分けていき、最終的にはGoogleカレンダー、Toodledo、EVERNOTE、Dropboxのいずれかに情報が配置されるようになっています。

その他にはメモや資料も含まれていますが、「これをどこに入れたらいいかわからないぞ?」という一時判断が難しい情報についてもいったんEVERNOTEに取

北式ワークフロー

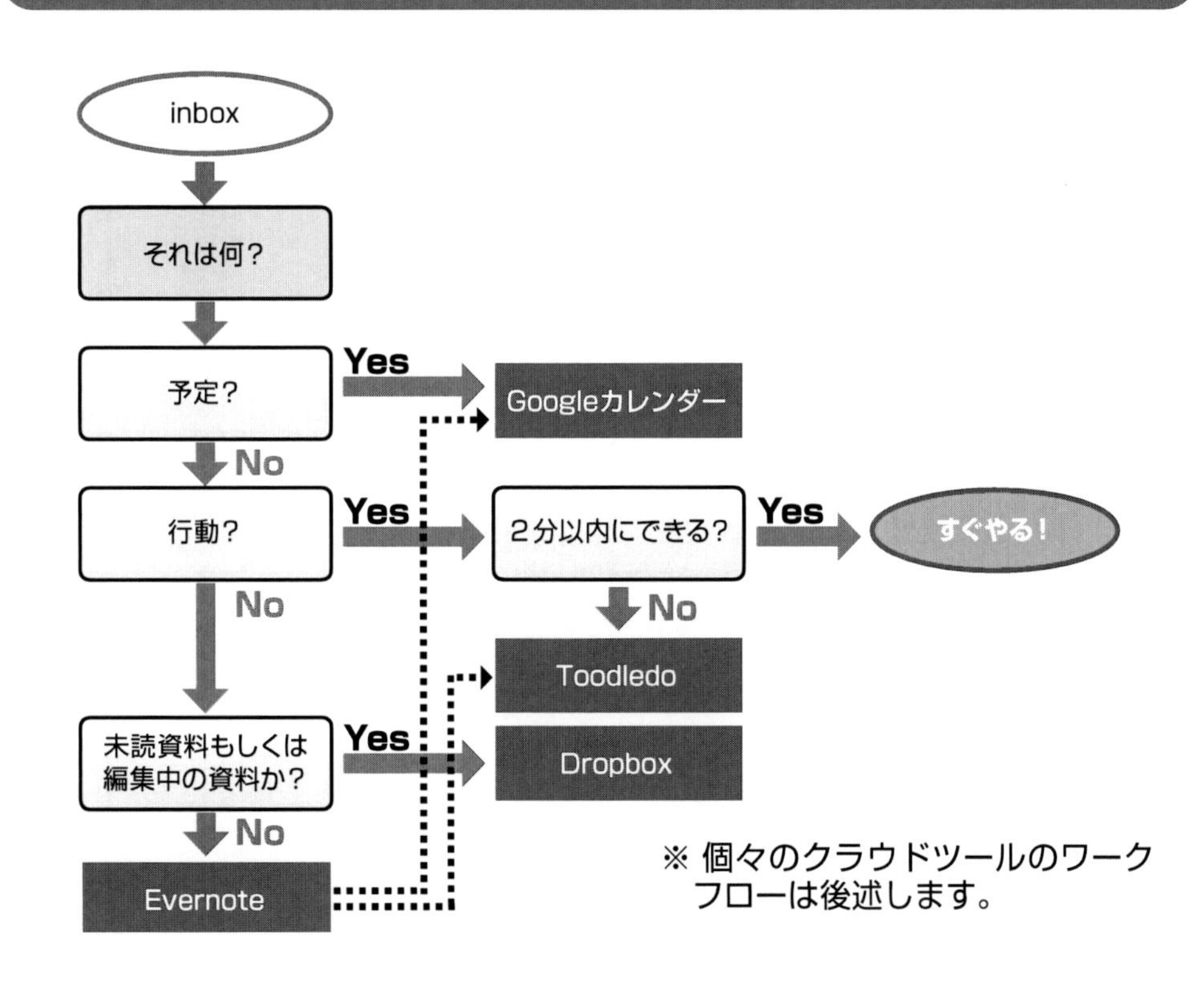

り込んでおきます。

使用するツールや管理したい情報によって最適なワークフローは異なります。一度自分自身の情報整理のワークフローを描いてみることをオススメします。

いつ、何を行うのかを決定する運用フローを構築する

自分なりの情報整理のワークフローを作り上げたところで、いつ、何の作業を行うかという運用フローを考えます。私の運用フローは、次ページの通りです。

大きく分けて目標策定、週間計画、日次計画、遂行、1日の振り返り／日次レビュー、1週間の振り返り／週次レビューのフェーズに分かれています。私は以前フランクリン・プランナーという手帳を使用していたので、基本的な考え方は週間計画→日次計画→反省の流れにあり、反省をGTDでいうところの日次レビューや週次レビューに置き換えた形になります。

それぞれのフェーズで、「いつ」「何をやるか」について見ていきます。

目標策定

1年の目標を立てている人は多いと思いますが、私も目標をEVERNOTEに書き出しています。フランクリン・プランナーで言うところの価値観やミッションを洗い出しているほか、この先5年の目標や今年の目標などを書き出しています。

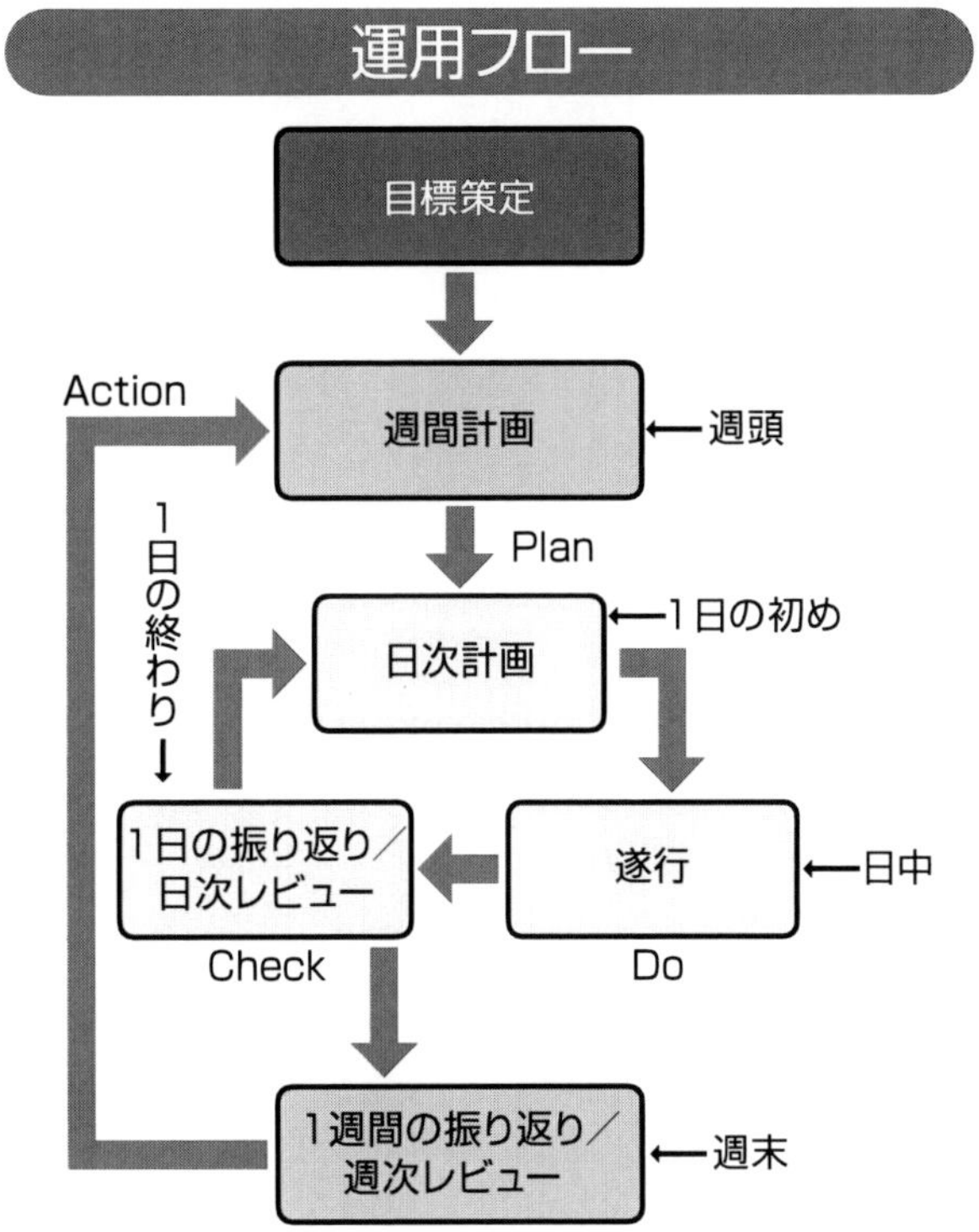

運用フロー

週間計画

1週間の始まりに15分~30分程度の時間を取って行うのが週間計画です。週間計画では、主に次の2つの作業を行います。

● 週間目標策定……目標をブレークダウンし具体的な行動目標に落とし込む

- 行動計画……その週の予定、行動目標、タスクをGoogleカレンダーに並べて1週間の見通しを立てる

日次計画

毎朝5分～10分程度の時間を割いて、その日の予定とタスクを整理するのが日次計画です。日次計画では、次の2つの作業を行います。

- Toodledoのタスクのうち、今日やるタスクに「NextAction」の☆を付ける
- 「NextAction」の☆を付けたタスクとその日の予定を、iPhoneアプリの「TaskPortPro」に書き出し、時間を見積もる

Toodledoで「NextAction」リストを作成するのに、「TaskPortPro」でまたリストを作るのは二度手間に見えるかもしれませんが、これは双方のリストの欠点を補い合うために必要な作業です。

予定／タスクの遂行

予定／タスクの遂行フェーズでは、日次計画で立てた計画を遂行していきます。GoogleカレンダーやToodledoで全体を俯瞰しつつ、実際の予定やタスクの遂行は「TaskPortPro」のリストを上からこなしていく形になります。

1日の振り返り／日次レビュー

1日の振り返りは、日次計画で立てた計画に対する実績との乖離をはかるために「TaskPortPro」を見返します。また、日次レビューでは簡単にGTDでいうところの収集～整理まで行ってToodledoの情報を最新にするほか、

◉Toodledoによるタスク管理

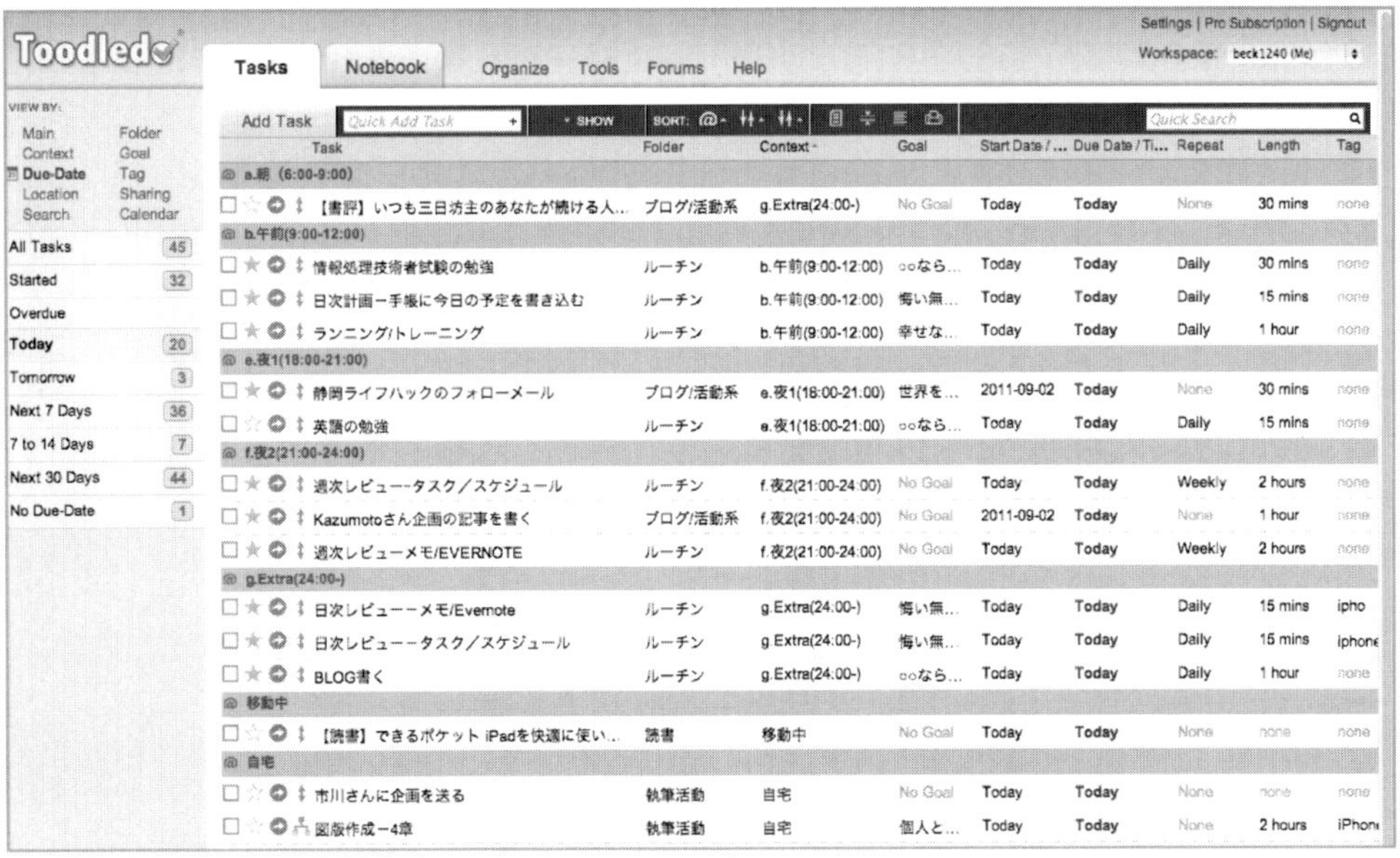

Task	Folder	Context	Goal	Start Date / ...	Due Date / Ti...	Repeat	Length	Tag
a.朝 (6:00-9:00)								
【書評】いつも三日坊主のあなたが続ける人...	ブログ/活動系	g.Extra(24:00-)	No Goal	Today	Today	None	30 mins	none
b.午前(9:00-12:00)								
情報処理技術者試験の勉強	ルーチン	b.午前(9:00-12:00)	○○なら...	Today	Today	Daily	30 mins	none
日次計画ー手帳に今日の予定を書き込む	ルーチン	b.午前(9:00-12:00)	悔い無...	Today	Today	Daily	15 mins	none
ランニング/トレーニング	ルーチン	b.午前(9:00-12:00)	幸せな...	Today	Today	Daily	1 hour	none
e.夜1(18:00-21:00)								
静岡ライフハックのフォローメール	ブログ/活動系	e.夜1(18:00-21:00)	世界を...	2011-09-02	Today	None	30 mins	none
英語の勉強	ルーチン	e.夜1(18:00-21:00)	○○なら...	Today	Today	Daily	15 mins	none
f.夜2(21:00-24:00)								
週次レビュー-タスク／スケジュール	ルーチン	f.夜2(21:00-24:00)	No Goal	Today	Today	Weekly	2 hours	none
Kazumotoさん企画の記事を書く	ブログ/活動系	f.夜2(21:00-24:00)	No Goal	2011-09-02	Today	None	1 hour	none
週次レビューメモ/EVERNOTE	ルーチン	f.夜2(21:00-24:00)	No Goal	Today	Today	Weekly	2 hours	none
g.Extra(24:00-)								
日次レビューーメモ/Evernote	ルーチン	g.Extra(24:00-)	悔い無...	Today	Today	Daily	15 mins	ipho
日次レビューータスク／スケジュール	ルーチン	g.Extra(24:00-)	悔い無...	Today	Today	Daily	15 mins	iphone
BLOG書く	ルーチン	g.Extra(24:00-)	○○なら...	Today	Today	Daily	1 hour	none
移動中								
【読書】できるポケット iPadを快適に使い...	読書	移動中	No Goal	Today	Today	None	none	none
自宅								
市川さんに企画を送る	執筆活動	自宅	No Goal	Today	Today	None	none	none
図版作成ー4章	執筆活動	自宅	個人と...	Today	Today	None	2 hours	iPhone

EVERNOTEのinboxに貯まっている情報を整理する作業などを行います。

1週間の振り返り／週次レビュー

1週間の振り返りでは、週間計画で立てた目標や行動計画に対して、どのぐらい実行できたかを振り返ります。

週次レビューでは、もう一度頭の中の気になることの洗い出しからはじめ、情報整理のワークフローを一通り実行します。これによって、Googleカレンダーや Toodledo、EVERNOTEの情報が棚卸しされる形となります。

日次レビューと週次レビューの詳細な作業内容については、SECTION-33（236ページ）で取り上げます。

目標からのトップダウンアプローチで目標達成を目指す

目標からのトップダウンアプローチ

年のはじめに目標を立て、実際にその目標を1年間忘れず意識し続け、行動に落とし込んでいきながら、最終的に目標を達成するというのは、実に困難であることは多くの人が実感するところでしょう。

私が考えるこの問題への対応は、次の3点です。

- 目標を書き出し、折に触れて見直す
- 目標を達成するための行動を計画する
- 行動を確実に実行に移す

まず大前提として、人間の脳は正月に立てた目標を一年中維持できるようにはできていません。まずはいつでも思い出せるように書き出しておき、折に触れて見返すことが必要です。

もちろん目標を眺めているだけで達成できるわけではなく、具体的な行動に落とし込み、その行動を起こす必要があります。以降で目標の書き出し、行動への落とし込み、その実行について考えていきます。

目標をEVERNOTEに書き出す

1年の目標を書き出す場所としてもっともポピュラーなツールは手帳です。私もかつては「フランクリン・プランナー」という手帳を用い、そこに目標を書き込んで日々持ち歩いていました。今も「ほぼ日カズン」という手帳を使っているので、そこに目標を打ち出した紙を貼り付けて持ち運んでいますが、その原本はEVERNOTEに書き出したデジタルデータです。私が実際に使用している目標の紙は、次の通りです。

- 価値観リフィル
- ミッションステートメントリフィル

●5カ年計画リフィル

●今年1年の目標リフィル

「価値観リフィル」と「ミッションステートメントリフィル」は、フランクリン・プランナーから継承しているもので、大切にしたい価値観（たとえば、誠実であれ、人に優しくなど）、ミッション（自分は今後どうしていきたいかという漠然とした大目標のようなもの）などを書き出しています。これらは一生を通じて改変を加えていきます。

それに対して「5カ年計画リフィル」や「今年1年の目標リフィル」はフランクリン・プランナーにはなかったリフィ

◉ミッションステートメントリフィル

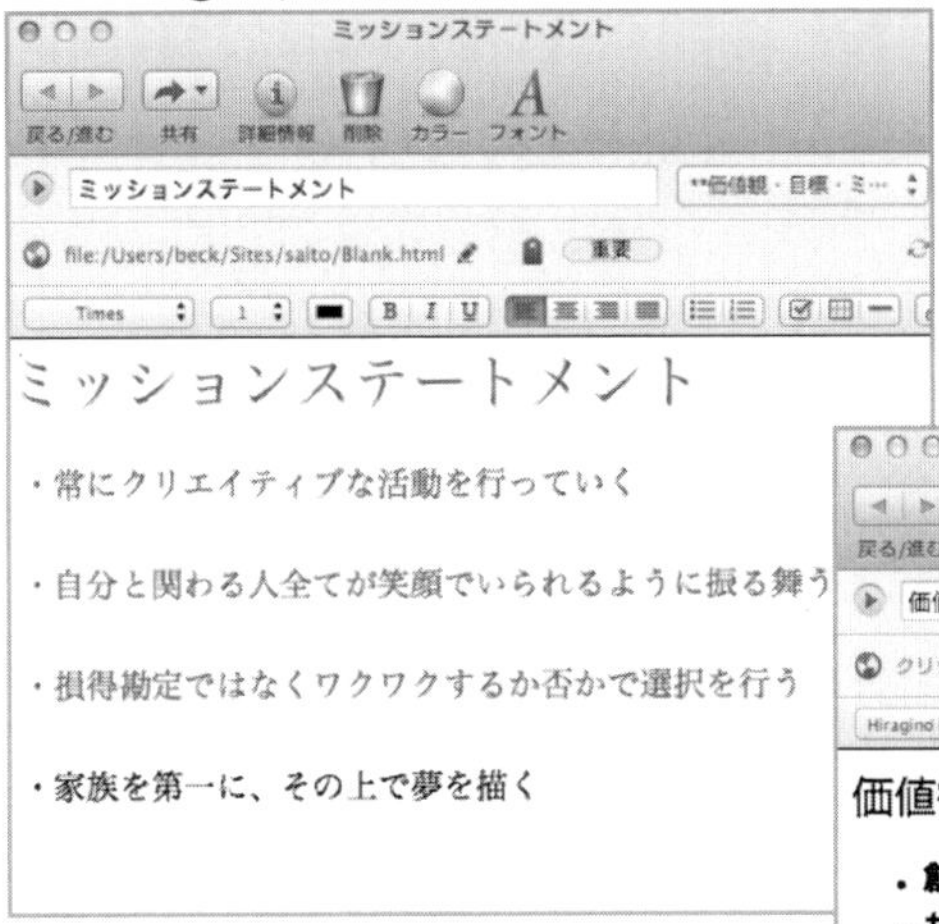
ミッションステートメント
戻る/進む
共有
詳細情報
削除
カラー
フォント
ミッションステートメント
file:/Users/beck/Sites/saito/Blank.html
重要
Times
ミッションステートメント
・常にクリエイティブな活動を行っていく
・自分と関わる人全てが笑顔でいられるように振る舞う
・損得勘定ではなくワクワクするか否かで選択を行う
・家族を第一に、その上で夢を描く

◉価値観リフィル

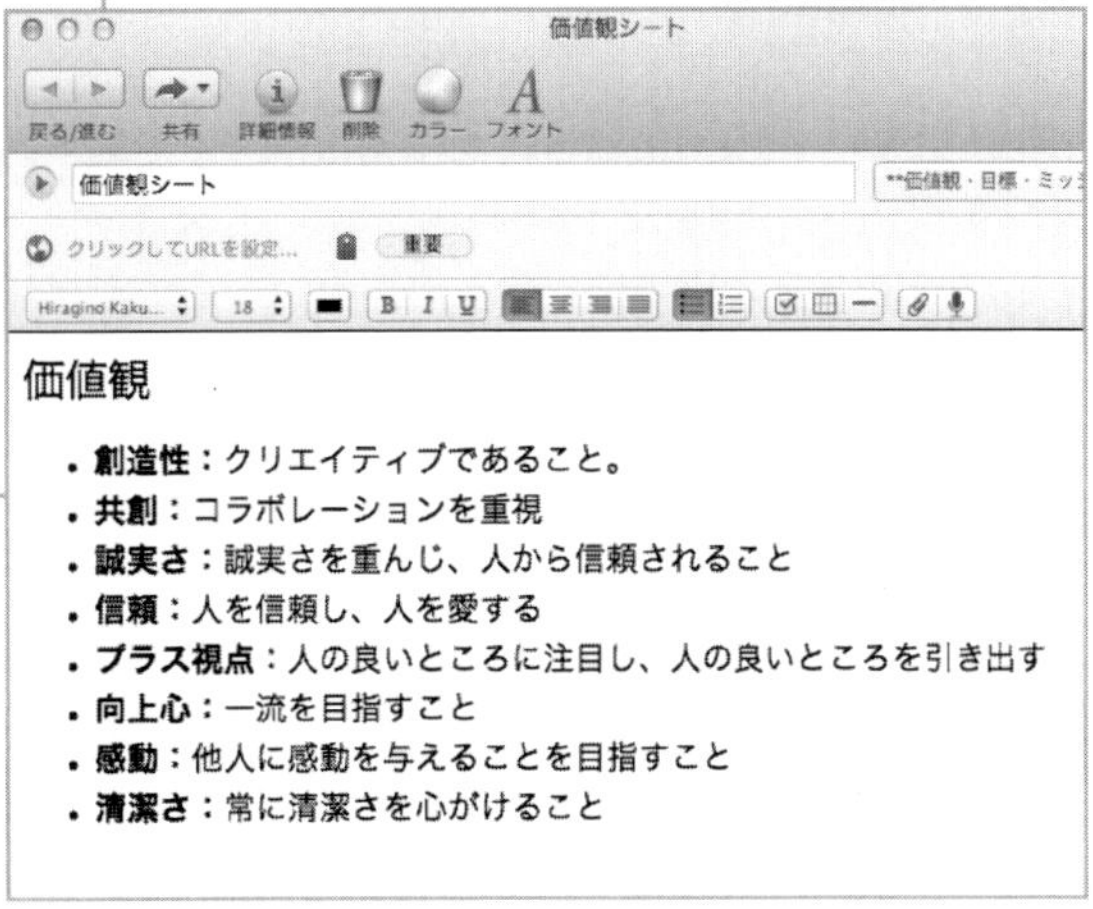
価値観シート
戻る/進む
共有
詳細情報
削除
カラー
フォント
価値観シート
クリックしてURLを設定...
重要
価値観
• 創造性：クリエイティブであること。
• 共創：コラボレーションを重視
• 誠実さ：誠実さを重んじ、人から信頼されること
• 信頼：人を信頼し、人を愛する
• プラス視点：人の良いところに注目し、人の良いところを引き出す
• 向上心：一流を目指すこと
• 感動：他人に感動を与えることを目指すこと
• 清潔さ：常に清潔さを心がけること

◉5カ年計画リフィル

5カ年計画リフィル

5カ年計画

テーマ	最終目標	2011年（29歳）	2012年（30歳）	2013年（31歳）	2012年（32歳）	2013年（33歳）
[お金]	家族にお金の心配をさせない その上で起業資金を調達する	貯蓄投資：50万円 住宅財形：105万円 起業資金：50万円 年収[illegible]	貯蓄投資：100万円 住宅財形：210万円 起業資金：100万円 年収[illegible]	貯蓄投資：200万円 住宅財形：315万円 起業資金：200万円 年収[illegible]	貯蓄投資：300万円 住宅財形：420万円 起業資金：300万円 年収[illegible]	貯蓄投資：400万円 住宅財形：525万円 起業資金：400万円 年収[illegible]
[プライベート]	家族みんなで笑って暮らす ごく当たり前の生活	奥さんと旅行に2回	[illegible]	家族で海外旅行に行く	[illegible]	マンション買う
[仕事]	・その時時の自分のミッションを100% 遂行できるプロフェッショナル ・BLOG/書籍/サービス&アプリ開発で 食えるようになり、サービス&アプリは ビジネス化し、将来上場する	客先開拓 受注活動の礎を築く 本4冊出版	[illegible] 書籍2冊出版 Cre-Palローンチ iPhoneアプリ作る	[illegible] 書籍2冊出版 Cre-Pal軌道に乗せる 仕事に使えるアプリ作る	[illegible] 書籍1冊出版 Cre-Pal黒字化 アプリを収益の柱に	[illegible] Cre-Palメジャーに 開発と執筆で 食っていけるように
[勉強]	経営とIT技術の両面を学び続け 起業に必要な知識を得る	ネスペ合格 TOEIC600目指す	DBスペ合格 TOEIC720目指す	中小企業診断士挑戦 TOEIC700点台キープ	中小企業診断士合格 TOEIC800点台目指す	情処上級資格合格 TOEIC800点台キープ
[健康]	体重をキープし、還暦を過ぎても マラソン大会に出る	体重65kgまで落とす 体脂肪率15%位 ハーフマラソン2時間切る	体重60kgまで落とす 体脂肪率10%程度 フルマラソン完走	体重60kgキープ 体脂肪率10%程度 フルマラソン4時間切	体重50kg後半 体脂肪率1桁% フルマラソン4時間切	体重50kg後半 体脂肪率1桁% フルマラソン4時間切
[心]	精神を深め、人として成熟する 怒らない、妬まない、人のせいにしない	手帳を使って日々振り返る モデルを構築する	今は思いつかず	今は思いつかず	今は思いつかず	今は思いつかず

◉今年1年の目標リフィル

ルです。5カ年計画というのは、要するに今後5年間でどうなっていきたいかという具体的な目標で、お金や体重などが具体的に記されています。今年1年の目標は5カ年計画の1年目にもう少し肉付けしたものです。これらのリフィルは1年ごとに更新していきます(5カ年計画は前年のノートをコピーして流用)。

週間計画で目標→行動への落とし込みを行う

目標が書き出せたところで、次に行うべき作業は、週間計画による目標→行動への落とし込みです。年間目標を達成するためにその週に達成すべき週間目標を定め、実際にそれを実行する時間を週の予定から押さえます。

私には、マラソン大会に出場するという目標や、体重を60キログラム台前半に落とす目標があります。これらの目標を達成するために「走る」という行動をする必要があり、たとえばフルマラソンに出るのであれば「最低月間100キロメートル走る」と言われているので「週間25キロメートル走る」という目標が見えてきます。後は、これを平日3キロメートル×5日、土日どちらかで10キロメートルなどという具合に振り分け、平日3キロメートル走るのであれば、準備やシャワーの時間をあわせても30分確保すればよいので、この時間を朝や夜に確保します。

週間計画で時間を確保してしまうことには、「緊急ではないが重要な事柄」の先送りを防止する狙いがあります。先ほどの例でいえば「走る」という行為自体はサボっても誰にも迷惑は掛かりませんし、急に健康を害するものでもありません。長い目で見ればとても重要だとわかっていることでも、緊急性に乏しい場合は優先順位としてはどうしても低くなってしまうのです。

◉Googleカレンダーで予定を押さえる

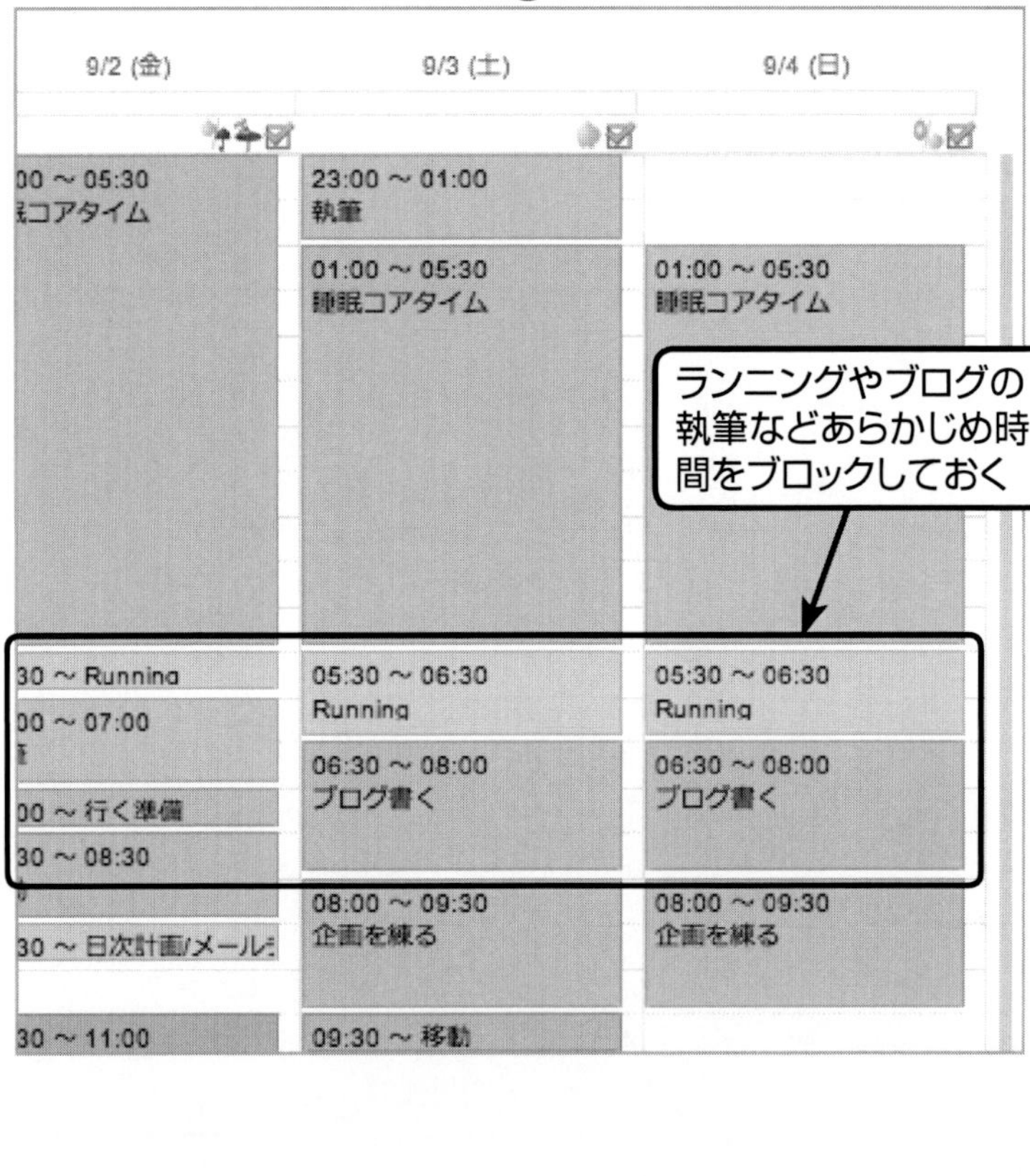

ランニングやブログの執筆などあらかじめ時間をブロックしておく

「宣言」「記録」「継続」で確実に行動を起こす

しかしながら、週間計画で時間を押さえたとしても、実際に行動に移せるかどうかは別問題です。「仕事が忙しいから……」など、より緊急度の高いものを優先するという言い訳さえついてしまえば、いくらでも先送りができます。

この先送りを未然に防ぐ方法として、次の3点つが有効です。

- **周囲の人に宣言し、報告を監視してもらう**
- **記録して達成感を得る**
- **やめるのがもったいないと感じるまで続ける**

周囲の人に宣言をしてしまうことはとても強力で有効な手段です。人は不確かなメリットよりも、確実なデメリットの回避を選択するため、宣言することによって「あとには引けない」状態を作り出します。会社の仕事であれば「その資料は××日までに一度お出しします」と宣言してしまうことで、出せなかった場合の社会的信用が失墜するリスクを回避するための「やる気」を引き出すことができます。

目標が計測しやすいものであれば、行動の結果を記録することで達成感を得られます。記録を行うことは、今まで見えなかった成果を「証拠」として残すことになります。ある程度、証拠が貯まってくると、「おぉ！俺めっちゃ頑張ってるな」という確信を得られるようになり、記録すること自体が「報酬」の意味を帯びてきます。

たとえば、筋トレの回数などの数値目標に落とし込める目標であれば「Dayta」で記録することができますし、勉強時間などの時間に関する目標であれば「iGoal2」、ランニングであれば「Nike+GPS」で記録することができます。

習慣化するとか、コツコツ蓄積していくという目標に対しては、とにかく無理矢理にでもやり続けることが継続のカギになります。人は何かをやり続けていると次第に「途中で止めるのがもったいない」と感じるようになります。これを「コンコルド効果」（損をするとわかっていても、それまでの投資がもったいなくて止められなくなる状態）というのですが、この状態を意図的に作り出すのです。時間や体力、やる気というコストを支払うよりも、それらを今まで散々投資してやってきたことを止めることがもったいないと脳に錯覚させるのです。

予定表と行動計画表をクラウド上に構築する

予定の属性ごとにカレンダーを使い分ける

Googleカレンダーには、予定の属性ごとにカレンダーを表示する機能があります。私の場合であれば「会社打ち合わせ」「会社デスクワーク」「プライベート」「習慣系」「執筆作業」「ルーチン」などの属性分けがあります。カレンダーを分ける理由は次の2点です。

- 「予定表」と「行動計画表」の切り替えを行うため
- 色を分類し自分の1週間の時間の使い方を俯瞰するため

スケジュール帳としてのカレンダー

クラウドが登場する以前は、予定管理を行うツールの代表格は「手帳」であり、その用途は大きく分けて「予定」「タスク（作業）」「メモ」を書き留めるというものでした。Googleカレンダーはこのうちの「予定」を管理する機能を担います。

予定とは自分が「いつ」「どこで」「何をするか」という情報を付加した時間のコミットメントであり、客先との打ち合わせのように「うっかり忘れていました」が許されない予定も数多くあります。予定表としてのカレンダーに求められる機能は、先々まで含め、自分が「いつ」「どこに」いなければならないかを瞬時に把握できることだと言えます。

また、Googleカレンダーは、一度登録した予定を月間／週間／1日など、さまざまなビューで表示させることができるだけでなく、紙の手帳では実現できなかった××分前に予定を通知してくれるリマインダー機能を使えば、半強制的に予定を思い出させることもできるのです。

行動計画表としてのカレンダー

前のSECTIONの「週間計画」では、自分の目標を達成するための行動を最優先事項として予定に組み込みました。予定は週間計画を行う前からカレンダーに登録されている場合が多いのですが、さらに突っ込んで「タスク」も予定として組み込めば、自分の時間の使い方をほぼ完璧に「見える化」することができます。

行動計画表に向いているのは1週間単位でバーチカル表示されたカレンダーで、この中で予定、最優先事項、タスクの順に時間を押さえていきます。たとえば、睡眠時間や通勤時間など、ある程度固定的に取られてしまう時間も「固定時間」として登録し、自分が本当にフリーな時間以外を埋めてしまえば、1週間分の時間の使い方を一望することができます。

行動計画表を作成することにより、「自分が本当にフリーな時間」が把握できるようになるため、何かしら作業を行う必要があるときに、「1週間の中でその作業に割り当てられる時間が何時間あるのか？」を逆算できるようになります。

行動計画表としてのカレンダーでは、些細な予定やわかりきっている事柄によって「大切な予定」が埋もれてしまう可能性があります。しかし、Googleカレンダーでは予定の種類ごとに表示するカレンダーを分けることができるため、「大切な予定」を表示するカレンダーと行動計画表を表示するカレンダーを分けておけば、2つの用途の切り替えをカレンダーの表示切り替えだけで実現できるようになります。

●予定表としてのGoogleカレンダー

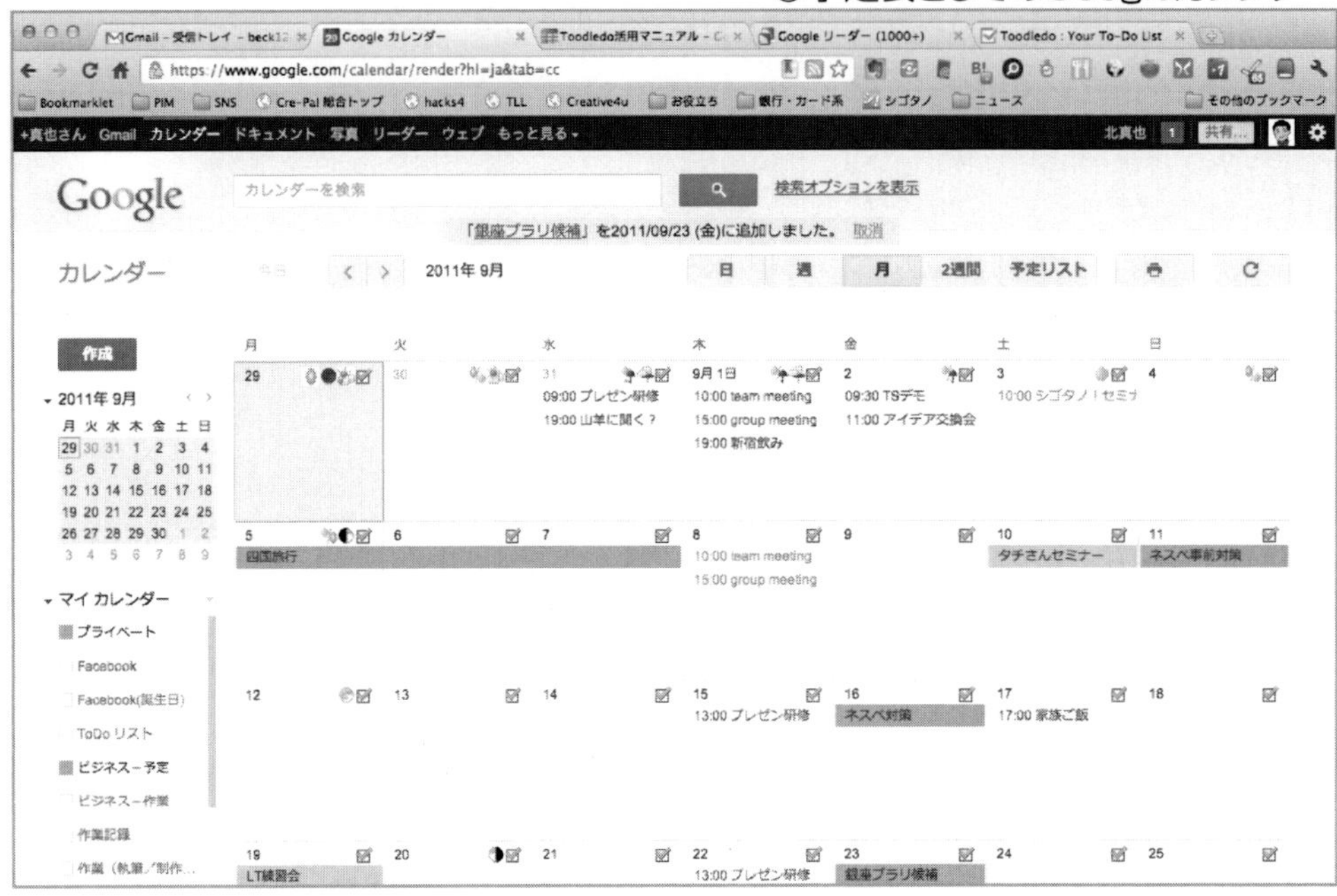

●行動計画表としてのGoogleカレンダー

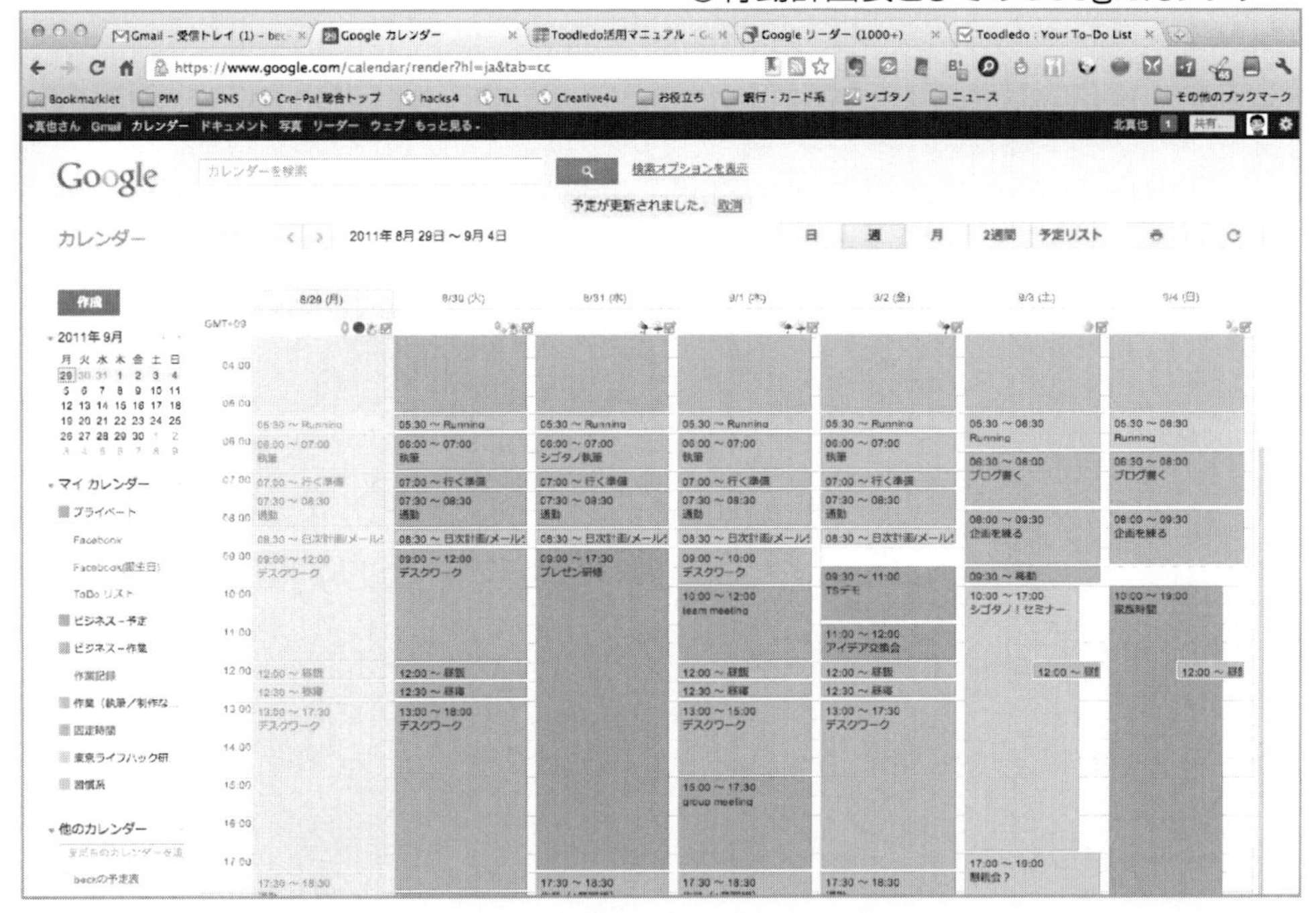

ルーチンを登録して行動計画の手間を省く

Googleカレンダーのもう1つ大切な機能は予定をルーチンとして登録できる機能です。先ほどの行動計画を行う際に固定的な時間の使い方である「通勤時間」や「睡眠時間」などを、その都度登録するのは面倒ですが、たとえば平日の7時半~8時半は「通勤時間」としてルーチン登録しておけば、行動計画の作業量を軽減することができます。

また、勉強時間やランニングの時間などの習慣系に割り当てる時間も、あらかじめ、「朝の1時間は勉強」などと決めておき、起床後1時間は勉強時間のルーチンで時間を確保することで、ある程度まで実行度を高めることができます。

Googleカレンダーでの繰り返しの設定

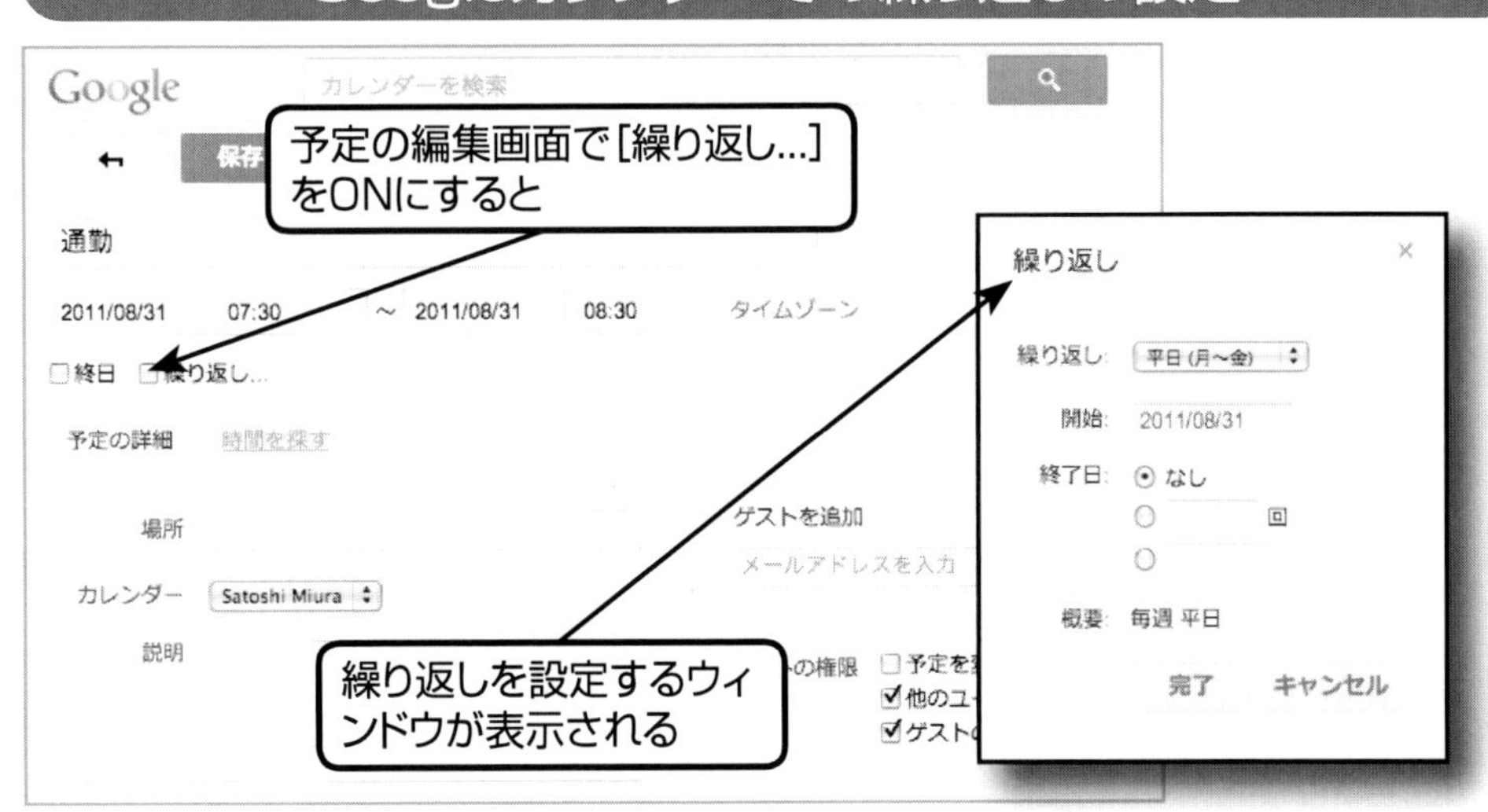

行動計画を行うのに最適な「WeekCalendar」

iPhone／iPadアプリには多くのカレンダーアプリが存在しますが、その中でも抜群の操作性を誇り、行動計画を行うのに最適なのが「WeekCalendar」と「WeekCalendarHD」です。

このアプリケーションの最大の特徴は、すでに決まっている予定をドラッグ＆ドロップで移動できたり、コピー＆ペーストやカット＆ペーストできるところです。行動計画を作る際に、視覚的に予定を組み替えたり、ルーチンワークとまでは行かなくても何度も登場する予定をコピー＆ペーストできる機能は非常に便利です。

iPhoneアプリ情報
WeekCalendar

- ジャンル・・・仕事効率化
- 提供元・・・UtiliTap
- 価 格・・・170円

また、「WeekCalendar」では、iPhoneを縦向きで使っている時でもウィークリーバーチカルでスケジュールを表示します。これが電車の中など、片手だけしか使えないシーンでとても便利です。iPhoneを横向きにしてウィークリーカ

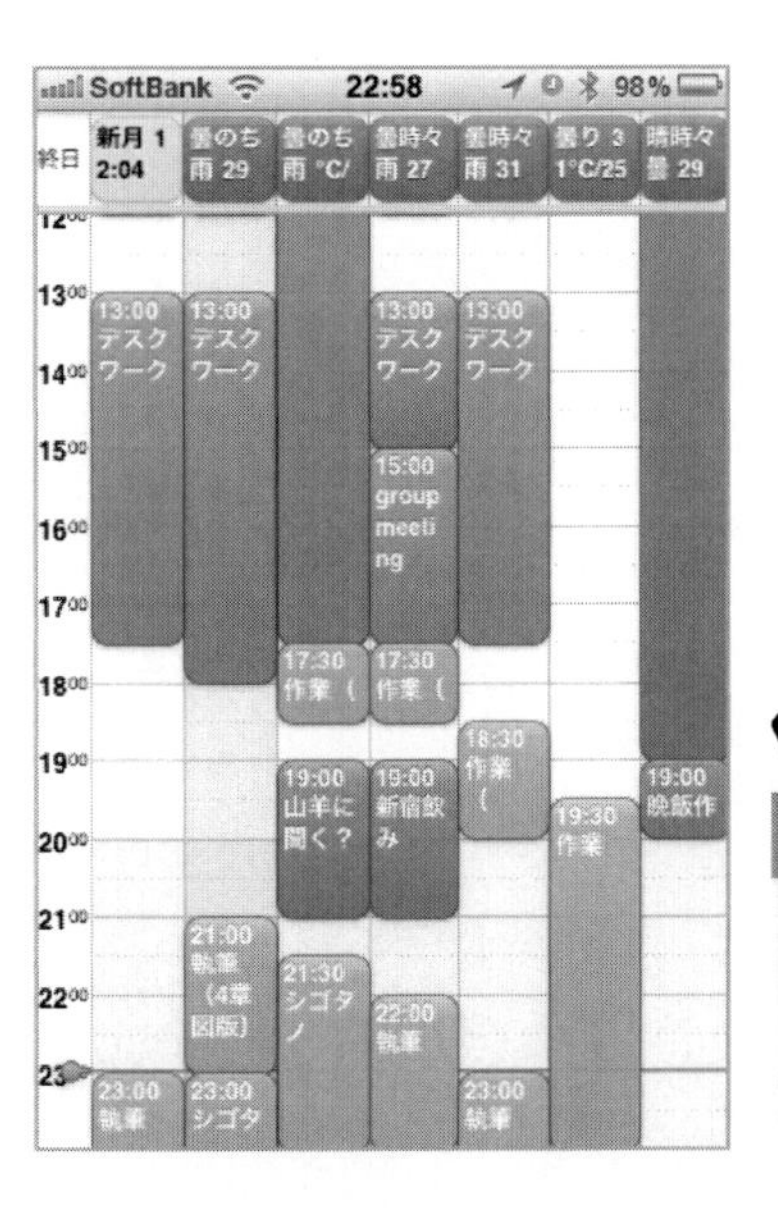

レンダーをバーチカル表示ができるアプリケーションは他にもありますが、どうしても両手での操作が必要となり、結果的にアプリケーションの利用シーンが狭まってしまうのです。

◉横向き使用時のWeekCalendar　◉WeekCalendarでの予定変更

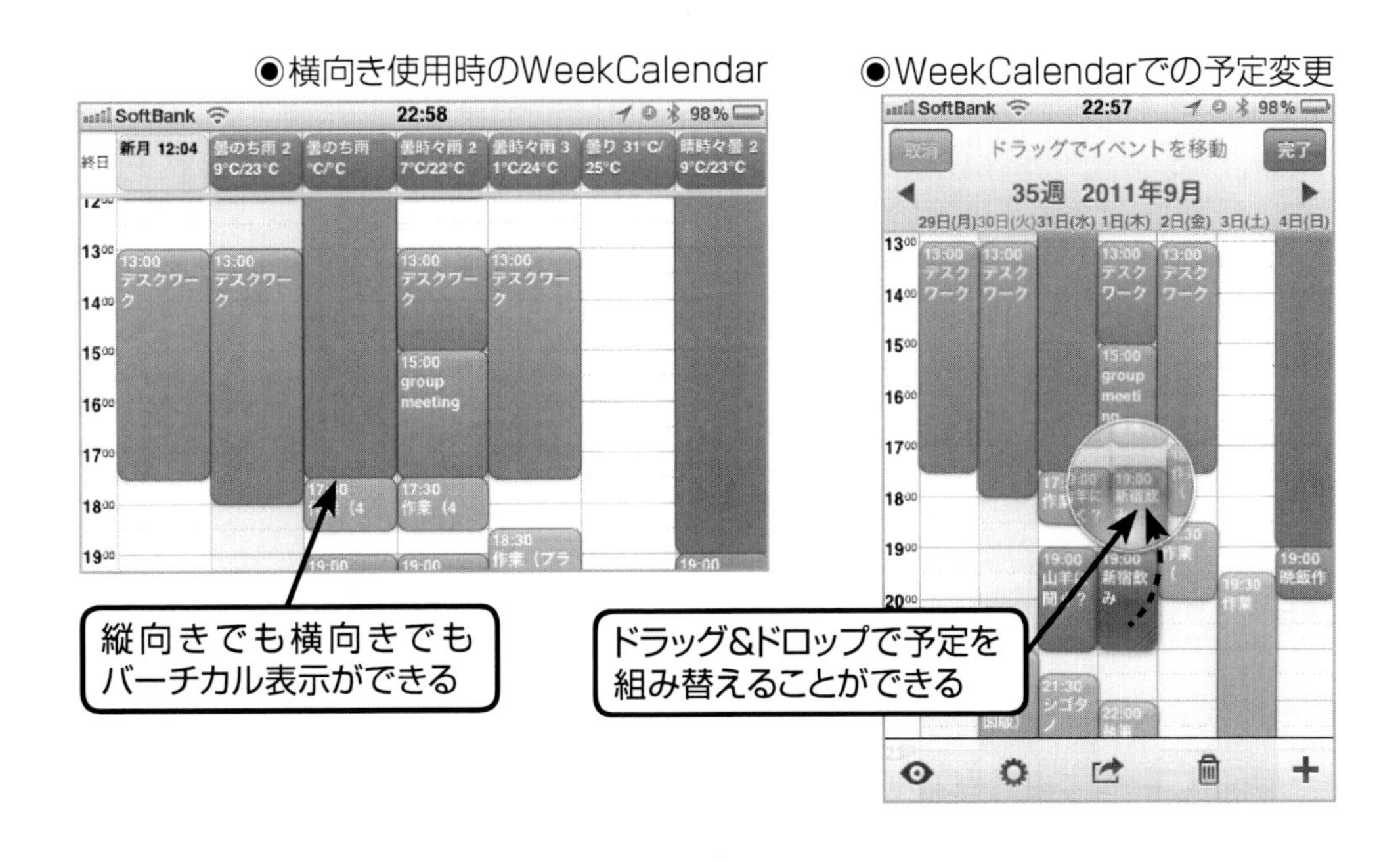
縦向きでも横向きでも
バーチカル表示ができる
ドラッグ&ドロップで予定を
組み替えることができる

適切な時に適切な行動を起こすための セルフマネジメント術

人間の脳にとって忘れることは機能である

人は忘れる生き物です。明日の予定を忘れ、大切な約束を忘れ、忘れたことすら忘れてしまいます。ただ、この「忘れる」という事象は何らおかしなことではなく、すべての人の脳に備わっている機能なのです。

かつては定期的に手帳を見返すなどの方法でしか、この忘却を防ぐことはできなかったのですが、ITの発達した現代では、私たちの行動を促してくれるさまざまな仕組みが用意されています。代表的な仕組みが次の2つです。

- アラームの活用
- Googleカレンダーに予定を知らせてもらう

なぜ人は約束の時間に遅れるのか？

あまり公表したいことではありませんが、私はかなり時間にルーズです。もう少し厳密に言えば、間に合うように動こうと思うのですが、実際には思っていた通りにいかず、気が付くと家を出なければならない時間をとうに過ぎてしまっているタイプ……つまりは見積もりの甘い人間ということです。

何度となく会社に始業時間ギリギリに駆け込む事態を経験したあと、徐々に自分がいつごろから家を出るための準備を行えば余裕を持って家を出られるかがわかってきました。

「家を出る時間の12分前に知らせれば

◉「準備しやがれ!!」のメッセージ画面

朝7:10になると出発の準備をするようにアラームとメッセージが表示される

間に合う」というのが今の私のルールです。平日は家を出るべき時間の12分前に「準備しやがれ!!」のメッセージとアラームが鳴るようにしています。単純なことかもしれませんが、これは非常に強力なハックです。

また、アラームを鳴らす方法として、iPhone標準の時計アプリのアラーム機能を利用してもよいですし、リマインダーアプリの「due」やiOS5から標準アプリになった「リマインダー」を利用するのも良い方法です。ただし、ネットを通じたプッシュ機能を使ってリマインダーを通知するタイプのアプリは、iPhoneが圏外の状態では機能しない可能性があるので注意が必要です。

Googleカレンダーからあらゆる方法を用いてリマインダーを送付してもらう

アラーム機能は目覚ましや家を出る時間を知らせるなどの定型的な作業に向いていますが、会議や友達との約束などの非定型的な予定の通知に関しては、Googleカレンダーが適しています。Googleカレンダーでは予定の開始時刻の前に次の方法でリマインダーを送ることができます。

- メール
- モバイル(SMS)
- デスクトップ通知

先ほどの例であれば、「通勤」という予定を入れておき、その12分前にリマインダーを通知すれば、先ほどのアラーム機能と同等の結果を得ることができます。

また、複数のリマインダーを設定でき、設定できる単位も「週」「日」「時」「分」と多岐にわたります。たとえば、移動に1時間程度の時間を要する場所での会議の予定を入れる際には、朝一に通知し、出発する1時間前にも通知、さらに

●通知の設定画面

ドロップダウンリストから通知方法を選択する

通知する時間(予定の何分前)を指定する

5分前にも通知することで万全を期すことも可能です。

　また、メールで通知を飛ばすこともできるので、フィーチャーフォンなどでリマインドを受けることも可能です。iPhoneであれば、標準カレンダーをGoogleカレンダーと同期させて、デスクトップへの通知（ポップアップ）でリマインドを通知させるとよいでしょう。

　行動計画を立てる際にリマインダーをセットしておけば、1日の行動計画に沿って適宜リマインダーが通知されるため、iPhoneさえ手元にあれば行動のモレを防ぐことが可能となります。

●Macでの通知

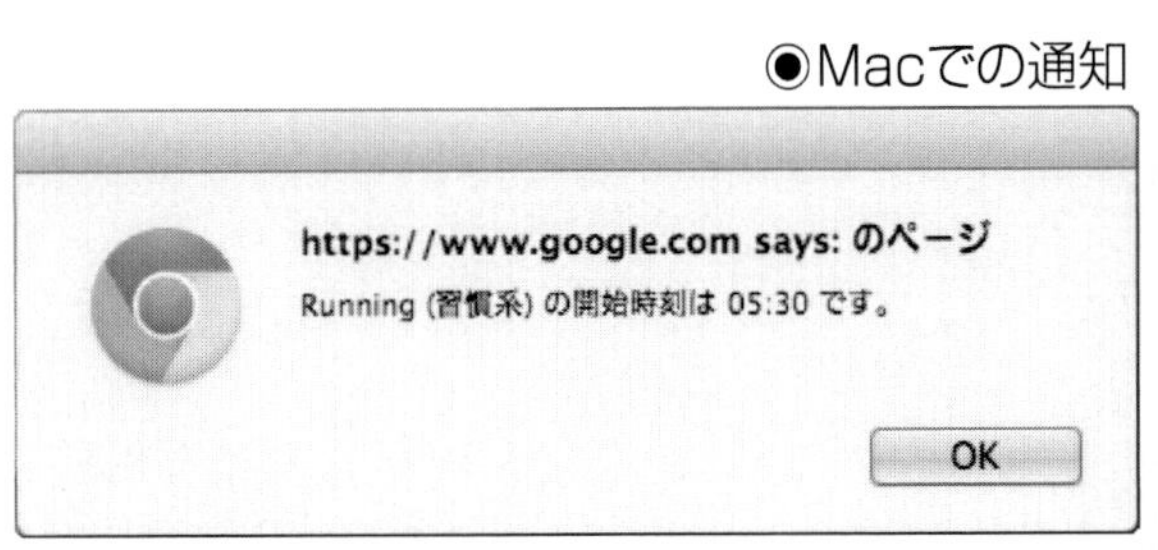

●iPhoneでの通知

オープンリストとクローズリストで行うタスク管理

オープンリストとクローズリスト

『マニャーナの法則 明日できることを今日やるな』（マーク・フォースター著、ディスカヴァー・トゥエンティワン刊）という本に「オープンリスト」と「クローズリスト」という2つのタスクリストが登場します。クローズリストとは「ここまでやったら終わり」というリミットを設けているリストで、基本的には一度リストを作成した後にはタスクを追加しません。対して、オープンリストとはリミットを設けず、いくらでもタスクを追加できるリストであり、リストは際限なく大きくなっていきます。

タスクを管理する観点でいえば、オープンリストのようにタスクがすべて書き出されて俯瞰できる状態が望ましいのですが、やることを際限なくタスクリストに追加していくと、いつまでたっても仕事の終わりが見えません。

多くの人が経験していることではないかと思いますが、人の脳はゴールを意識する方がやる気を出しやすく、逆にゴールが見えないときにはやる気をセーブして疲労感だけが積もってしまうものです。

　クローズリストの場合、たとえば「今日1日これだけやったら終わり」というリミットをおいて、仕事の終わりを見えるようにするため、よりゴールを意識した仕事ができるようになります。もちろん、割り込み仕事や見積もりの誤差によってタスクがすべて終わらないこともあるので、「これだけやれば終わり」というゴールが見えているかどうかは大きく作業効率に影響します。

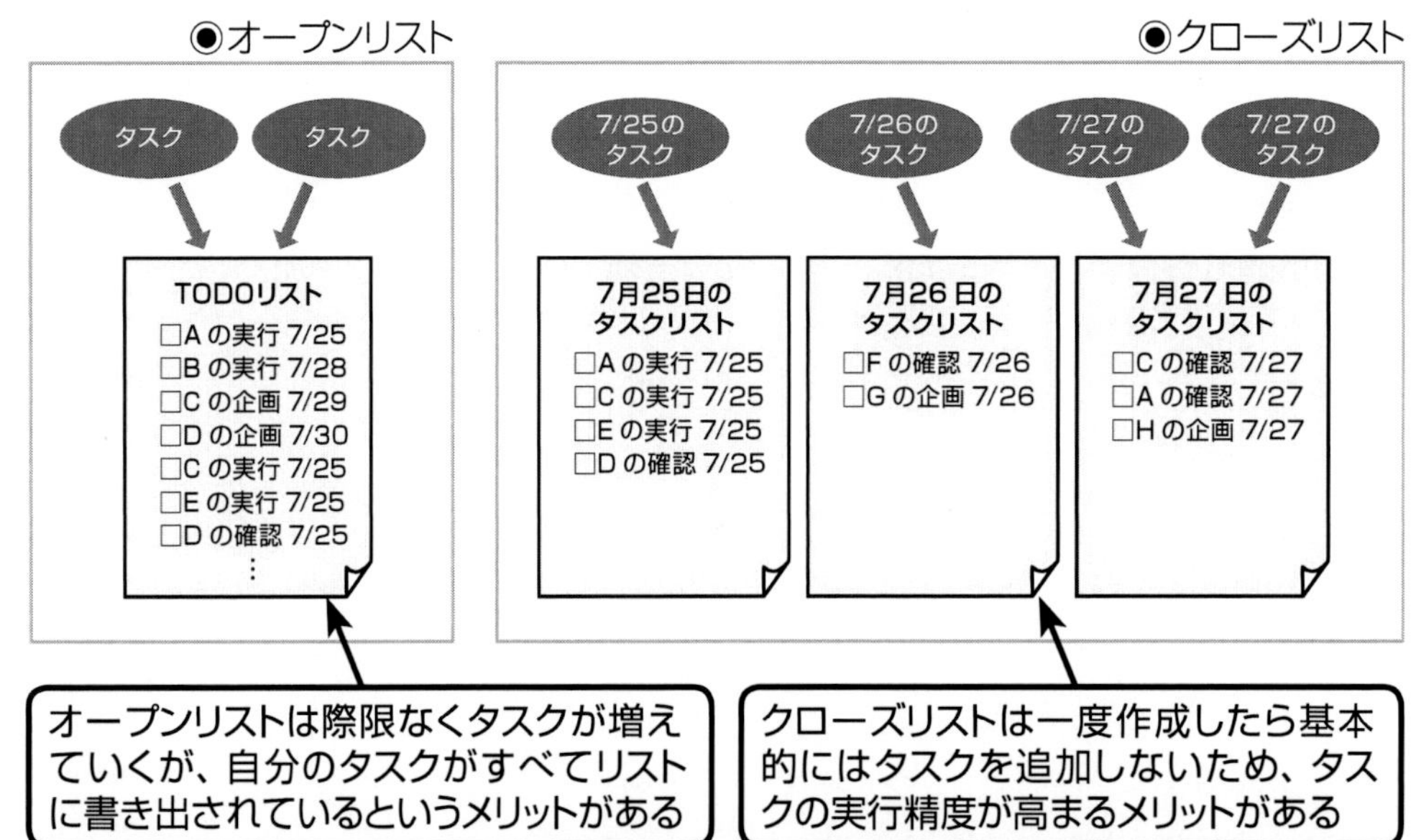

マスタータスクリストとデイリータスクリスト

実際にオープンリストとクローズリストをどのように使いわけるか考えてみます。次に挙げる2つのリストは、私が普段用いているものです。

マスタータスクリスト

自分がやるべきすべてのタスクが書き出されており、新たにやることが判明した時点で即座にそれを追加することができるオープンリストです。ツールにはクラウドの「Toodledo」を使用します。主にタスクを管理することが目的であり、タスクを実行に移す際には、次に示すデイリータスクリストを用います。

デイリータスクリスト

デイリータスクリストは、自分が今日1日でやるべきことをすべて書き出したクローズリストです。リストに書き出されたタスクをすべて実行した時点で、その日のタスクは終了となります。一度リストを作成したら、基本的にタスクの追加は行いません。ツールにはiPhoneアプリの「TaskPortPro」を使用します。

マスタータスクリストは際限なく増減を繰り返します。管理の際にも会社、家などの場所や、時間帯、プロジェクトの内容などでリストの絞り込みができるToodledoを使用しています。

デイリータスクリストは、その日ですべてが完結するので、以前は紙に書き出していましたが、現在はタスクの遂行に必要な時間の見積もりと実績時間が残せるTaskPortProを使用しています。

TaskPortProを使用する意義

一見すると、ツールが2つあるために管理が煩雑に見えますが、TaskPortProはタスクを管理するためのツールではありません。別のタスク管理ツールで管理されたタスクのうち、「今日やるタスク」だけをピックアップし、個々に見積時間を設定した上で、作業の実行時間を計測するためのツールなのです。タスクごとの見積時間と実績時間の

iPhoneアプリ情報

TaskPortPro

- ジャンル … 仕事効率化
- 提供元 … suakolab inc.
- 価 格 … 450円

マスタータスクリストとデイリータスクリスト

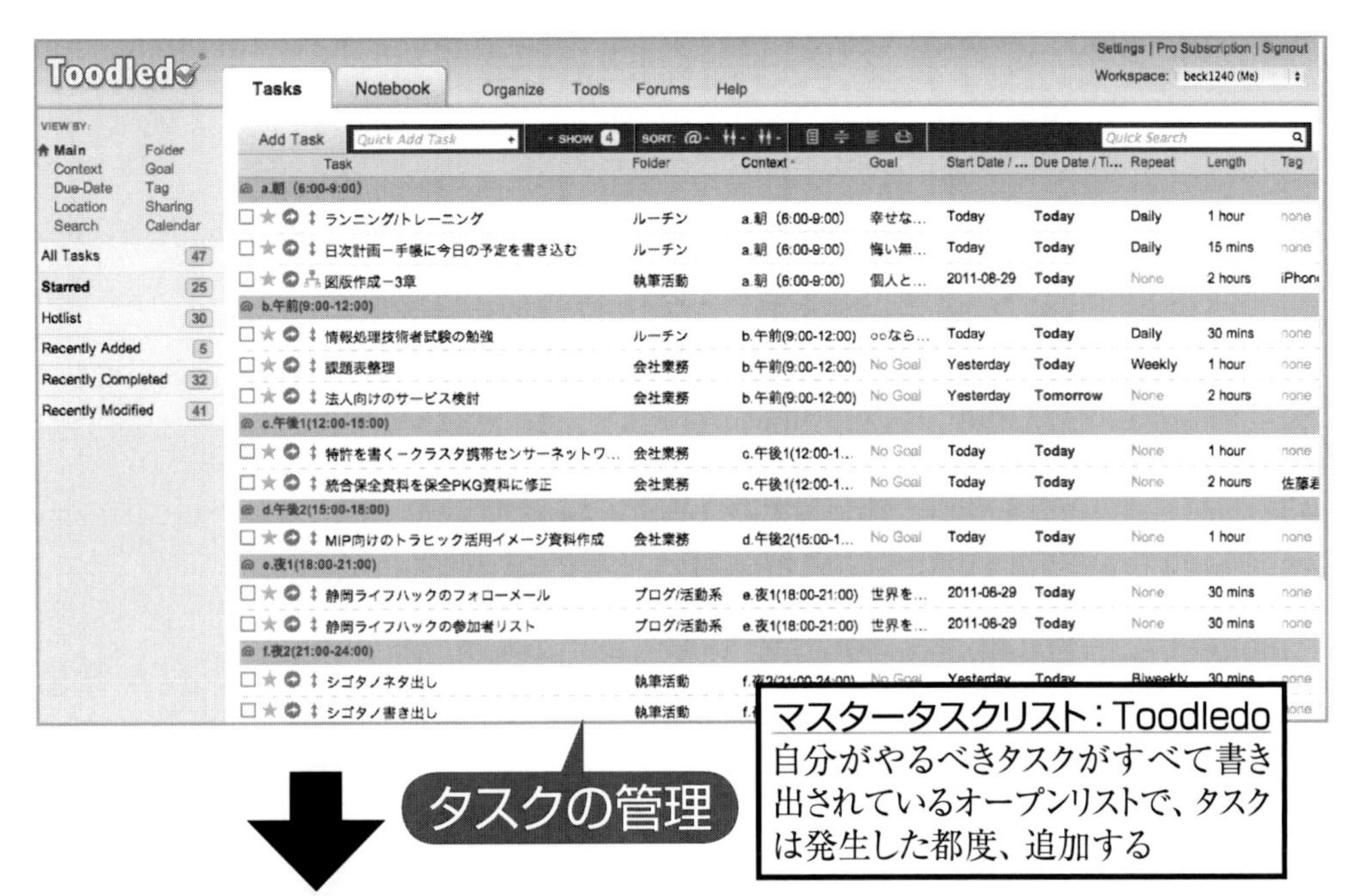

マスタータスクリスト：Toodledo
自分がやるべきタスクがすべて書き出されているオープンリストで、タスクは発生した都度、追加する

タスクの遂行

デイリータスクリスト：TaskPortPro
今日1日で取り組むべきタスクが書き出されているクローズリストで一度作成したリストには基本的にタスクを追加しない

比較レポートをメール送信する機能があり、送信後は実行済みタスクの履歴も消してしまいます。

「今日のタスク」を実行することにだけにフォーカスしたTaskPortProを使用するメリットとしては、次の5点が挙げられます。

- iPhoneアプリなのでいつでもどこでも使える
- タスクの実行計画を立てた後に終了予定時刻を知ることができる
- 実行中タスクが画面全体に表示され、今、何をやっているかを一目で把握できる
- 実行中画面に経過時間が大きく表示されるため、タイムプレッシャーになる
- タスクの実行に必要な時間の「見積もり」と実際に要した「実績」が比較できる

画面に実行中のタスクのみが表示されることで「今は何をやっているか」が常に把握でき、作業の脱線をふせいだり、割り込み作業後の作業復帰を早める効果があります。また、タスク実行中にリアルタイムに経過時間がわかることで、タイムプレッシャーとなって作業効率を高める効果が得られるのも大きなメリットです。

TaskPortProの機能と画面

◉タスク遂行中の画面

◉タスクの入力画面

◉タスクの分析画面

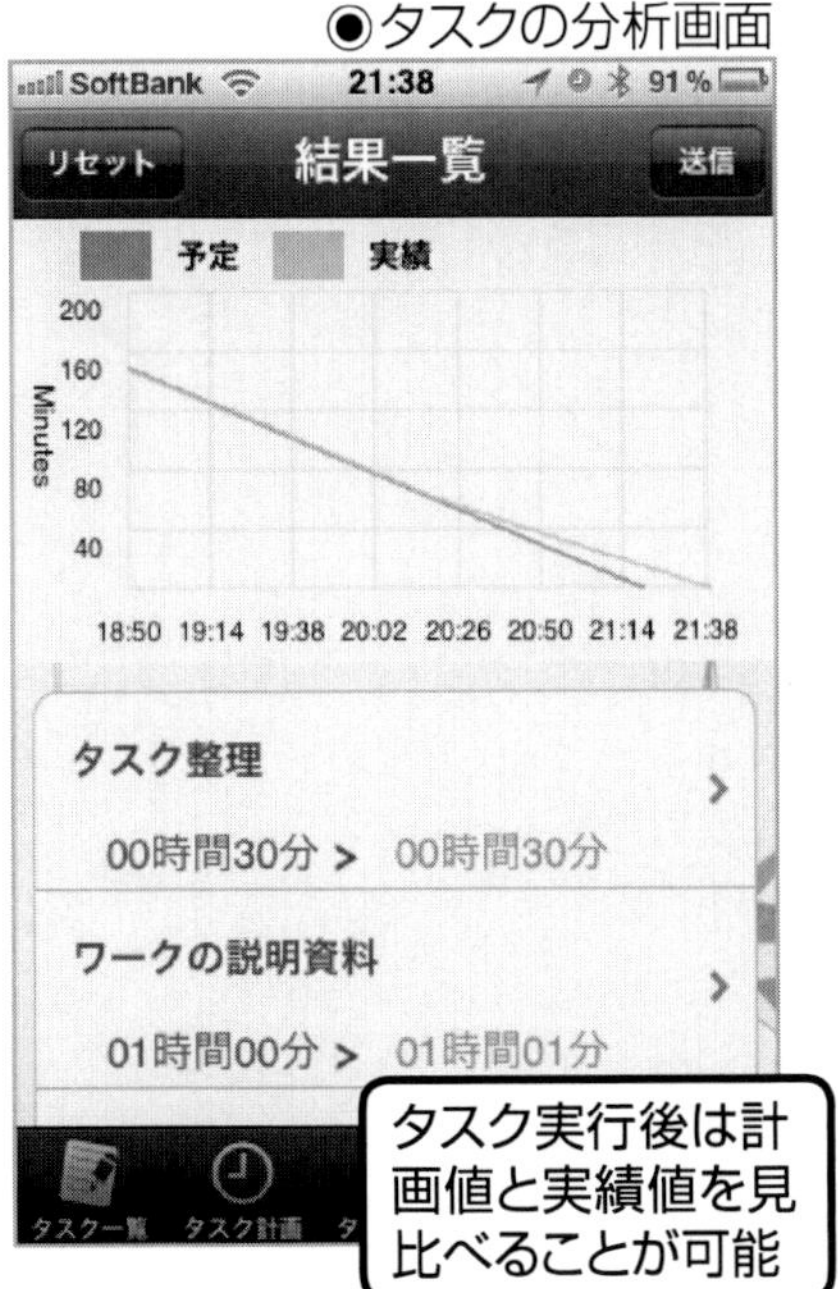

◉タスク計画のサマリー画面

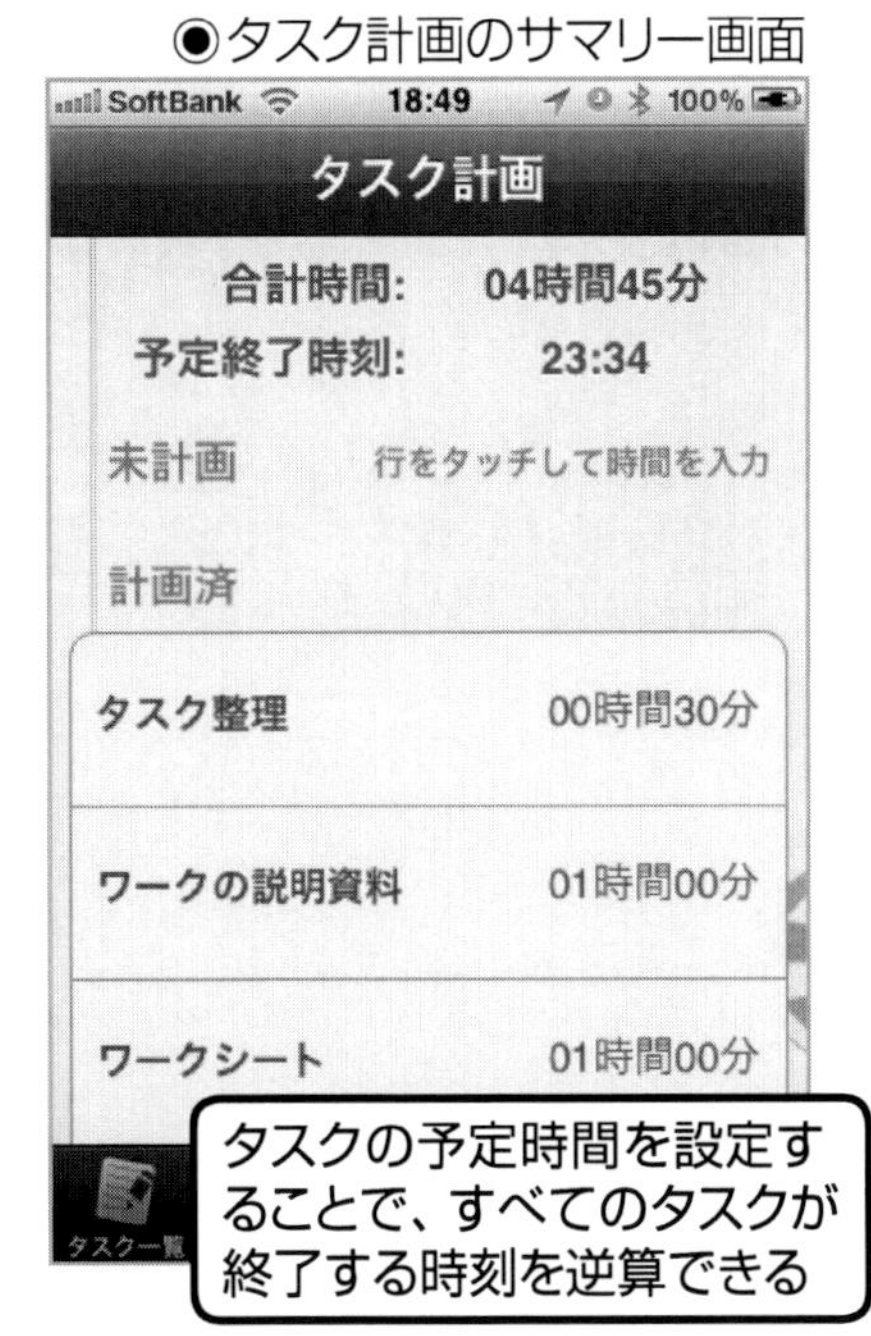

コンテキストとプロジェクトで行う立体的なタスク管理

「プロジェクト」と「コンテキスト」を使った立体的なタスク管理

Toodledoでは、大きく「プロジェクト（フォルダ）」の他に「コンテキスト」という項目を設定することができます。ここでは、この2つの軸を組み合わせた立体的タスク管理について見てみましょう。

プロジェクト（フォルダ）とは

ＧＴＤの定義でいえばプロジェクトとは「個々のやるべき行動を少し上の視点から見渡したもの」、つまり何らかの意味でくくることができるタスクの集合体となります。

たとえば、「家族旅行」というプロジェクトには、行き先の検討、旅行の日程の検討、チケットの手配、宿泊先の手配、荷物の用意という準備段階のタスクが発生します。

そのほかにも、当日の飛行機の搭乗手続きやホテルのチェックインなどもタスクと考えることができます。

プロジェクトの概念がわかりにくい場合は、もう少し大きな単位でプロジェクトをとらえてみるものよいでしょう。

たとえば、「会社員」「PTA役員」「親」「勉強会スタッフ」など、自分が担っている役割をプロジェクトに置き換えてみるのもよいのではないかと思います。

◉「プロジェクト」の設定画面

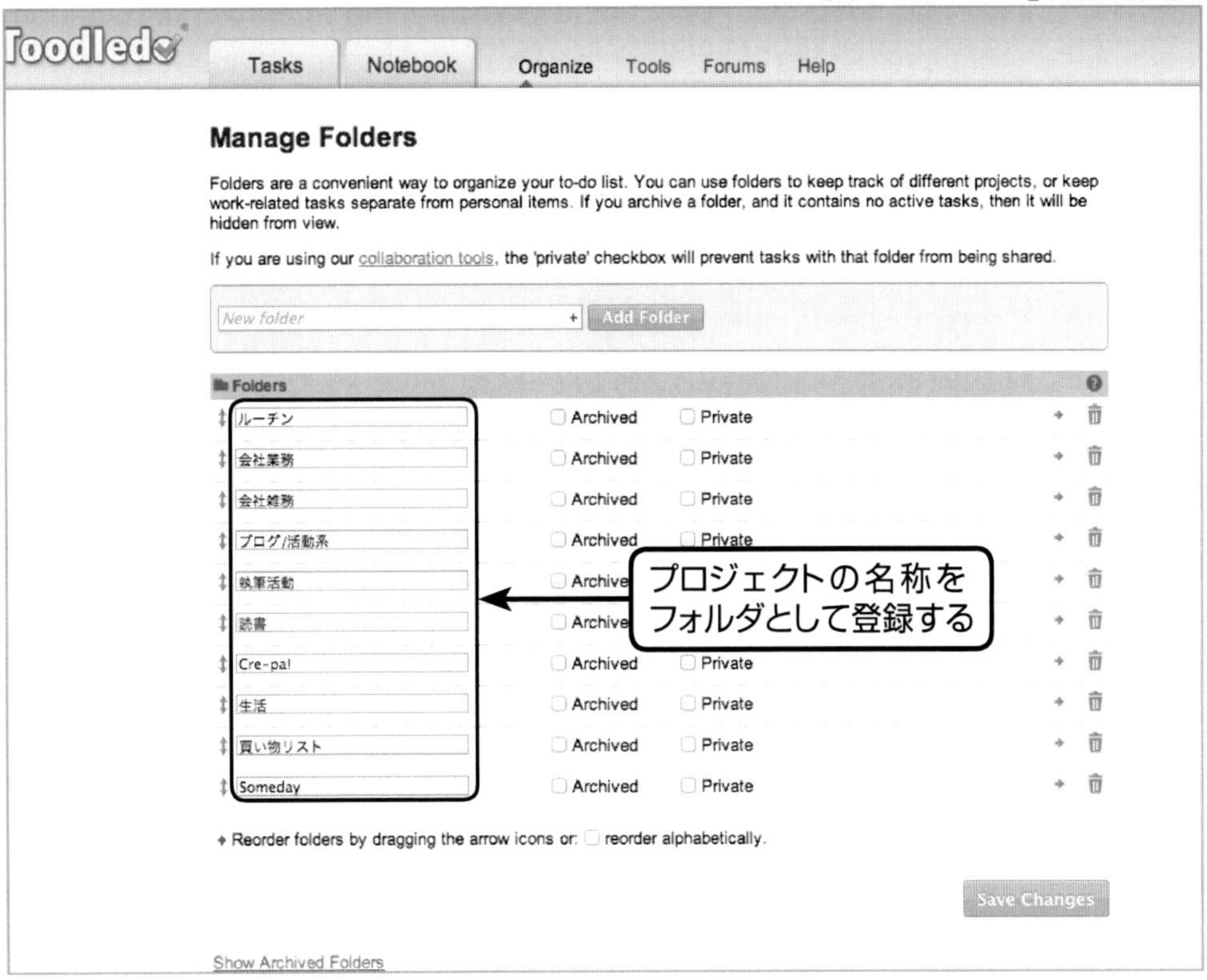

Toodledo　Tasks　Notebook　Organize　Tools　Forums　Help

Manage Folders

Folders are a convenient way to organize your to-do list. You can use folders to keep track of different projects, or keep work-related tasks separate from personal items. If you archive a folder, and it contains no active tasks, then it will be hidden from view.

If you are using our collaboration tools, the 'private' checkbox will prevent tasks with that folder from being shared.

New folder　Add Folder

Folders

Folder		
ルーチン	Archived	Private
会社業務	Archived	Private
会社雑務	Archived	Private
ブログ/活動系	Archived	Private
執筆活動	Archived	Private
読書	Archived	Private
Cre-pa!	Archived	Private
生活	Archived	Private
買い物リスト	Archived	Private
Someday	Archived	Private

プロジェクトの名称をフォルダとして登録する

Reorder folders by dragging the arrow icons or: reorder alphabetically.

Save Changes

Show Archived Folders

コンテキストとは

「フォルダ」「プロジェクト」という言葉は聞いたことがあっても、「コンテキスト」という言葉には馴染みがない人が多いのではないでしょうか。

「コンテキスト」を直訳すると「文脈」という意味ですが、意味合いとしては「時間」「場所」「状況」がしっくりきます。たとえば「午前中」「午後一」などの時間であったり、「自宅」「会社」という場所、「移動中」「買い物」という状況がコンテキストとなります。

◉コンテキストの設定画面

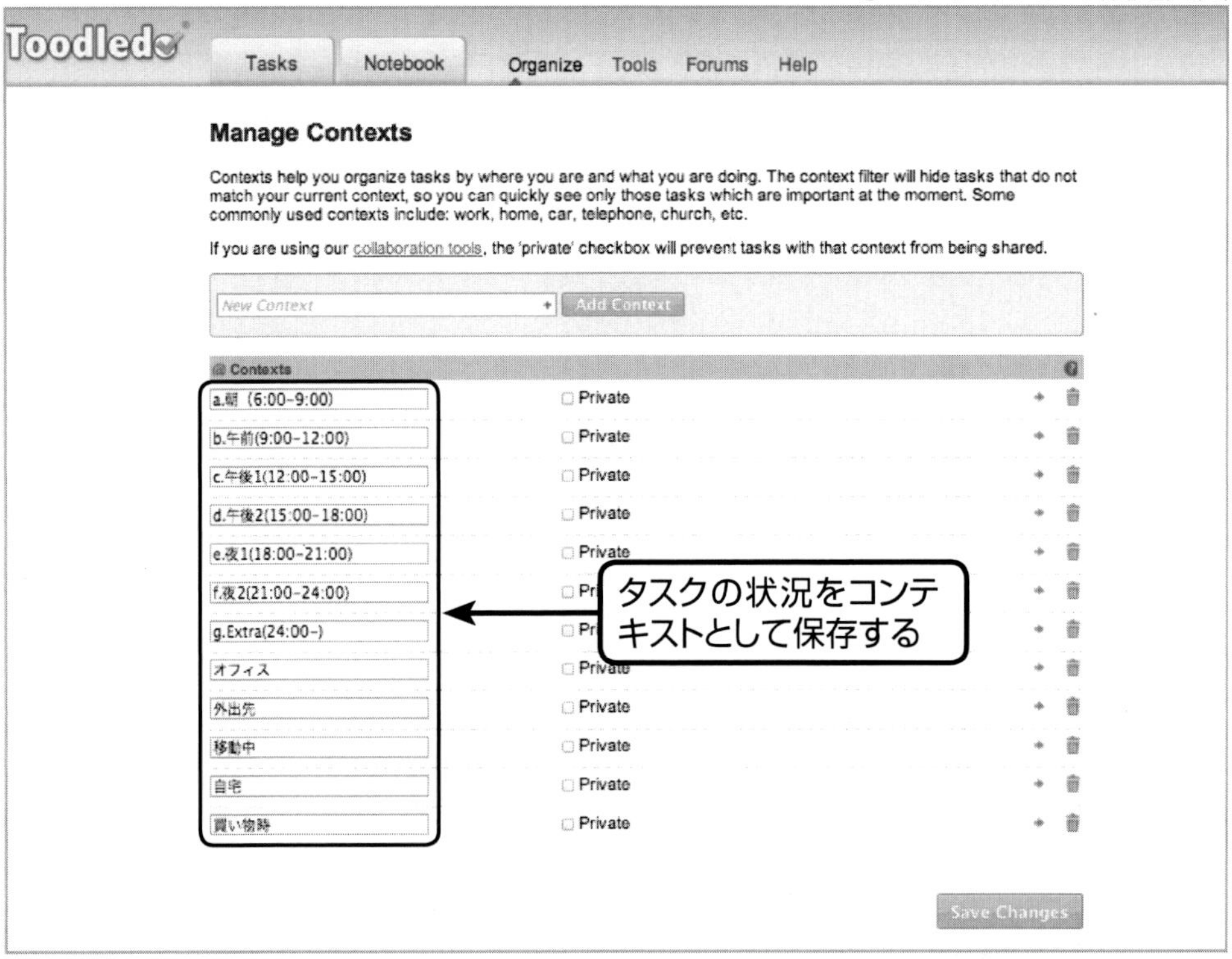

「プロジェクト」で箱を作り「コンテキスト」で時間と場所を区切る

私が実際に行っているタスク管理の形は、プロジェクトを「役割」とおき、コンテキストを「時間」「場所」のどちらかに分類しています。

具体的には、プロジェクトとして、次のような分類を設けています

- ルーチン
- 会社業務
- 会社雑務
- ブログ／活動系
- 執筆活動
- 読書
- 生活
- 買い物リスト
- その他（特定のプロジェクト専用のリストを都度生成）

この「役割」で分けるプロジェクトは、ＧＴＤのプロジェクトリストとは異なる点に注意が必要です。ＧＴＤのプロジェクトリストは、複数のタスクの集合で作られるものであり、構成するタスクがすべて完了した時点でリストも完了扱いとなってアーカイブされます。しかし、「役割」で分けられたプロジェクトリストは「役割」が終わる時まで完了することがありません。

続いて今度はコンテキストをみていきます。

- a．朝(6:00－9:00)
- b．午前(9:00－12:00)
- c．午後1(12:00－15:00)
- d．午後2(15:00－18:00)
- e．夜1(18:00－21:00)
- f．夜2(21:00－24:00)

- g. Extra(24:00–)
- オフィス
- 外出先
- 移動中
- 自宅
- 買い物時

前述のように、大きく「時間帯」と「場所」でコンテキストを分類しており、基本的に1週間以内に実行する作業については、すべて「時間帯」のコンテキストを設定します。場所が設定されるものは、先々のタスクでいつ実行するかを決められないものであったり、1週間以内のタスクでも空いた時間に実行すればよいものとなります。

プロジェクトを分けることでノイズを排除する

プロジェクトを「役割」で区切っておけば、Toodledoの画面にタスクを表示する際にその「役割」に関連しない情報を排除することができます。ＧＴＤで言うところの

「レビュー」を実行する際にプロジェクトで区切られたビューが役立ちます。

コンテキストで時間の見通しを立てる

コンテキストで時間帯を区切ることで、時間帯あたりのタスク量が見えるようになります。たとえば、「b．午前(9：00-12：00)」のコンテキストが設定されたタスクの見積時間の合計が3時間を超えている場合は、タスクが多すぎることになるため、一部のタスクを別の時間帯に移す必要があります。

また、その時間帯に何かしら予定が入っている場合は、その時間帯でタスク遂行に使える時間がさらに少なくなります。

◉プロジェクトごとにタスクを表示する

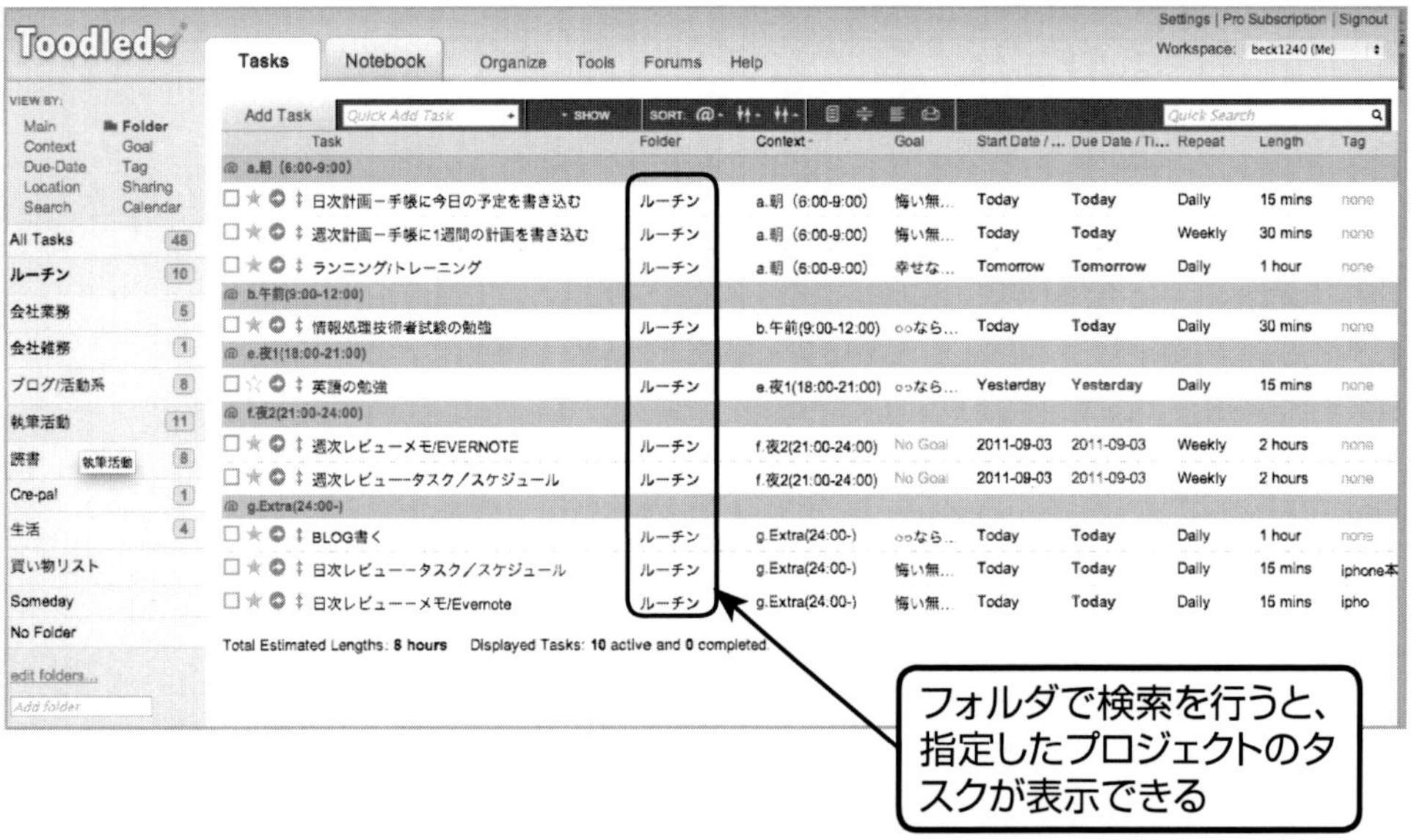

フォルダで検索を行うと、指定したプロジェクトのタスクが表示できる

SECTION-21（143ページ）で紹介した行動計画をあらかじめ作っておけば、当日のその時間帯で「タスク遂行に充てられる時間」が見えるようになります。

◉コンテキストでタスクを区切る

Toodledo　Tasks　Notebook　Organize　Tools　Forums　Help
Settings | Pro Subscription | Signout
Workspace: beck1240 (Me)

VIEW BY: Main / Folder / Context / Goal / Due-Date / Tag / Location / Sharing / Search / Calendar
All Tasks 48
Starred 26
Hotlist 23
Recently Added 5
Recently Completed 27
Recently Modified 42

Add Task　Quick Add Task　SHOW　SORT　Quick Search

Task	Folder	Context	Goal	Start Date / ...	Due Date / Ti...	Repeat	Length	Tag
@ a.朝（6:00-9:00）								
週次計画－手帳に1週間の計画を書き込む	ルーチン	a.朝（6:00-9:00）	悔い無…	Today	Today	Weekly	30 mins	none
日次計画－手帳に今日の予定を書き込む	ルーチン	a.朝（6:00-9:00）	悔い無…	Today	Today	Daily	15 mins	none
図版作成－3章	執筆活動	a.朝（6:00-9:00）	個人と…	Yesterday	Today	None	2 hours	iPhon
ランニング/トレーニング	ルーチン	a.朝（6:00-9:00）	幸せな…	Tomorrow	Tomorrow	Daily	1 hour	none
@ b.午前(9:00-12:00)								
情報処理技術者試験の勉強	ルーチン	b.午前(9:00-12:00)	○○なら…	Today	Today	Daily	30 mins	none
法人向けのサービス検討	会社業務	b.午前(9:00-12:00)	No Goal	Today	Today	None	2 hours	none
課題表整理	会社業務	b.午前(9:00-12:00)	No Goal	Today	Today	Weekly	1 hour	none
@ c.午後1(12:00-15:00)								
特許を書く－クラスタ携帯センサーネットワ…	会社業務	c.午後1(12:00-1…	No Goal	Tomorrow	Tomorrow	None	1 hour	none
統合保全資料を保全PKG資料に修正	会社業務	c.午後1(12:00-1…	No Goal	Tomorrow	Tomorrow	None	2 hours	佐藤著
@ d.午後2(15:00-18:00)								
MIP向けのトラヒック活用イメージ資料作成	会社業務	d.午後2(15:00-1…	No Goal	Tomorrow	Tomorrow	None	1 hour	none
@ e.夜1(18:00-21:00)								
歯医者の予約	生活	e.夜1(18:00-21:00)	No Goal	Yesterday	Today	None	none	none
静岡ライフハックのフォローメール	ブログ/活動系	e.夜1(18:00-21:00)	世界を…	Yesterday	Today	None	30 mins	none
静岡ライフハックの参加者リスト	ブログ/活動系	e.夜1(18:00-21:00)	世界を…	Yesterday	Today	None	30 mins	none
@ f.夜2(21:00-24:00)								
シゴタノネタ出し	執筆活動	f.夜2(21:00-24:00)	No Goal	Today	Today	Biweekly	30 mins	none
シゴタノ書き出し	執筆活動	f.夜2(21:00-24:00)	No Goal	Today	Today	Biweekly	1 hour	none
Kazumotoさん企画の記事を書く	ブログ/活動系	f.夜2(21:00-24:00)	No Goal	Today	Today	None	1 hour	none
静岡ライフハックのレポート	ブログ/活動系	f.夜2(21:00-24:00)	世界を…	Today	Today	None	1 hour	none
週次レビュー―タスク／スケジュール	ルーチン	f.夜2(21:00-24:00)	No Goal	2011-09-03	2011-09-03	Weekly	2 hours	none
週次レビューメモ/EVERNOTE	ルーチン	f.夜2(21:00-24:00)	No Goal	2011-09-03	2011-09-03	Weekly	2 hours	none
@ g.Extra(24:00-)								
BLOG書く	ルーチン	g.Extra(24:00						
日次レビュー―タスク／スケジュール	ルーチン	g.Extra(24:00						one

タスクはコンテキストごとに
表示されるので、時間帯での
タスクの確認ができる

Toodledoでタスク管理 TaskPortProでタスク遂行

Toodledoにおけるタスク管理の流れ

ここまではToodledoでタスク管理を行うための概念や入れ物の準備について述べてきました。ここではGTDの流れに沿って、マスタータスクリストであるToodledoと、デイリータスクリストであるTaskPortProを用いたタスク管理の具体的なやり方を紹介していきます。

収集

SECTION-11（62ページ）で紹介した「自分の頭の中にだけある情報」をノートに書き出して、タスクの色を付けた情報については、そのままクラウドのToodledoに転記し、ATOK Pad for iPhoneで取ったメモで明らかにタスクと考えられるものはToodledoへメール送信します。

◉メモ帳からのタスクの入力

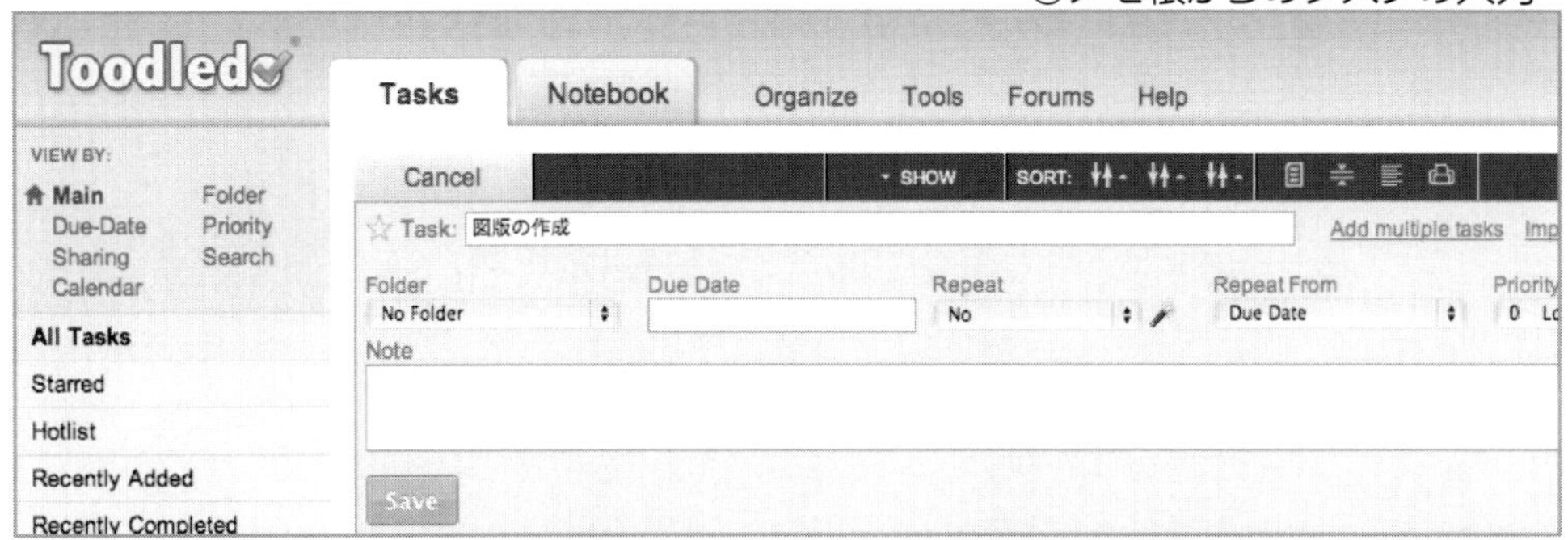

ATOK Pad for iPhoneからのToodledoへの収集

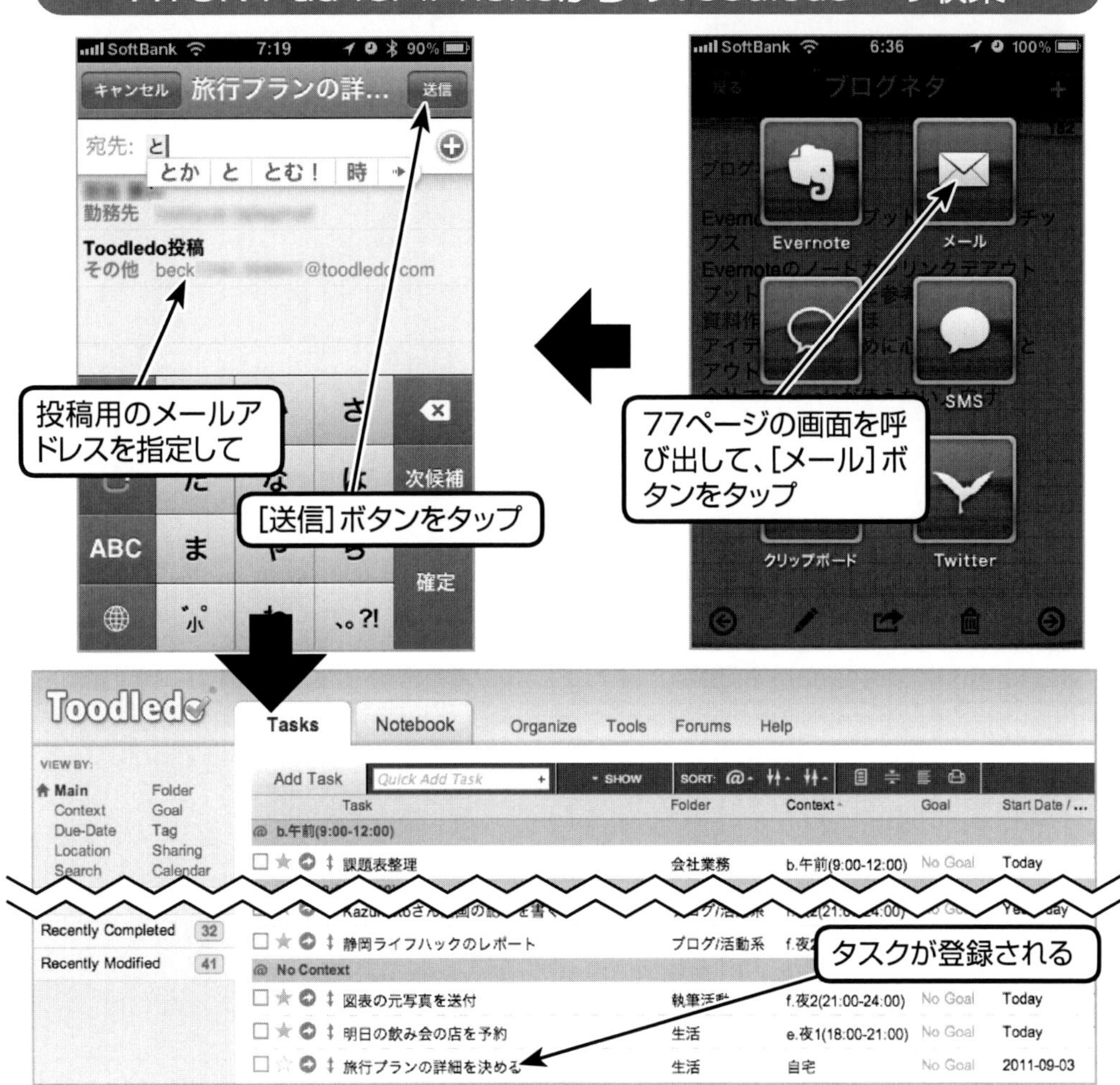

また、キャッチしたタイミングでタスクと判別できなかったものでも、EVERNOTEでの見直しでタスクとわかればToodledoに転記します。

処理／整理

Toodledoにタスクを集めたところで、処理／整理のステップに取りかかります。

このステップでは、書き出されたタスクに対して「Folder」「Context」「Due Date」「Length」といった項目を設定します。処理／整理の作業を行うビューとして使いやすいのは「Main／Recently Added」や「Folder／No Folder」です。

処理／整理が一通り終わったところで、ビューを「Due-Date／Today」や「Due-Date／Tomorrow」に

◉コンテキストごとに分けられた時間帯ごとのタスクの表示

Task	Folder	Context	Goal	Start Date / ...	Due Date / Ti...	Repeat	Length	Tag
@ b.午前(9:00-12:00)								
課題表整理	会社業務	b.午前(9:00-12:00)	No Goal	Today	Today	Weekly	1 hour	none
@ e.夜1(18:00-21:00)								
静岡ライフハックのフォローメール	ブログ/活動系	e.夜1(18:00-21:00)	世界を…	2011-08-29	Today	None	30 mins	none
静岡ライフハックの参加者リスト	ブログ/活動系	e.夜1(18:00-21:00)	世界を…	2011-08-29	Today	None	30 mins	none
@ f.夜2(21:00-24:00)								
Kazumotoさん企画の記事を書く	ブログ/活動系	f.夜2(21:00-24:00)	No Goal	Yesterday	Today	None	1 hour	none
静岡ライフハックのレポート	ブログ/活動系	f.夜2(21:00-24:00)	世界を…	Yesterday	Today	None	1 hour	none
@ No Context								
図表の元写真を送付	執筆活動	f.夜2(21:00-24:00)	No Goal	Today	Today	None	15 mins	none
明日の飲み会の店を予約	生活	e.夜1(18:00-21:00)	No Goal	Today	Today	None	10 mins	none
旅行プランの詳細を決める	生活	自宅	No Goal	2011-09-03	2011-09-03	None	30 mins	none

Total Estimated Lengths: 4.9 hours　Displayed Tasks: 8 active and 0 completed.

変更し、「Context」でソートすると、今日や明日に対応すべきタスクが時間帯ごとに表示されます。前のSECTIONでも紹介した通り、時間帯は3時間区切りになっているので、同じ時間帯に配置されたタスクの「Length」の合計が3時間を超えている場合は、タスクの時間帯をずらすなどの対応が必要となります。

3日後、4日後のタスク量の確認を行う場合は、「Calendar」ビューで3日後、4日後の日付を選択します。Due-Dateがその日のタスクだけを表示できます。

Toodledoで作る「NextActionリスト」

GTDでは、次に実行すべきタスクを「NextAction」と呼びます。収集／処理／整理を経てToodledoにはタスクが格納されている状態かと思いますが、この段階では今すぐ実行すべきタスクが明確にはなっていません。

そこで、SECTION-20（132ページ）の「日次計画」の段階で各プロジェクトリストに対してレビューを行い、NextActionだと思われるタスクに「☆」を付けます。すべてのリストをレビューした後、ビュー「Main／Starred」に切り替えることでNextActionリストを得ることができます。

◉Due-Date／Todayビューのコンテキストでのソート

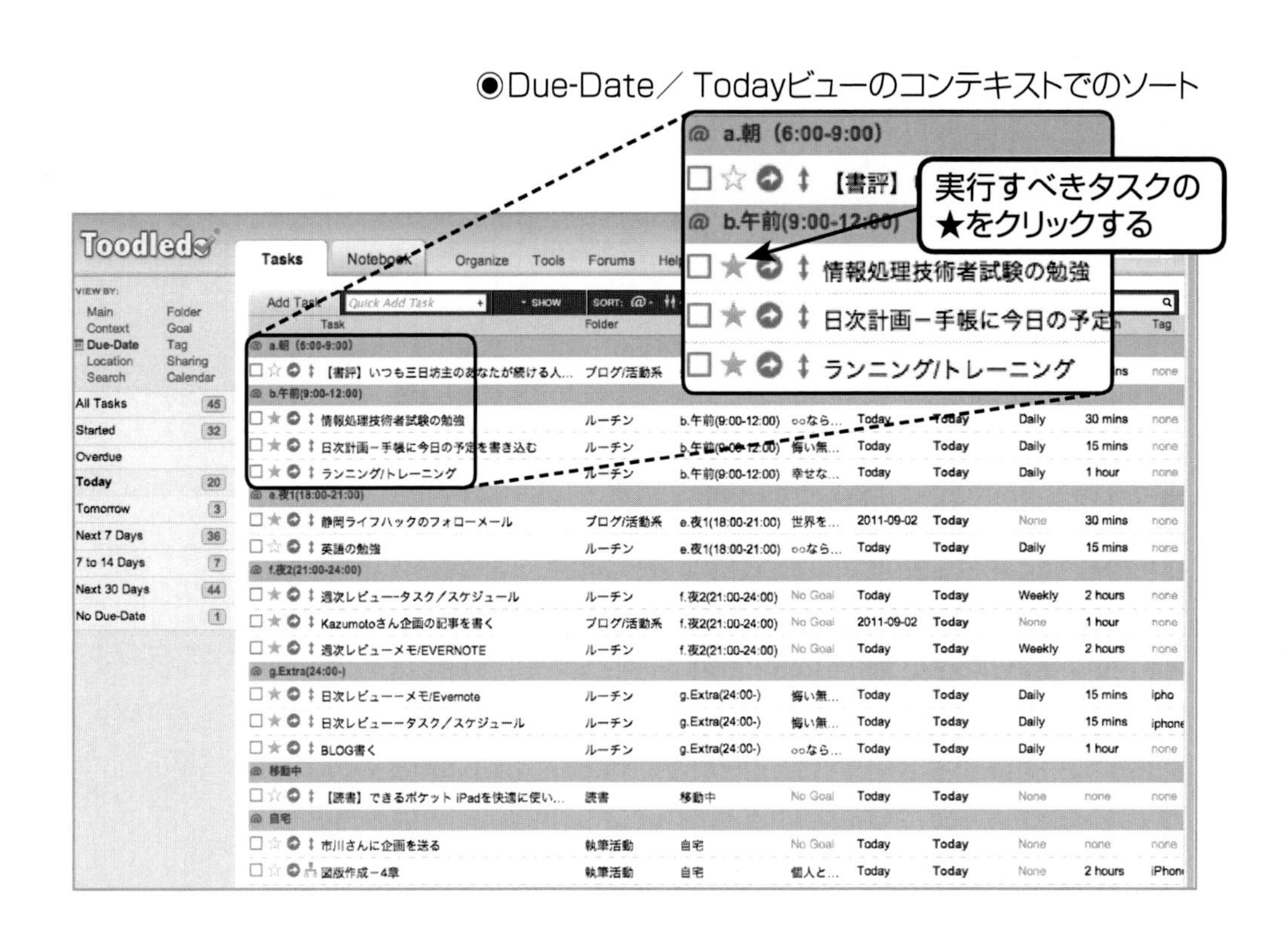

◉Toodledoによる「NextActionリスト」

Toodledo

Tasks　Notebook　Organize　Tools　Forums　Help　Workspace: beck1240 (Me)

VIEW BY: Main / Folder / Context / Goal / Due-Date / Tag / Location / Sharing / Search / Calendar

All Tasks 45 / Starred 15 / Hotlist 32 / Recently Added 7 / Recently Completed 56 / Recently Modified 44

Task	Folder	Context	Goal	Start Date / ...	Due Date / Ti...	Repeat	Length	Tag
@ b.午前(9:00-12:00)								
ランニング/トレーニング	ルーチン	b.午前(9:00-12:00)	幸せな...	Today	Today	Daily	1 hour	none
情報処理技術者試験の勉強	ルーチン	b.午前(9:00-12:00)	○○なら...	Today	Today	Daily	30 mins	none
日次計画－手帳に今日の予定を書き込む	ルーチン	b.午前(9:00-12:00)	悔い無...	Today	Today	Daily	15 mins	none
@ c.午後1(12:00-15:00)								
週次レビューメモ/EVERNOTE	ルーチン	c.午後1(12:00-1...	No Goal	Today	Today	Weekly	2 hours	none
@ d.午後2(15:00-18:00)								
週次レビュータスク/スケジュール	ルーチン	d.午後2(15:00-1...	No Goal	Today	Today	Weekly	2 hours	none
@ e.夜1(18:00-21:00)								
静岡ライフハックのフォローメール	ブログ/活動系	e.夜1(18:00-21:00)	世界を...	2011-09-02	Today	None	30 mins	none
@ f.夜2(21:00-24:00)								
Kazumotoさん企画の記事を書く	ブログ/活動系	f.夜2(21:00-24:00)	No Goal	2011-09-02	Today	None	1 hour	none
図表の元写真を送付	執筆活動	f.夜2(21:00-24:00)	No Goal	2011-09-02	2011-09-09	None	15 mins	none
@ g.Extra(24:00-)								
BLOG書く	ルーチン	g.Extra(24:00-)	○○なら...	Today	Today	Daily	1 hour	none
日次レビュー－タスク/スケジュール	ルーチン	g.Extra(24:00-)	悔い無...	Today	Today	Daily	15 mins	iphone本
日次レビュー－メモ/Evernote	ルーチン	g.Extra(24:00-)	悔い無...	Today	Today	Daily	15 mins	ipho

4 active tasks are hidden due to your filter settings. Turn off filters

Total Estimated Lengths: 9 hours　Displayed Tasks: 11 active and 0 completed.

TaskPortProによるタスクの実行

Toodledo上にNextActionリストが出来上がったところで、デイリータスクリストである「TaskPortPro」を次ページの手順で設定します。

TaskPortProとToodledoの併用は、一見すると二度手間に見えるかもしれませんが、個々に特徴があり、併用することで「鵜の目鷹の目」でタスクを実行していくことが可能となります。

まずTaskPortProは、積み上げ式でタスク量を量ることができ、計画されたタスクの総見積時間と現在時刻から終了時間を見積もることができます。

対してToodledoのNextActionリス

◉タスクの積み上げと時間帯でのタスクの管理

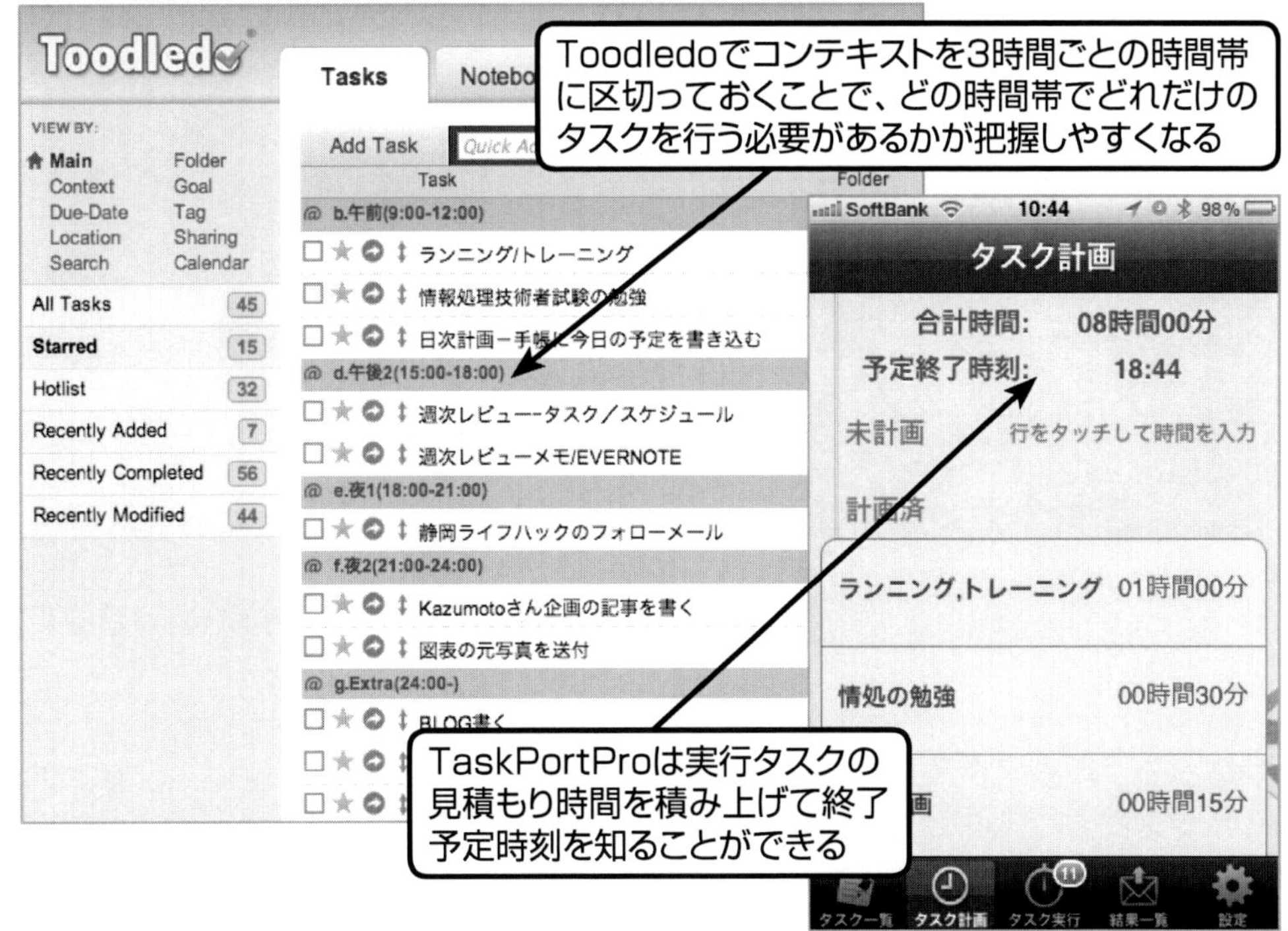

TaskPortProの利用の流れ

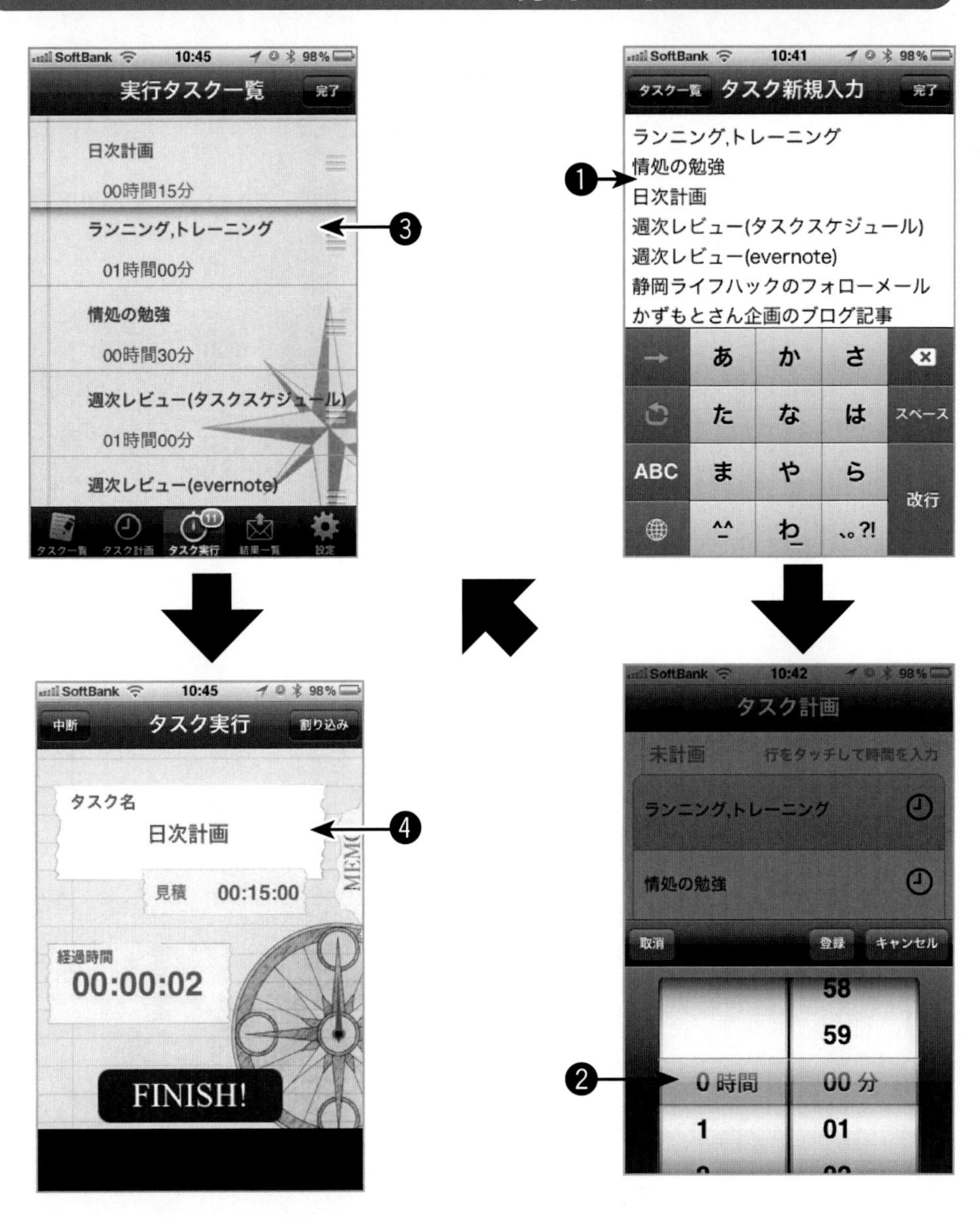

❶ タスク一覧へToodledoのNextActionリストのタスクを書き出す
❷ タスク計画でタスク1つ1つ時間を見積もる
❸ タスク実行画面でタスクを実行順に並べ変える
❹ リストの上からタスクを選択し「Start」を選択します

トでは、それぞれのタスクをどの時間帯で実行するかという時間軸上でのタスク実行タイミングを計ることができます。

そのほか、TaskPortProには、タスク実行中はそのタスク以外が見えなくなるという特徴があります。これには実行中のタスクに集中でき脱線を防ぎ、割り込み作業があっても復帰が容易になるなどのメリットがある反面、全体の見通しが利かなくなるというデメリットもあります。対してToodledoのNextActionリストは一覧性に富んでいるため「全体を見通す」用途において効果を発揮します。

ToodledoとTaskPortProの分析画面

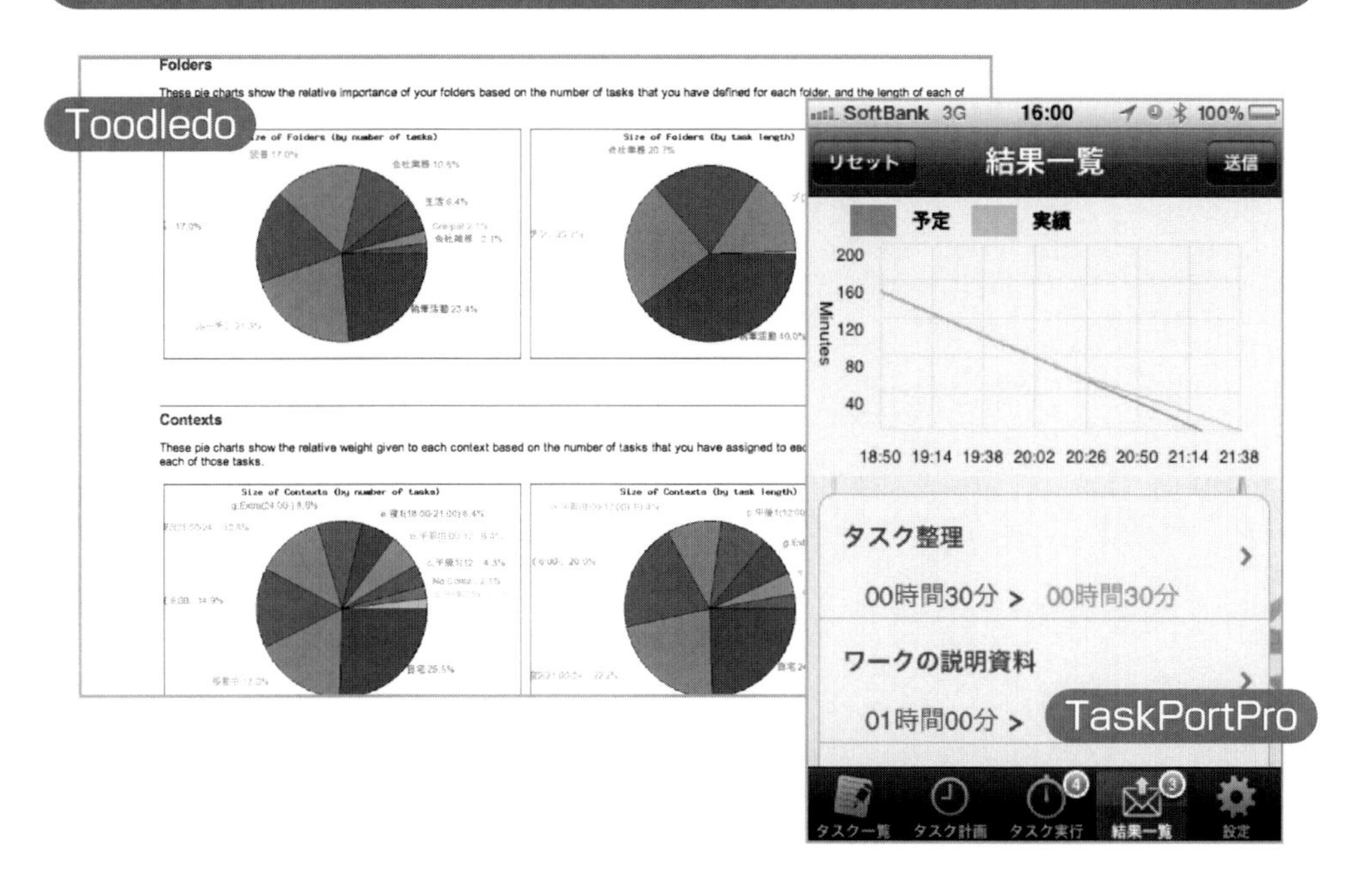

最後に、TaskPortProはそのタスクをいつ実行し、その見積時間と実際に掛かった時間、その差分をわかりやすくレポートしてくれる機能があります。Toodledoにはこれに該当する機能がありませんが、代わりに日々のタスクの追加数、締め切り数、完了数という情報のほか、フォルダごと、コンテキストごとのタスク量などの統計情報を得ることができます。

時間を計測してタスクの見積もり精度を向上させる

見積もり通りに終わらないタスク

タスクの所要時間を見積もって作業に取りかかっても、見積もり通りの時間でタスクが終わらない経験を持っている人は少なくないでしょう。要因はいろいろと考えられますが、次の3点が見積もりと実績の乖離を生み出す原因の中でも、よくあるものではないでしょうか。

- 割り込みが入ってきて作業が中断させられてしまう
- 情報収集中に脱線してしまって作業を中断してしまう
- 体調や精神状態によって作業効率が変わってしまう

もちろん、「邪魔さえなければ全然余裕でタスクをこなせていたぜ！」とか、「本気を出せば余裕で終わらせられるぜ！」という気持ちもわかるのですが、得てして邪魔は入りますし、気分というのはそうそうコントロールできるものでもありません。そういう不確定要素も考慮に入れて、見積もりを行うことが重要となります。

タスクの見積もりを向上させるたった1つの方法

結論から言えば、タスクの見積もり精度をあげるには「時間を計測する」以外に方法はありません。割り込み、脱線、体調、気分という不確定要素は考慮して自分がどのような状態のときに、どの程度の生産性をあげることができるかをきちんと計測されたデータとして把握する必要があるのです。

たとえば、私がブログを書くのに必要な時間は、2000文字程度の記事でだいたい2時間、長いときは4000文字で4時間程度です。寄稿している「シゴタノ！」というブログであれば2000〜3000文字で挿し絵10枚程度で、プランニングから執筆まで5時間を見積もります。

また、時間計測を行う際には、先の例で言うところの「2000文字で2時間（1000文字／1時間）」のような指標値が算出できるようにするとより効果的です。

可能であれば体調を書き込んだり、割り込み作業が発生した場合には、一度その作業の時間計測を中断して、割り込み作業を終えて作業を再開するところから計測も再開するとよいでしょう。

「aTimelogger」によるタイムロギングとEVERNOTEへの蓄積

CHAPTER-2でも簡単に紹介した「aTimelogger」は非常に人気の高いタイムロガーアプリケーションです。インターフェイスがわかりやすいことに加えて、記録カテゴリのカスタマイズが柔軟であり、レポートの書き出し機能やTwitter連携機能などの機能も豊富で、振り返りに用いやすいのです。

◉aTimeloggerのレポート出力

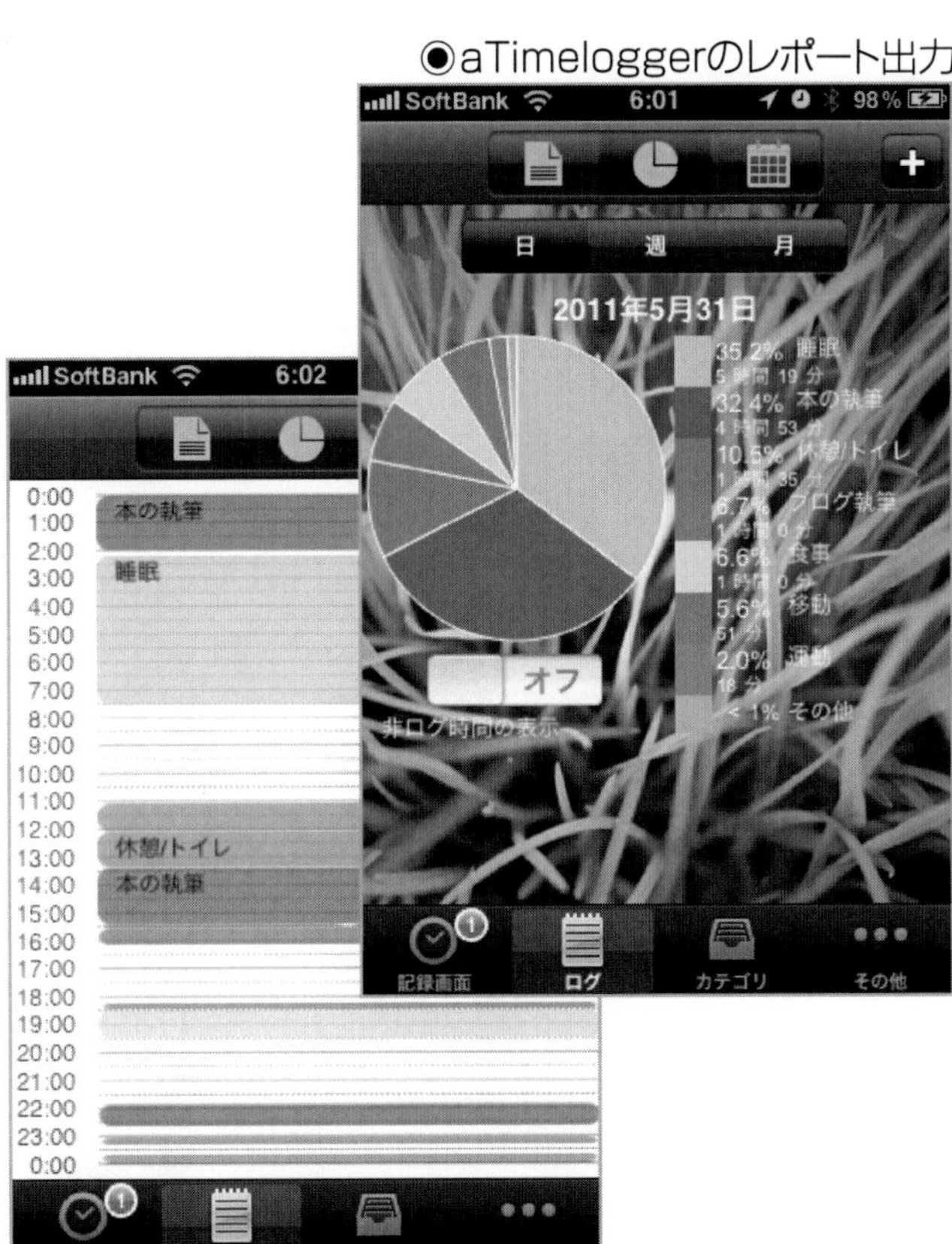

レポートの書き出し機能では、HTML形式のレポートを期間指定で出力し、メールで送信することができるので、1日ごとにレポートを作成してEVERNOTEの投稿用メールアドレスに送信します。

また、これとは別に記録を開始したタイミングでTwitterに自動投稿する機能があるため、これもライフログ用Twitterアカウントに対して常時投稿されるようにしておきます。SECTION-17（108ページ）で紹介した通り、このTwitterアカウントはTwieve経由で日々EVERNOTEに取り込まれるため、この記録を用いて振

aTimeloggerのカテゴリの追加

●EVERNOTEに取り込まれたレポート

レポート

戻る/進む 共有 詳細情報 削除 カラー フォント

レポート 54.TimeLog

クリックしてURLを設定... クリックしてタグを追加

Hiragino Kaku... 20

全てのカテゴリのレポート

期間: 2011年5月17日火曜日 - 2011年5月17日火曜日

カテゴリ	Duration	Started	Finished	コメント
移動	1 時間 12 分	2011/05/17 0:01	2011/05/17 1:14	
食事	22 分	2011/05/17 1:14	2011/05/17 1:37	
資料作成	21 分	2011/05/17 9:29	2011/05/17 9:50	
休憩/トイレ	22 分	2011/05/17 9:50	2011/05/17 10:13	
資料作成	1 時間 41 分	2011/05/17 10:13	2011/05/17 11:54	
食事	37 分	2011/05/17 11:54	2011/05/17 12:31	
休憩/トイレ	53 分	2011/05/17 12:31	2011/05/17 13:25	
資料作成	2 時間 3 分	2011/05/17 13:25	2011/05/17 15:28	
移動	1 時間 16 分	2011/05/17 15:28	2011/05/17 16:45	
資料作成	14 分	2011/05/17 19:04	2011/05/17 19:19	
メール対応	2 分	2011/05/17 19:19	2011/05/17 19:21	
資料作成	3 時間 3 分	2011/05/17 19:21	2011/05/17 22:25	
移動	58 分	2011/05/17 22:25	2011/05/17 23:24	
休憩/トイレ	1 時間 33 分	2011/05/17 23:33	2011/05/18 1:06	

カテゴリ	Duration	パーセント
資料作成	7 時間 23 分	50.2%
移動	3 時間 27 分	23.5%
休憩/トイレ	2 時間 49 分	19.2%
食事	59 分	6.8%
メール対応	2 分	0.3%

Total 14 時間 43 分

iPhoneから送信

●Twitterへの「xxxなう」の投稿

り返りを行うことができるようになります。

「TaskPortPro」によるタスクの予実管理

前のSECTIONで紹介したTaskPortProを用いれば、タスクの予定と実績を簡単に管理することができます。前のSECTIONでは計画と実行までの流れを説明しましたが、実行したタスクは結果一覧のページで計画した時間と実際に掛かった時間を見比べられる状態で保存されています。まずはここで1日のタスクの終了時間を確認します。

また、その結果をあらかじめ登録しておいたメールアドレスに投稿する機能もあるので、EVERNOTEのメール投稿用アカウントを登録しておくと、aTimeLogger同様にEVERNOTEに1日分のタスクの遂行結果を送信することができます。

●EVERNOTEに取り込んだTaskPortProの結果画面

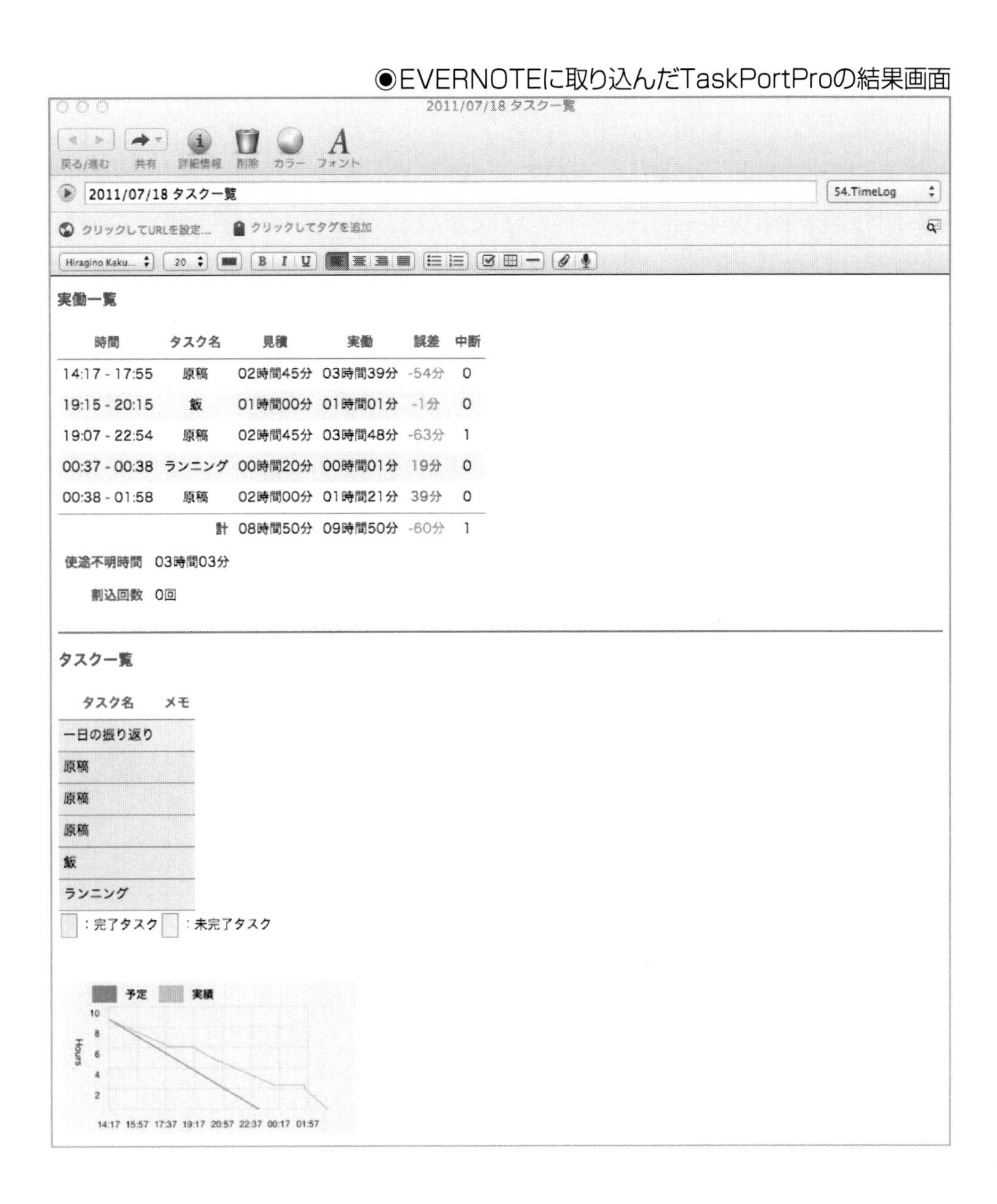

コーヒーブレーク②
実用アプリ編

このコラムでは、毎日の生活をちょっと楽しくする、素敵な実用アプリを2本紹介します。

1つ目は、天気予報アプリの「美人天気」です。このアプリの特徴は、なんといっても美人さん達が天気予報を知らせてくれるところです。男性諸兄にとっては一服の清涼になること請け合いです。指定した時間に通知がくるように設定できるため、私は毎朝7時に天気予報の通知を受け取って、気分よく1日をスタートさせています。天気のほかにも、花火情報、ビール指数、全国のリアルタイム放射能測定情報、紫外線指数などさまざまな情報が得られるところも非常に便利です。

2つ目は、音楽プレイヤーアプリの「AudioGalaxy」です。このアプリは自宅のPCに専用のソフトをインストールしておくと、外からインターネット経由でPC上にある音楽をストリーミング再生できる優れものです。家のPCに100ギガバイト分の音楽データがあったとしたら、最新の64ギガバイトのiPhone4Sであってもすべての音楽を持ち出すことは不可能ですが、AudioGalaxyを用いれば、いつでもどこでも自宅PCの音楽をすべて聴くことが可能です。

◉美人天気

CHAPTER 4

クラウドの「情報マネジメントシステム」を使いこなす

適切な時に適切な情報を引き出すための情報マネジメント術

EVERNOTEにもinboxを用意して情報を処理／整理する

SECTION-20でも触れたとおり、EVERNOTEに至るまでに明確に「スケジュール」や「タスク」とわかる情報はToodledoやGoogleカレンダーに振り分けられ、「その他」の資料やメモ、ライフログや思い出の写真など、さまざまな形式の情報がEVERNOTEに取り込まれます。

EVERNOTEに取り込まれた情報が、雑多な状態で留め置かれた場合、取り込まれた情報の使い勝手が著しく低下してしまうため、使いたい場面にあわせて整理分類を行う必要があります。

また、取り込まれた情報の中には、ぱっと見には「スケジュール」や「タスク」とわからない情報が紛れ込んでおり、そういった情報は適宜GoogleカレンダーやToodledoに転記する必要があります。

情報マネジメント

整理されていない情報の場合

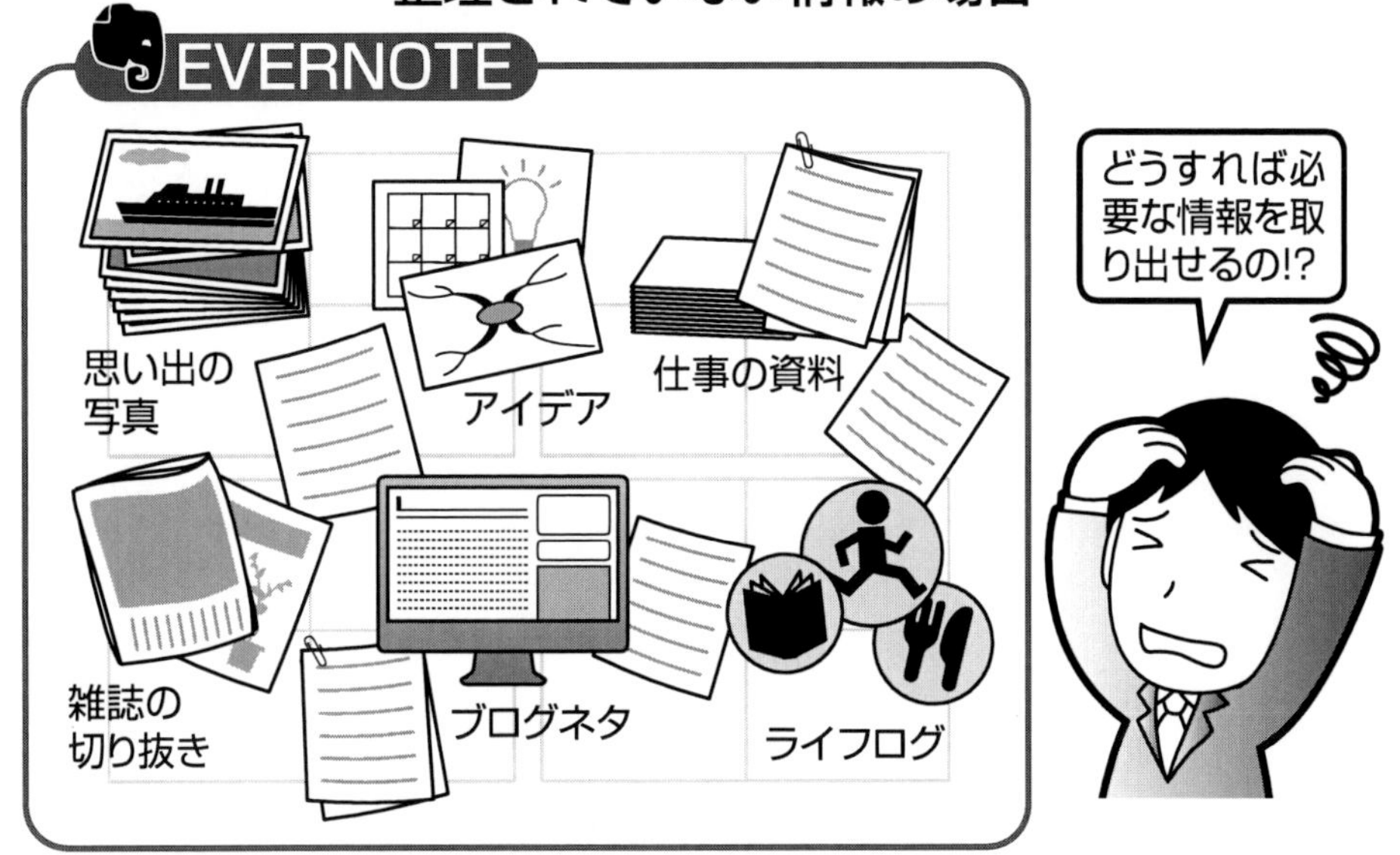

EVERNOTEに乱雑に情報を入れると取り出しにくくなる

整理された情報の場合

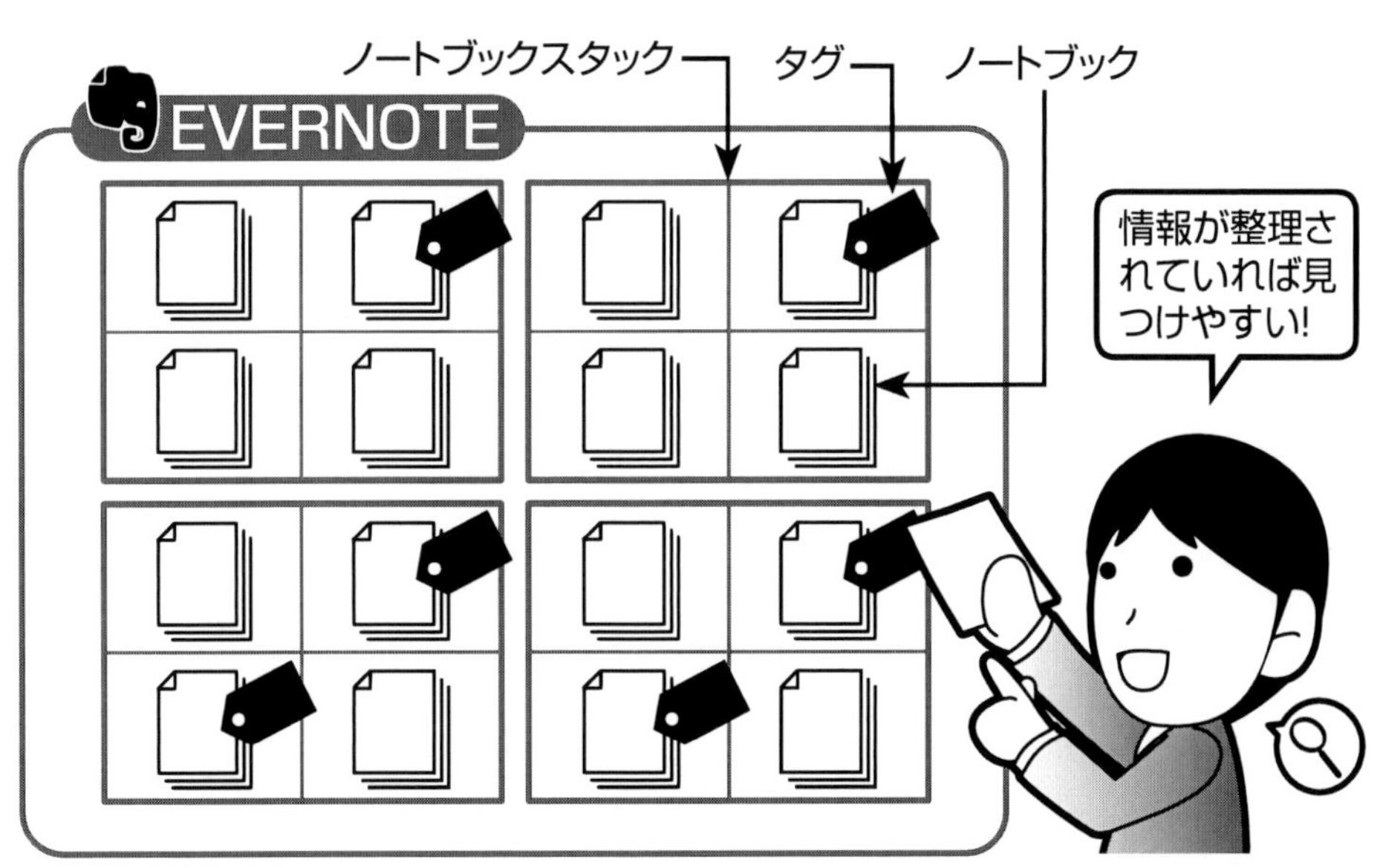

タグとノートブック、ノートブックスタックで情報を整理する

情報は「ノートブック」と「タグ」で管理

EVERNOTEの情報整理の基本は「ノートブック」と「タグ」の2つの軸から立体的に管理するところにあります。2つの分類項目が持つ特徴は次のようになります。

ノートブック

ノートブックはWindowsやMacの「フォルダ」に相当するものです。1つのノートは1つのノートブックにしか属せません。そのため属性の重なりがない分類を行う必要があります。私の場合は大きく次のような分類を行っています。

- ペルソナごと(個人、ブロガー、会社員など)
- 段階ごと(メモ、下書き、アウトプットなど)
- 特定の目的(読書ノート、人脈DB、ライフログなど)

タグ

タグは1つのノートに複数個付与できる分類項目で、ノートブックの中でさらに絞り込みをかけたり、複数のノートブックをまたがって横断的に情報を引き出したりできるほか、キーワードで複数のノートをグルーピング化するキー項目として利用することも可能です。

- キーワード(EVERNOTE、Mac、ボールペン、ラーメンなど)
- 5W1H(いつ、どこで、何を、誰が、なぜ、どのように)
- 感情(うれしい、楽しい、悲しい、腹立たしいなど)
- キー項目(人名、店名など)

EVERNOTEに集められた情報の処理フロー

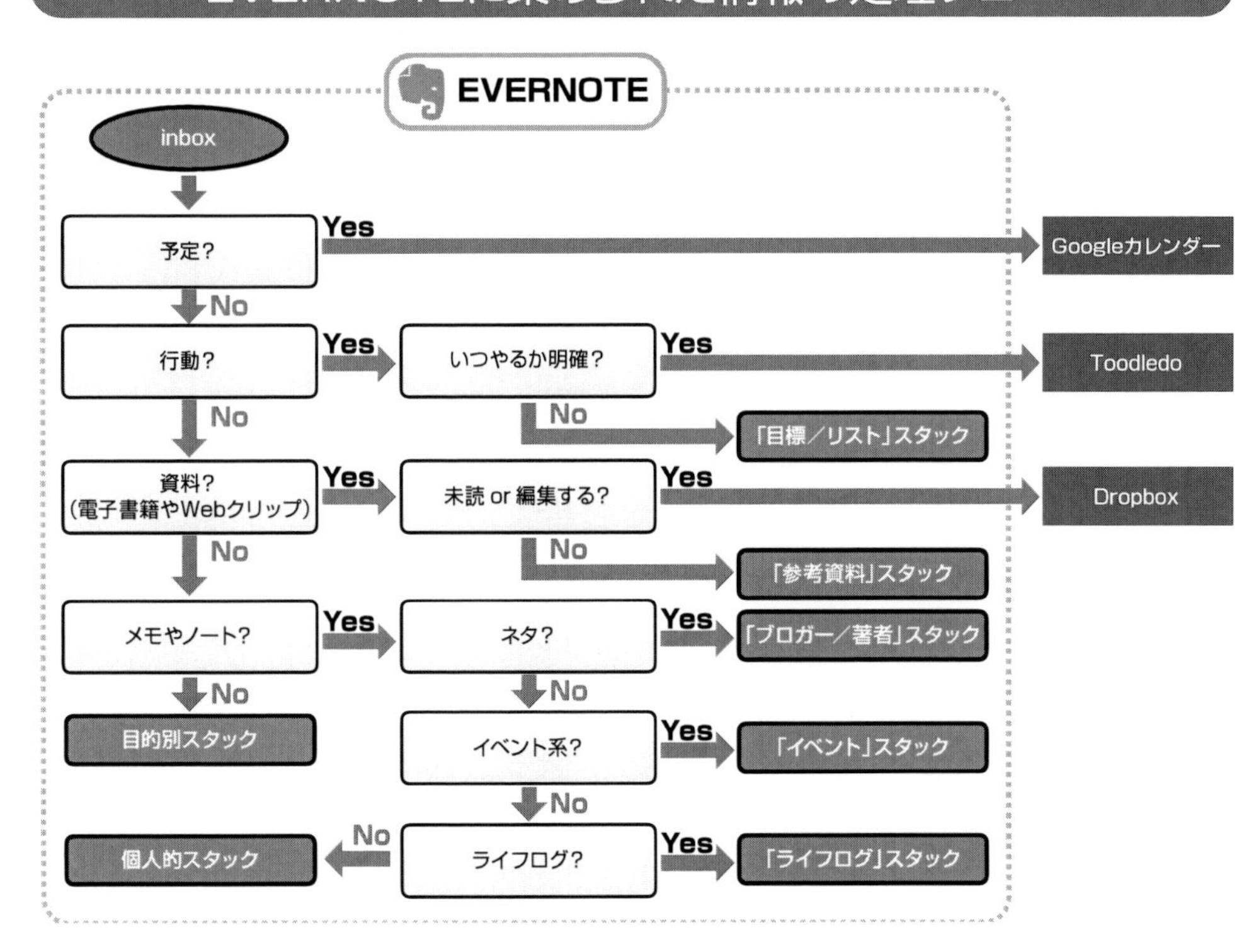

EVERNOTEに集める情報の例

メモや参考資料と言ってもなかなかイメージが湧かないと思うので、私が使用しているEVERNOTEのノートブックを例にして、どのような情報の管理に適しているかを見ていきます。

目標／リストノートブックスタック群

パスポート番号や緊急連絡先、各種アカウント情報が集められた「＊重要な情報」ノートブックのほか、やる気や元気が出るノートが集められた「＊オアシスノート」ノートブック、目標などが書かれた「＊価値観・目標・ミッション」ノートブックなどがあります。

ペルソナ別段階ごとのノートブックスタック群

「個人」「物書き／ブロガー」「本職のSE」「勉強会主宰者」などのペルソナごとにノートブックスタックを作成し、それぞれの中で情報を次の段階に分けて管理しています。①アイデアメモ、②アイデア育成（文章なら下書き）、③アウト

筆者のEVERNOTEのノートブック一覧

全ノートブック (8126)
*よく使う情報 (3)
*目標/リスト
**価値観・目標・ミッション (13)
*WISH (5)
*オアシスノート (10)
*名言/引用 (4)
*心構え/心得 (27)
00.inbox (74)
01.お取り置き (0)
10.個人的
11.メモ (46)
12.メモアーカイブ (65)
12.重要メモ (18)
13.写真メモ (1144)
14.Cre-Pa!メモ (18)
20.目的別
21.調べた情報 (15)
22.お店データベース (8)
23.読書ノート (94)
24.人に関する情報 (120)
30.ブロガー/著者
30.よく使う文例 (5)
31.ネタ (5)
32.Hacks4下書き (51)
33.シゴタノ下書き (6)
34.Hacks for Creative Life!の記事 (286)
35.シゴタノ！・Gihyo.jp (15)
37.アクセス解析 (51)
38.書籍の原稿 (11)
39.記事済みメモ (103)
■iPhone/iPad (18)
40.イベント
41.イベント/活動メモ (18)
47.セミナー勉強会ノート (9)
48.東京ライフハック研究会アウトプット (5)
50.ライフログ
51.ライフログTwitter (126)
52.Twitterログ (846)
53.Favorite Tweet (83)
54.FriendFeed (731)
55.TimeLog (63)
56.その他ライフログ (62)
57.写真活動ログ (250)
60. 仕事ノート
60.ビジネスアイデア (0)
61.仕事ノート (0)
80.参考資料
80.切り抜き (3)
81.clip web (2416)
82.雑誌PDF (41)
88.eBooks (4)
Googleアラート (1012)
85ネタ系
26.ネタ・オモロイ (5)
27. ネットで拾った画像 (174)
[aNote] .No Folder (13)
[aNote] お買い物 (0)
[aNote] 勉強 (0)
[aNote] 日記 (0)
ATOK Pad (41)
OPEN NOTE (5)
Tumbletail (0)
マイノートブック (1)
防災／被災地支援 (3)

プット(成果物)、④メモアーカイブの段階に分けて管理しています。

リスト/心構え系ノートブックスタック

行きたい場所、やってみたいことなどの「WISHリスト」ノートブックのほか、「心構え」「名言/引用」「5分あったらできること」などのノートブックで、時間が空いたときなどに見返すノートブックが集められています。

目的別ノートブックスタック

「読書ノート」「お店データベース」「人物データベース」などのノートブックで、特定の目的に用い、逐次更新されていくノートブックが集められています。

ライフログノートブックスタック

TwitterやFriendFeedに集約させた時系列ライフログのほか、aTimeLoggerの1日分のサマリーを集めた「時間ログ」、食事/ランニング/体重/睡眠時間をまとめた「身体ログ」、レシート/明細メールなどをまとめた「お金ログ」などのノートブックがあります。

参考資料ノートブックスタック

ブログなどの記事をクリップした「Clipweb」ノートブック、雑誌や新聞の切り抜きノートブック、一度目を通したＰＤＦ資料などを集めた「ＰＤＦ」ノートブックなど、外部から取り込んだ情報が集められています。

ノートブックの段階を大きく「Active」と「Archive」に分ける

これまでEVERNOTEを使いこなしている方々に幾度となくノートブックやタグの使い方について話を伺ってきたのですが、私はかなりノートブック数が多いタイプのようです。ノートブックの数は10個以内と決めている人もいる中で、私のノートブックの数はなんと50個以上もあったのです。

これは別にタグで分類してもよいような項目もノートブックで分類しているからであり、この後で紹介する「定型情報はノートブックの移動だけでＯＫ」という私の整理のルールが成立するのも、この細かなノートブックの分類によるところが大きいと考えています。

ただ、どれだけ細かくノートブックが分かれていたとしても、すべてのノートブックが必ず「Active」と「Archive」の2つに分かれます。週次レビューの際にいったん洗い直すのが「Active」で、見直しを行わないのが「Archive」です。

inboxゼロを実現するために整理を省力化する

私が前著『EVERNOTE情報整理術』（技術評論社刊）を書いた後にいくつかいただいた質問の中に「inboxにどんどん情報が貯まってしまい、整理が追いつかない」というものがありました。

私のEVERNOTEのinboxには1日あたり、通常時であれば100弱、多いときは数百のノートが入ってきますが、どんな場合でも1日の最後に必ずinboxをゼロにします。これは何か特別なことをしているわけではなく、次のようなルールで整理を行っているからです。

●定型的な資料はノートブックの移動だけ

●検索で引っ張り出せればいい参考資料のタグ付けは後から行う
●アイデアとして「育てる系のメモ」は育てる過程でタグ付けする
●目的別ノートブックだけは最初にしっかりとタグ付けする

たとえば、ライフログデータとして取り込んだTwitterのログやTaskPortProのレポートなどは、どちらかといえば日付情報がキー項目であり、タグ付けで情報を付与する必要はないと考えています。

また、ウェブクリップなどもきちんと情報整理を行っておく方が後からの再利用度が高まることは確かなのですが、後から「特定キーワードで検索」→「キーワードをタグ付け」という方法で情報を分類することもできるので、最初から頑張ってタグを沢山付ける必要はないと考えています。

目的別ノートブックのみは、たとえば人脈データベースなどはその人に関する情報のリンクが取れていないとまったくデータベースとして機能しないため、それが誰の情報かわかるような最低限度のタグ付けを行います。

メモを育ててアイデアをモノにする デジタル／アナログ連携術

アイデアメモを育てるワークフローの構築

アイデアはその思いつきをただメモに残しただけで即アウトプットにつながるわけではありません。思いついたことをメモに残し、アイデアを育て、アウトプットへとつなげていくための手順が必要となります。

ブログや書籍のアイデアを思いついたらば、まずは「31．ネタ」というノートにアイデアを記したノートを放り込みます。この段階ではまだ「気になること」レベルなのですが、そのネタを自分のブログで使うのか、寄稿先の「シゴタノ！」で使うのか、それとも書籍で使うのかを考えてみて、行き先が決まれば「32．hacks4下書き」（ブログ）、「33．シゴタノ下書き」、「■（書籍名）下書き」にノートを移動させます。

下書きノートでは、すべての文章を書いてしまうのではなく、構成を考えたり、少し書き出しててみたりということを繰り返しながら、アイデアを育てていきます。

ネタ→下書き→アウトプットのフローチャート

記事にしたいネタを集めておく

記事の簡単な下書きを書きためておく

31. ネタ

32. Hacks4 下書き

33. シゴタノ下書き

34. Hacks for Creative Life! の記事

35. シゴタノ！・Gihyo.jp

記事にした下書きは記事済みへ

39. 記事済みメモ

公開された記事を取り込んでおく

◉著作関連のノートブックの例

最終的にそれらの下書きからアウトプットが生まれるので、成果物を「36．Hacks for Creative Life!」や「37．シゴタノ！」というアウトプット格納用のノートブックに格納し、アウトプット済みの下書きメモを「39．記事済みメモ」に格納します。

この例は、ブログや本を書くためのワークフローなので「ネタ→下書き→アウトプット」という流れになるのですが、自身の役割や、作業フローにあわせてこのようなフローを構築してみてください。

アイデアを膨らませるときには紙に書く

先述の通り、私がブログや本などを書くときには「ネタ→下書き→アウトプット」の流れでアイデアを育てていくのですが、下書きのフェーズでは、敢えて紙のノートに書き出してアイデアを膨らませることもあります。

使用するノートは方眼タイプのモレスキンポケットで、「ちょっとまとめたいな」と思ったときには、まず見出しと日付を空白のページの上部に書き出します。1アイデア1ページが基本で、アイデアがそれほど膨らまなかった場合などは大きくブランクのページができてしまいますが、あまり気にせず書き進めます。考え中のアイデアが書かれているページには付箋紙を貼り付けておき、外を出歩くときや隙間時間などに、付箋が付いているページをパラパラめくって考えを膨らませていきます。

手書きノートでのアイデアがまとまった時点で、iPhoneのカメラで画像を取り込み、書き出す元となった下書きノートに画像を貼り付けます。EVERNOTEに取り込んだ後、紙のノートは見出しにチェックを付けて付箋を取り外します。

◉アイデアノート

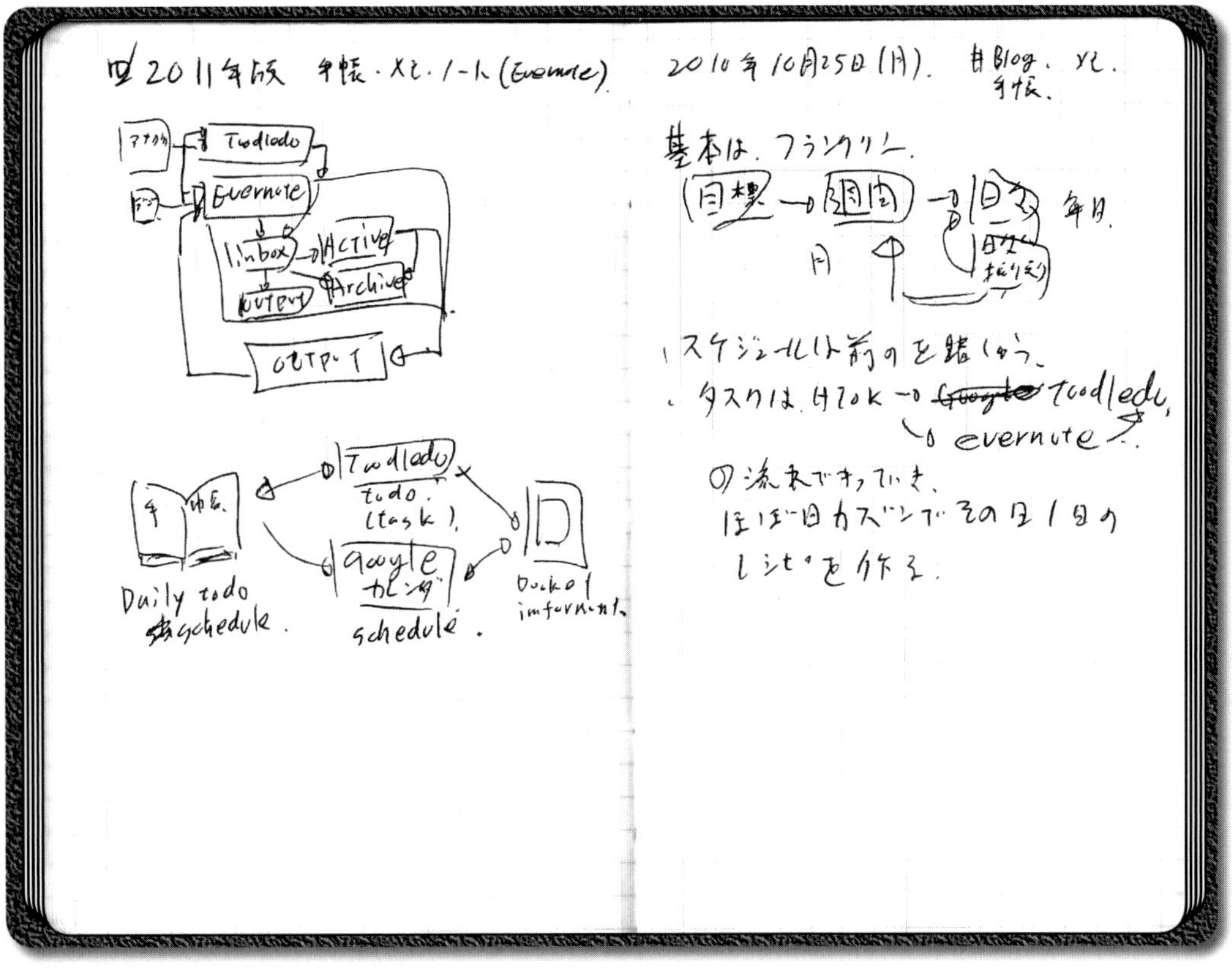

アウトプットはEVERNOTEにこだわらない

下書きまではEVERNOTEで行うのですが、いざアウトプットを行うときには別のツールを使用しています。たとえば、資料であればPowerPointやKeynoteを用いますし、本を書くときにはScrivenerというツール、ブログを書くときにはMarsEditというツールを使用しています。

Scrivenerは文書と画像ファイルなどを統合的に管理できる文章作成ソフトで、アウトラインから文書ファイルを起こしたり、文書をカード形式にしてシノプシスを書き込みながら全体を把握したり、文書ごとの進捗なども管理することも可能です。

MarsEditは、ブログを書くためのタグ編集機能やプレビュー機能、Flickrとの連携機能やブログを投稿する機能を備えた高機能なブログエディタです。

このように、EVERNOTEは得意とするアイデアを集め・育てるという役目を担い、アウトプットは、そのアウトプットに最適なツールを用いることで、より生産性を高めることができるのです。

メモ／参考資料の再利用性を高める「ノート間リンク」「検索」「タグ」

EVERNOTEに収集した情報を活かすためのテクニック

いくらEVERNOTEにメモ／参考資料を集めたところで、その情報を使わなければ意味がありません。ここではEVERNOTEに集めた情報の再利用性を高めるためのテクニックをいくつか紹介したいと思います。

ノート間リンク

EVERNOTEに格納されている情報はただ漫然と集められたわけではなく、何らかの興味・関心や目的があって集められるはずです。つまり、EVERNOTEに格納されている情報同士で何かしらの関連があることは想像に難くありません。たとえば、私があるブログの記事を書いたとすると、そのブログの記事の下書き（着想から膨らませた記事の元となるテキスト）があり、さらにはその記事を書こうと思った着

読書ノートからのリンク

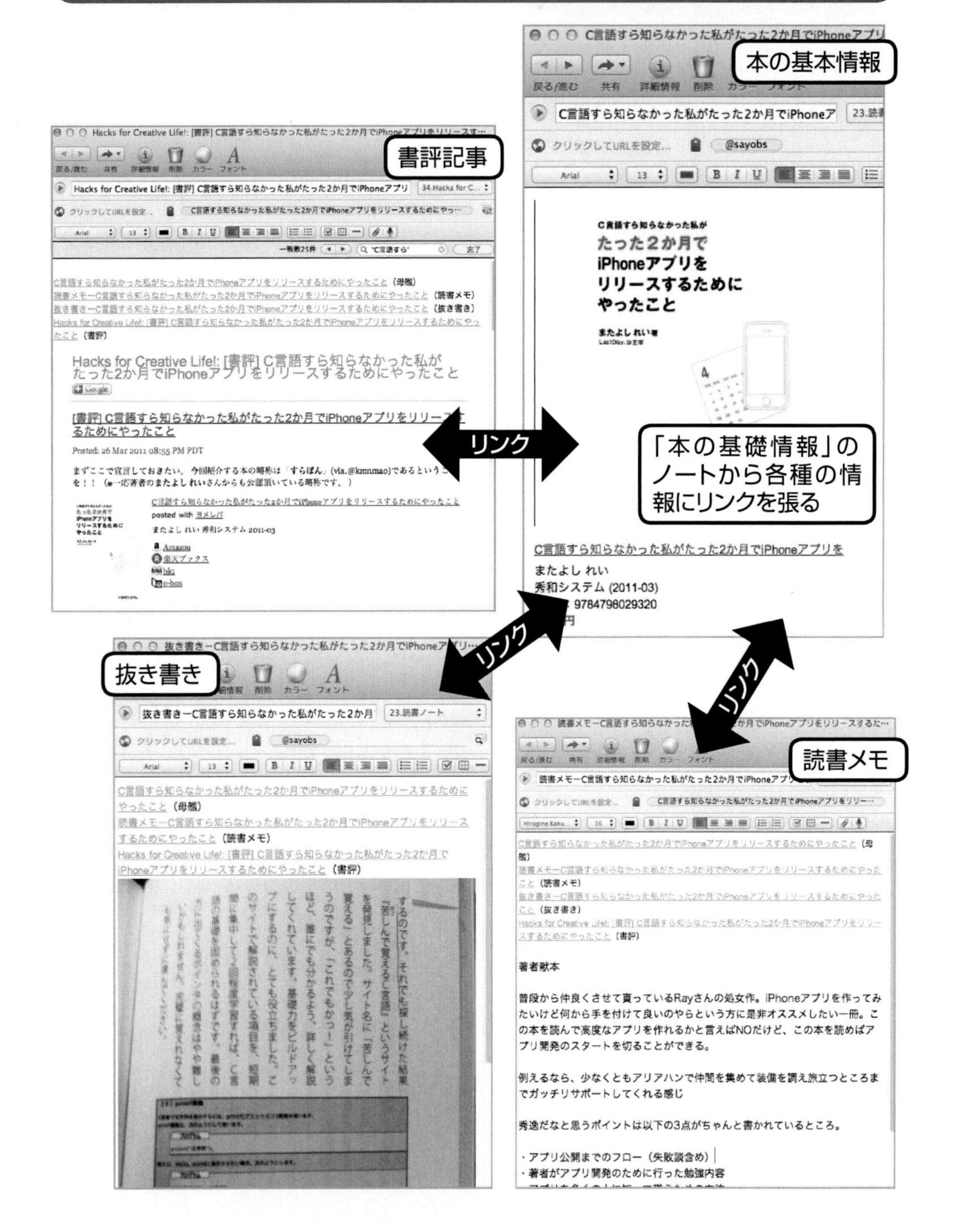

想があるはずです。

「ノート間リンク」は、EVERNOTEの情報管理単位であるノートのつながりをリンクという形で実現するものであり、ブログの記事→下書き→その元となった着想というリンクを形成することが可能です。

その他にも、目的別ノートブックの1つである「読書ノート」などでも、本の情報が書かれた母艦ノートから、そのノートの抜き書きや線を引っ張ったページを撮影した写真、読書メモ、書評などさまざまな情報に対してリンクを張ることで、情報を連結できるようになります。

EVERNOTEの検索機能を使いこなす

EVERNOTEの検索機能では、キーワードだけでなく、ノートのタイトル、作成日、更新日、タグなどを対象とした検索が可能です。このような要素に対する検索を駆使することで、EVERNOTE上の情報管理が非常に楽になるため、代表的なものだけでもぜひマスターしてください。

タイトルに「Evernote」が入っているノート

intitle:Evernote

タイトルに特定キーワードのキーワードが含まれているノートを引っ張り出す際には「intitle」句を使用します。タイトルの一部だけうろ覚えのウェブクリップを参照したい場合などに有効な方法です。

タグ「Evernote」が付与されているノートを検索

tag:Evernote

こまめにタグ付けをしているのであれば、単純にキーワード検索を行うよりもタグ検索を行う方が、より確実に目的の情報にたどり着くことができます。タグで絞り込みをかけるだけであれば、画面左のタグ一覧を使ってもよいのですが、ここで紹介しているようなさまざまな検索条件とあわせることで、「この1週間で作成したEVERNOTEを付与したノート」のような細やかな検索を行うことができるようになります。

タグが付いていないノートを検索

-tag:*

タグ付けを行うべきノートに対して、ついついタグ付けをさぼってしまうことがあります。そんな場合に、便利なのがタグ付けされていないノートを引っ張り出す「-tag:*」という検索句です。たとえば、次に紹介する検索句とあわせることで「今週作成したノートのうちタグを付与していないノート」という条件で検索を行うことができます。

●検索ルールの一覧表

検索条件	検索式	例 文
タグ指定	tag:[tag name]	タグにEVERNOTEを含むノートを検索 **tag:EVERNOTE**
		タグに何も設定されていないノートを検索 **-tag:***
ノートブック指定	notebook:[notebook name]	ノートブック「仕事」に分類されているノートを検索 **notebook:仕事**
タイトル指定	intitle:[title]	タイトルに「議事メモ」が含まれるノートを検索 **Intitle:議事メモ**
作成日	created:[datetime]	作成日が「2010/09/15」以降のノートを検索 **Created:2010/09/15**
		作成日が「2010/09/15」以前のノートを検索 **-Created:2010/09/15**
更新日	updated:[datetime]	作成日が「2010/09/15」以降のノートを検索 **updated:2010/09/15**
		作成日が「2010/09/15」以前のノートを検索 **-updated:2010/09/15**
添付ファイル	resource:[MIME type]	上からGif画像、音声、インクノートの検索 **resource:image/gif** **resource:audio/*** **resource:application/vnd.evernote.ink**
経度	Longitude:[double]	経度情報で検索 **Longitude: 139.69484327**
緯度	latitude:[double]	緯度情報で検索 **latitude:35.52648322636364**
ソース	source:[string]	ワード文書から作成したノートを検索 **source:app.ms.word**
		Microsoft社製アプリケーションから作成されたノートを検索 **source:app.ms.***
		Webクリップから作成したノートを検索 **source:web.clip**
		メールから作成したノートを検索 **source:mail.smtp**
		モバイルクライアントから作成したノートを検索 **source:mobile.***
ソース アプリケーション	SourceApplication:	Twitterから取り込まれたノートを検索 **sourceApplication:Twitter**
画像文字	recoType:[string]	画像文字認識 **recoType:***
		手書き文字認識 **recoType:handwritten**
Todo	todo:[true/false]	Todoが選択されているノート **todo:true**
		Todoが非選択のノート- **todo:false**

1週間以内に作成したノートを検索

created:day-7

週次ビューで1週間分のノートを見返したい場合は、「すべてのノートブック」を選択した状態で「created：day-7」句で検索を行います。

その他にも便利な検索条件があるので、運用で使えそうなものがあればぜひ活用してみてください。

EVERNOTEのタグ分類で重要な3つのポイント

EVERNOTEのタグ分類はノートに含まれる情報を単純に「キーワード」として付加するものだと思いがちですが、それ以外にも知っておくと便利なタグ付けの方法があります。ポイントを3つに絞って紹介します。

多段で絞り込みをかける頭3文字のルール

タグの頭数文字に意味を持たせて多段に絞り込みをかけられるようにします。たとえば下表のようにタグを設定しておくと、先ほど紹介した「tag：」句を用いて段階的に絞り込みをかけられるようになります。

これは200番台のタグはすべて「ウェブサービス」という大きなカテゴリに属していて、「tagd：2＊」で検索すれば、すべての「ウェブサービス」カテゴリのタグを付与されているノートブックが検索対象となります。「tagd：201＊」で検索すればその中の「201.Evernote」タグを付与されているノートが検索対象となります。

さらに細かく分類したい場合などは次ページの表のように十の位にも意味を持たせてもいいでしょう。

この場合は、「tagd：21＊」で検索することによ

◉多段で絞り込みをかけるためのタグの例

- 200.ウェブサービス
- 201.Evernote
- 202.Dropbox
- 203.Gmail

…

- 208.Toodledo

りタスク管理ツール系のタグを付与されたノートが検索対象となります。

もちろん、行頭の文字は数字3桁でなくても特に問題はありません。「0000」~「9999」や「a00」~「z99」という範囲でタグ付けを行ってもよいでしょう。

◉さらに細かく分類を可能にするタグの例

- 200.ウェブサービス
- 210.タスク管理
- 211.Toodledo
- 212.Remember the milk
- 213.Nozbe
- 220.コミュニケーション
- 221.Gmail
- 222.Skype
- 223.ChatWorks

複数のノートをグルーピングするキー項目

複数のノートをあわせて参照したい場合などに便利なのが、キー項目タグです。

たとえば、自分が行ったお店の情報と、食べた料理の写真、感想などがそれぞれ異なるノートに残されていたとしても、「お店の名前」というキー項目をすべてのノートにタグ付けしておくことで、関連する情報を後からまとめて確認できるようになります。

キー項目タグが有効なEVERNOTEの活用例をいくつかあげておきます。

- 本の情報、読書メモ、レバレッジメモ、書評などのノートを「本のタイトル」タグでくくりつける
- 名刺、その人と会った記録、その人からもらったメールなどを「人物名」タグで括りつける

感情／感想タグ

ノートにタグを付ける際にはどうしても「外的」な情報を付与してしまうものですが、あえて自分の「内的」な情報を付与してみるのも非常に面白いものです。

たとえば感情タグとしては、次のようなものがあります。

- うれしい
- 楽しい
- 悲しい

- 腹立たしい
- ありがたい

また、感想タグとして、次のようなタグを付与しておくのもよいでしょう。

- 面白い
- すごい
- 気になる
- いまいち
- ひどい

記憶の1つである「エピソード記憶」は、感情も記憶に含めているため、過去に「うれしい」と思った記憶を引き出すメタ情報をEVERNOTEに入れておけば、落ち込んでいるときなどにそのノートを見ることで、記憶とともに「うれしい」という感情も同時に想起できるため、若干なりとも元気を取り戻すことが可能となります。

検索キーワードをタグに昇格してタグを育てる

私はよく、自分が気になるキーワードで検索を実行し、そのキーワードにマッチしているノートを発見すると、検索キーワードと同じタグを付与する作業を行います。この作業を実施すると、特定キーワードに関するタグの数が増加するため、私はこの作業を「タグを育てる」と呼んでいます。

タグ付けはノートをinboxから整理する際に行わなければならないと思われがちですが、このようにタグを後付けすることで、EVERNOTEの情報を再定義し、新たな意味を付与することもできるのです。

後で読む／閲覧すべき資料の流れを作り出す

編集するものはDropbox、参照するものはEVERNOTE

EVERNOTEやDropboxを使っていると、どちらに資料を入れればいいのか判断に困ることがあります。ここでは資料をどのように配置し、どのように流していくかについて考えてみます。

大きな流れとしては、SECTION-29（206ページ）と同じく情報をActive→Archiveの流れで情報を管理します。

Activeとは現在進行形で使われているファイルなどで、たとえば作成中の資料などがこれにあたります。Archiveとは基本的には編集を行わないファイルなどで、たまに参照するようなファイルがこれにあたります。

iPhoneアプリ情報
Textforce
- ジャンル … 仕事効率化
- 提供元 … yyutaka
- 価格 … 350円

編集するファイルはすべてDropboxに入れます。EVERNOTEの添付ファイルを編集して再度保存する方法もありますが、Dropboxであれば使い慣れたOSのファイル操作で利用できるほか、ファイルの世代管理や共有も気軽に行えます。

また、iPadやiPhoneアプリケーションの中には「Textforce」や「Office²」のようにDropboxのファイルを読み出して編集できるものも多いため、自宅で作成していた資料を出先でiPhone／iPadから編集を継続する、という使い方も可能となります。

EVERNOTEにはノートブック、タグ、強力な検索という、大量の情報を効率よく管理し、適切に情報を引き出すことができる機能が提供されているため、時々しか使わない参照資料を保存しておく先として非常に優れています。

たまにしか使わない資料を複数の階層からなるフォルダの中から、ファイル名だけを頼りに

iPhoneアプリ情報
Office² / Office²HD
- ジャンル・・・ビジネス
- 提供元・・・Byte²
- 価 格・・・無料(ファイル保存は有料)/ 700円

Office²HDとTextforce

◉Office² HD

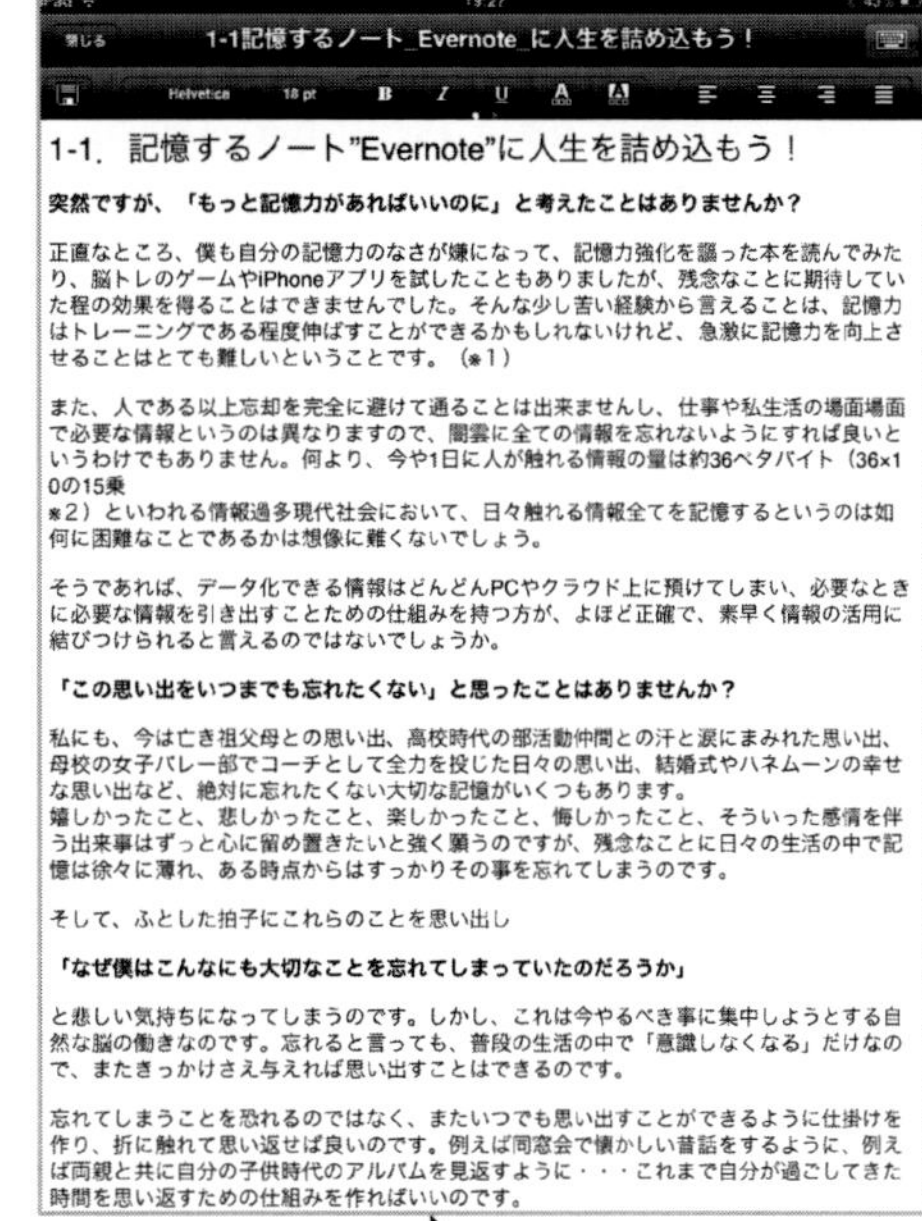

Office²はDropboxやGoogleDocsなどに保存されているOfficeファイルを編集することができる

◉Textforce

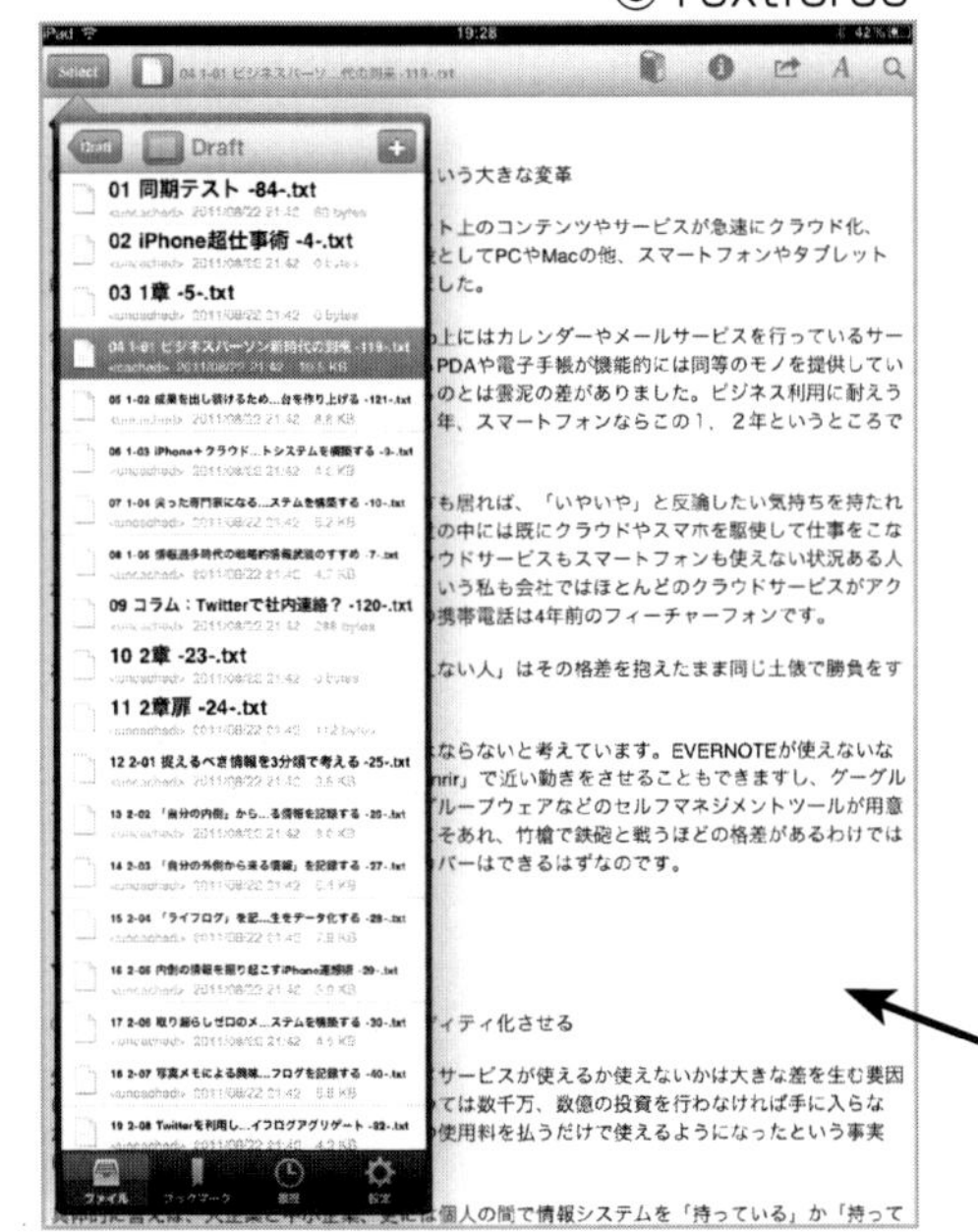

TextforceはDropboxに保存されているテキストファイルを編集することができる

探し出すというのは非常に困難であり、記憶の片隅にある資料をあちこち探しているうちにかなりの時間を消費してしまった苦い経験は誰にでもあるはずです。

未読はDropbox、読了はEVERNOTEへ

EVERNOTEには「第2の脳」という別名があるように、ただのデータ格納場所ではなく私たちの記憶を預ける場所という性格を色濃く持っています。その意味でEVERNOTEにはできる限り私たちの中を通した情報を格納すべきであると考えています。電子書籍を例に取ると、未読はDropboxに入れ、読了した段階でEVERNOTEに移し替えるのがわかりやすい使い分けでしょう。ただし、電子書籍

●DropboxのデータのEVERNOTEへの取り込み

EVERNOTEのノートブックorアイコンにファイルをドラッグ&ドロップすることで簡単に取り込みが可能

などはEVERNOTEに丸々取り込んでしまうと再利用しにくくなってしまうので、何らかの道しるべを残しておく必要があります。

「ｉ文庫ＨＤ」では、電子書籍を読みながら各ページにしおり（メモ）を残すことができますが、このしおりをEVERNOTEに出力することも可能です。何ページ目のどのフレーズでどんなことを感じたか等の情報と一緒に電子書籍本体をEVERNOTEに取り込んでおけば、情報の再利用性は格段に高まるでしょう。

また、「ｉ文庫ＨＤ」にしても「GoodReader」にしても、Dropboxからのファイルインポートに対応しており、取り敢えず読んでいない電子書籍をすべてDropboxに集めておき、適宜これらのアプリケーションに必要な分をダウンロードしながら読むようにするとよいでしょう。

iPhoneアプリ情報
i 文庫 S / i 文庫 HD

- ジャンル ･･･ ブック
- 提供元 ･･･ NagisaWorks
- 価 格 ･･･ 350円 / 800円

i文庫HDのしおりをEVERNOTEに出力する

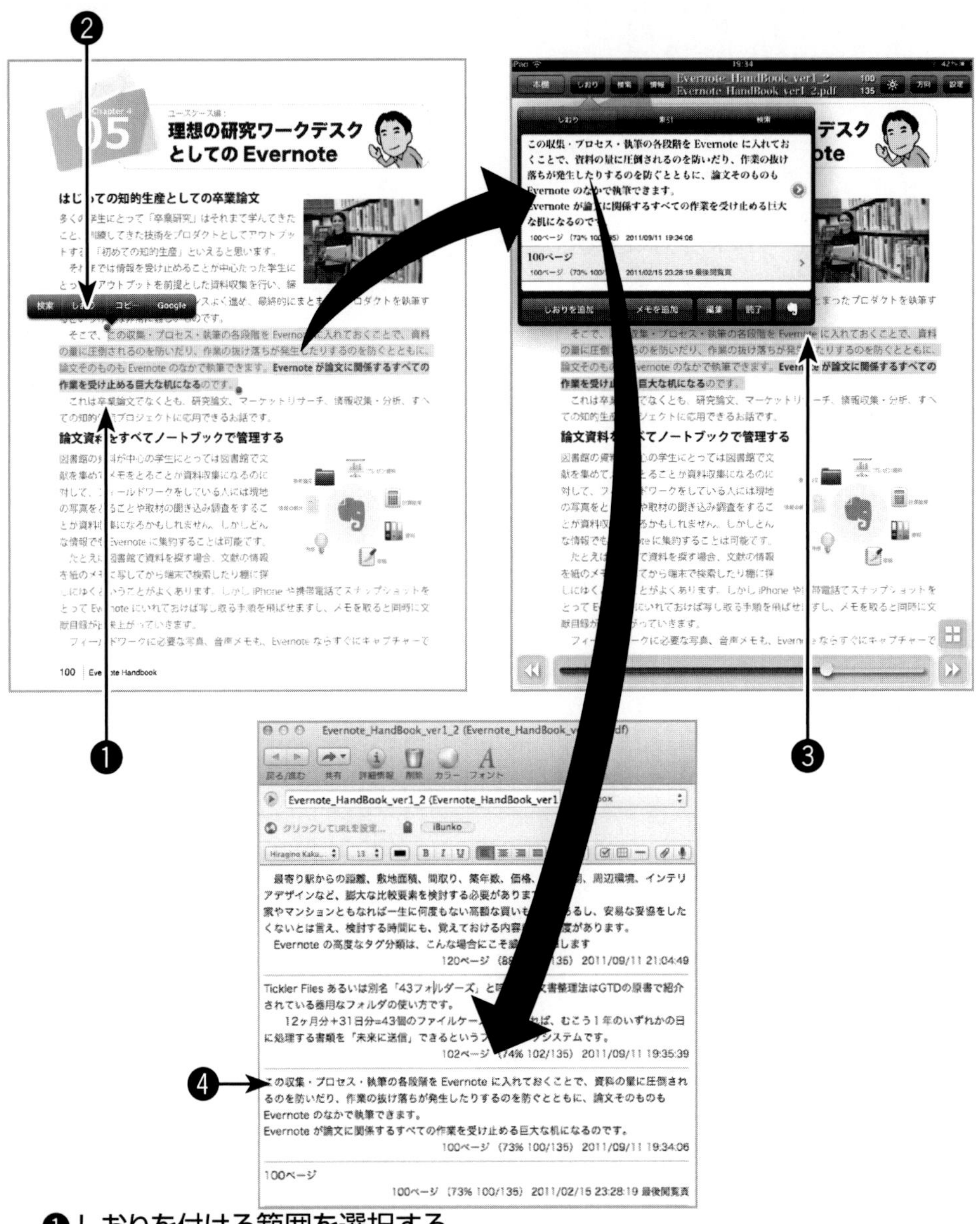

❶ しおりを付ける範囲を選択する
❷ [しおり] ボタンをタップ
❸ [Evernote] ボタンをタップ
❹ しおりの内容がEVERNOTEに取り込まれる

WISHリスト/XXリストをスマートに使いこなす

WISHリストノートブック

WISHリストとは、自分が行きたい場所やしたいこと、欲しいモノを書き留めておくリストです。オンライン書店のAmazonにも自分が買いたいと思った本を登録しておける「ウィッシュリスト」があるので、そちらをイメージしてもらえばわかりやすいでしょう。

WISHリストは、Somedayリストに非常に近いモノですが、「XXをしたい」という願望をSomeday(いつかやる)とするよりもWISH(……と望む)とした方がより達成への意欲が湧いてくるのではないかと思い、このような表現としています。私の場合、次のようなWISHリストを作成しています(なお、本のWISHリストはここではなくてCHAPTER-3で紹介したMediaMakerに作成しています)。

- 旅行に行きたい場所リスト
- 観たい映画／DVDリスト
- やってみたいこと
- 会ってみたい人
- 読みたい本リスト

このWISHリストには、奥さんと約束したナスカの地上絵を見に行きたい、シリコンバレーに行ってみたいといった現実的なものから、スティーブ・ジョブスやビルゲイツに会ってみたいといった夢や達成が困難なことまで、さまざまなことが書かれています。

◉EVERNOTEの中の「WISHリスト」

心構え／心得ノートブック

心構えリストとは、「システムエンジニアが心がけるべき7つの習慣」のように、意識すべき事柄や行動すべき事柄が書かれたリストを指します。インターネットから拾ってきたものもあれば、自分の価値観を整理してリスト化したものもあります。

- 仕事に没頭するための7つのコツ（シゴタノ）
- やる気を出させる7つの方法（GIGAZINE）

◉EVERNOTEの中の「心構えリスト」

習慣化と隙間時間の活用

ついつい空き時間に何気なくmixiを眺めたり、Twitterで時間を潰す、なんてことありませんか？

空き時間が5分もあれば、ブログのネタを考えたり、本を10ページ読み進めたり、英単語を5個覚えたり、読書メモを読み返したりと、できることがたくさんあるはずで、この5分の積み重ねが後々大きな差を生みだします。

しかし、この5分の空き時間ができたときに「やった方がよいこと」が想起できるとは限りません。なんとか思いつくことができたとしても、それを実行するための動機付けを行うことは非常に困難です。

◉5分あったらこれをやろうリスト

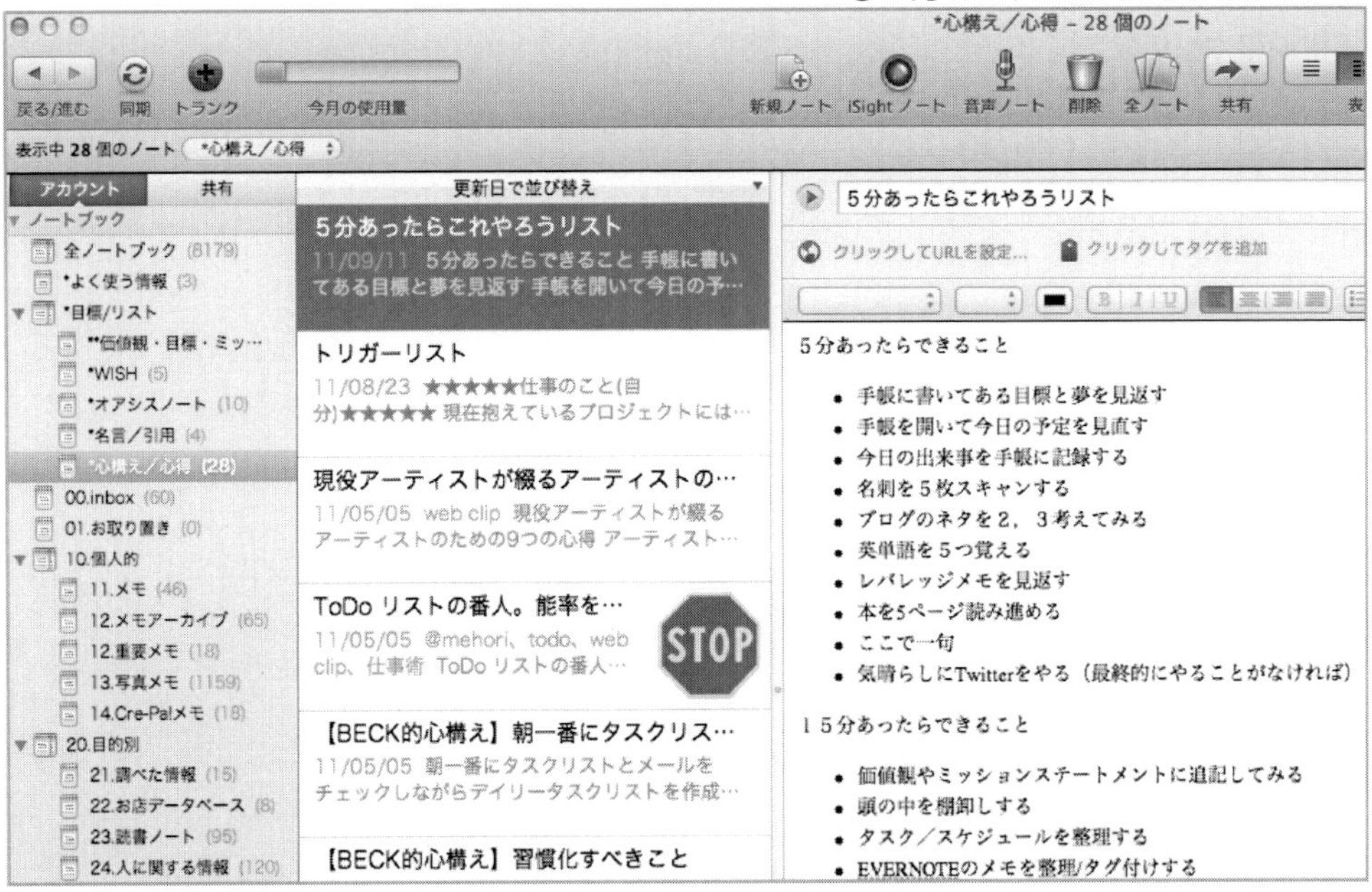

そこで「5分あったらこれをやろうリスト」を作っておき、時間ができたときにこれを見るように習慣付けておけば、時間が空いたときにやるべきことを容易に想起できるようになりますし、なぜそれをやるのかを記載しておくことで、同時に動機付けを行うことができるのです。

具体的には、「英単語を10個覚える」というやるべきことに対して「TOEICのテストが9月にあるので、そこまでに英単語をテキストの2章までは完璧に覚える必要がある。このTOEICで600点を取らなければ昇進できない」というところまで書いておくことで、「やるべきこと」と「なぜそれをやるのか」を瞬時に想起できるようになります。

「5分あったらこれをやろうリスト」と同様に、その瞬間にやるべきことを思い出し、なぜそれをやる必要があるのかを動機付けられるとよいものとして、次のようなリストも作成しておくとよいでしょう。

●習慣化したいことリスト

- Not Todoリスト（やるべきではないリスト）
- 初対面の人と話すときに聞くことリスト
- 最近ニュースで気になったことリスト

チェックリストノートブック

私たちが日常の中で繰り返し行う可能性がある行動をチェックリスト化しておくことで、2回目以降スムーズに対応できるようになります。身近な例としては、旅行に行くための「持ち物チェックリスト」や「手続きチェックリスト」などが挙げられます。こういったことを都度思い出しながら対応していると、準備の負荷が高くなりますし、抜け漏れが発生してしまう恐れもあります。

いくつかチェックリストの例を挙げてみましょう。

- 朝起きてから家を出るまでのチェックリスト
- 会社の事務手続きチェックリスト
- 会議の準備チェックリスト

- 最終退場者になったときのチェックリスト
- 海外旅行の持ち物チェックリスト

チェックリストを作ることは少し手間に感じるかもしれませんが、2回目以降の労力を大幅に削減できることを考えると非常に投資対効果は高いといえます。ぜひチェックリスト作りに挑戦してみてください。

日次レビューと週次レビューで情報の整理と活用を促進する

メンテナンスの重要性

セルフマネジメントシステムにしても、情報管理システムにしても、そこにある情報は私たちの「今」を反映したものである必要があります。これらを信頼して使っていくためには、私たちの現状と管理されている情報がシンクロされている必要があります。

たとえばタスク管理ツールであれば、すでに終わったタスクは完了されている必要があり、inboxは定期的に空になる必要があります。締め切り日が過ぎているものを先送りにしているならば新たに期日を設け、対応が必要ないのであれば削除しなければなりません。

こういったセルフマネジメントシステム/情報管理システムのメンテナンスを定期的に行うのが「日次レビュー」と「週次レビュー」です。これらの2つのレビューを日々の生活に組み込み、実際にその中でどのような作業を行えばよいのかを見ていきます。

その日1日を振り返る「日次レビュー」のタイミングを設定する

日次レビューはその日1日のスケジュール、タスク、情報の中で未分類の情報を整理し、内容を振り返りながらスケジュールやタスクのステータスを最新化する作業です。たとえば私の場合は次のようにツールのメンテナンスを行います。

- メール／書類／手書きメモなどの情報を管理ツールに取り込む
- EVERNOTEのインボックスを空にする（整理を行う）
- EVERNOTEのその日1日のノートの振り返りと追記
- Toodledoのタスクステータスを最新化する
- Googleカレンダーの予定を最新化する

気になることの洗い出しからやる必要はありませんが、その日の「自分の外側からくる情報」でまだ管理ツールに取り込めていないものについては、管理ツールへの取り込みを行いましょう。管理ツールのメンテナンスを行う際には、新たなタスクやスケジュールとなりうる情報が含まれている可能性があるEVERNOTEから取りかかります。

1週間を振り返る「週次レビュー」のタイミングを設定する

週次レビューでは「自分の内側から引き出される情報」を含めた、「収集〜整理」のプロセスを再度実行し、1週間のスケジュール、タスク、メモの振り返りを行いながら、これらのステータスを最新化していきます。「自分の内側から引き出される情報」の収集を行う際は、65ページで紹介したトリガーリストを参照しながら作業を進めます。

また、EVERNOTE上の「WISHリスト」に入っているモノのうち、その場で対応できるものは対応し（たとえば、欲しい本リストのAmazonで××の本を注文するなど）、タスクやスケジュールに組み込めるモノがあれば、それぞれToodledoとGoogle

カレンダーに情報を引き継ぎます。

基本的には日次レビューでリストをメンテナンスしているため、すでにある情報の最新化はほとんど必要はありません。新たな情報の「収集」や収集した情報の「整理」が作業の半分を占め、1週間分のスケジュール／タスク／メモの見直しであったり、WISH／後でやるリストへの対応が作業の残り半分を占めるイメージとなります。

具体的な私の週次レビューの作業内容です。

- 気になることの洗い出しを行う
- メール／書類／手書きメモなどの情

◉EVERNOTEのトリガーリスト

報を管理ツールに取り込む

- EVERNOTEのノートを整理
- EVERNOTEの1週間分のノートの振り返りと追記
- EVERNOTE内のWISHリストへの対応
- Toodledoのタスクステータスを最新化
- Googleカレンダーの予定を最新化

週次レビューのフロー

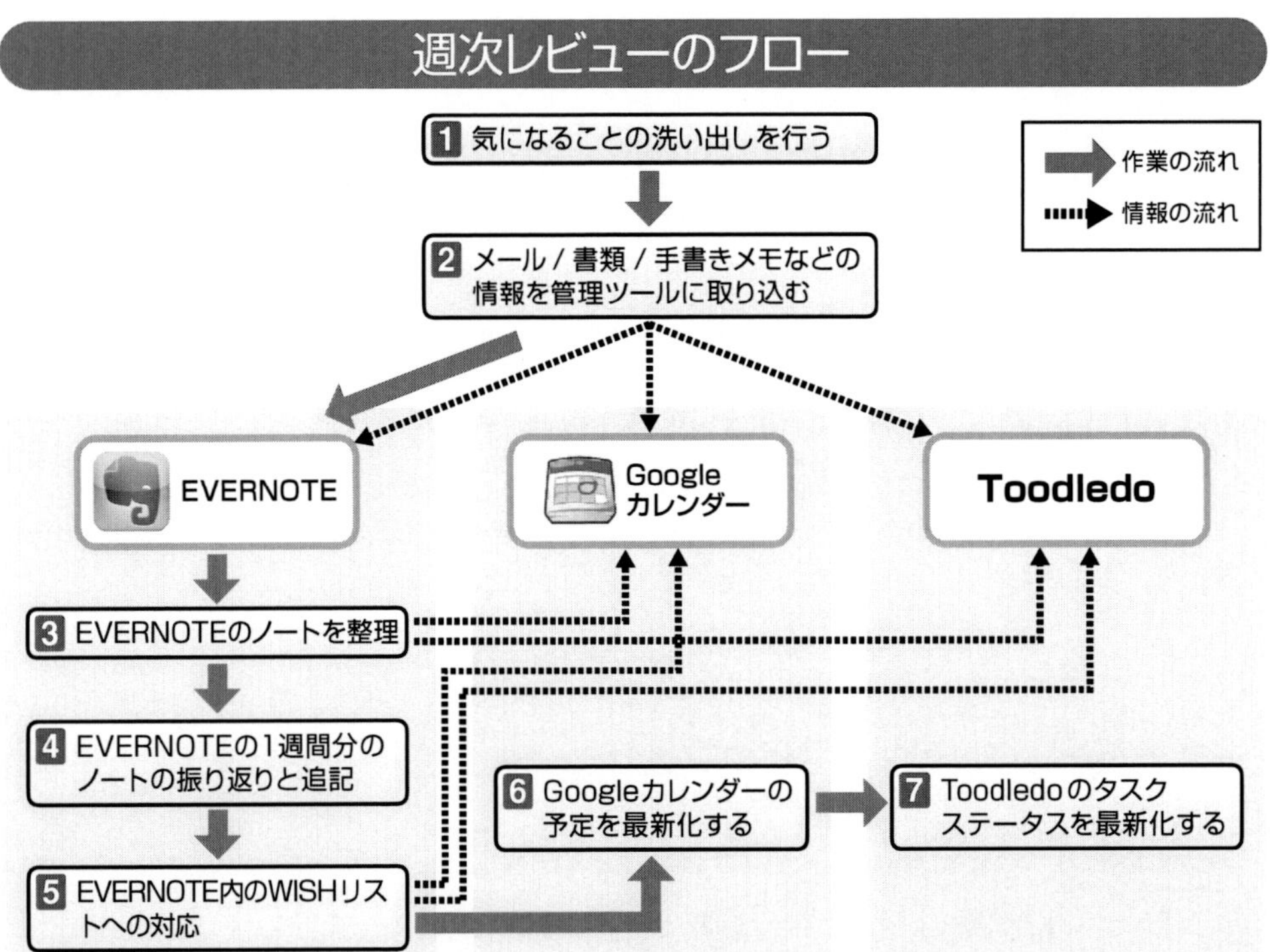

CHAPTER 5
クラウド&iPhoneで アウトプットを活性化する

iPhoneでのファイルの取り扱いをGoodReaderとDropboxで改善する

GoodReaderを使ってiPhoneでファイルを持ち歩く

SECTION-31（223ページ）では、DropboxとEVERNOTEの使い分けを取り上げました。基本はActiveな資料はDropboxへ、Archiveの資料はEVERNOTEへ保存するという形になりますが、ここではActiveな資料の取り扱いについてもう少し詳しく説明します。

Dropboxは自動的にファイル同期を行ってくれる便利なツールですが、iPhoneやiPadから利用するためには「ネットに接続されている」ことが大前提となります。しかし、iPhoneもiPadも常にネットワークに接続されているとは限りませんし、ファイルサイズの大きな資料をその都度、Dropboxからダウンロードする使い方をするには、今の3G回線は非力です。

つまり、Activeな資料の中でも開く可能性が高いもの、サイズの大きなものについてはあらかじめiPhoneのローカルに保存しておくことが望ましいのですが、iPhoneにはMacやWindowsのようにアプリから共通に利用できるストレージ領域が存在しません。このiPhoneローカルでのファイル管理の問題を解決するのがGoodReaderです。

多くの人は「GoodReader＝PDFビューワー」というイメージを持っているでしょうが、実際には画像、動画、音声、オフィスファイルなど、さまざまなファイル形式の再生に対応しており、基本的なPDFの校正機

iPhoneとクラウドのデータ連携ハブの全体像

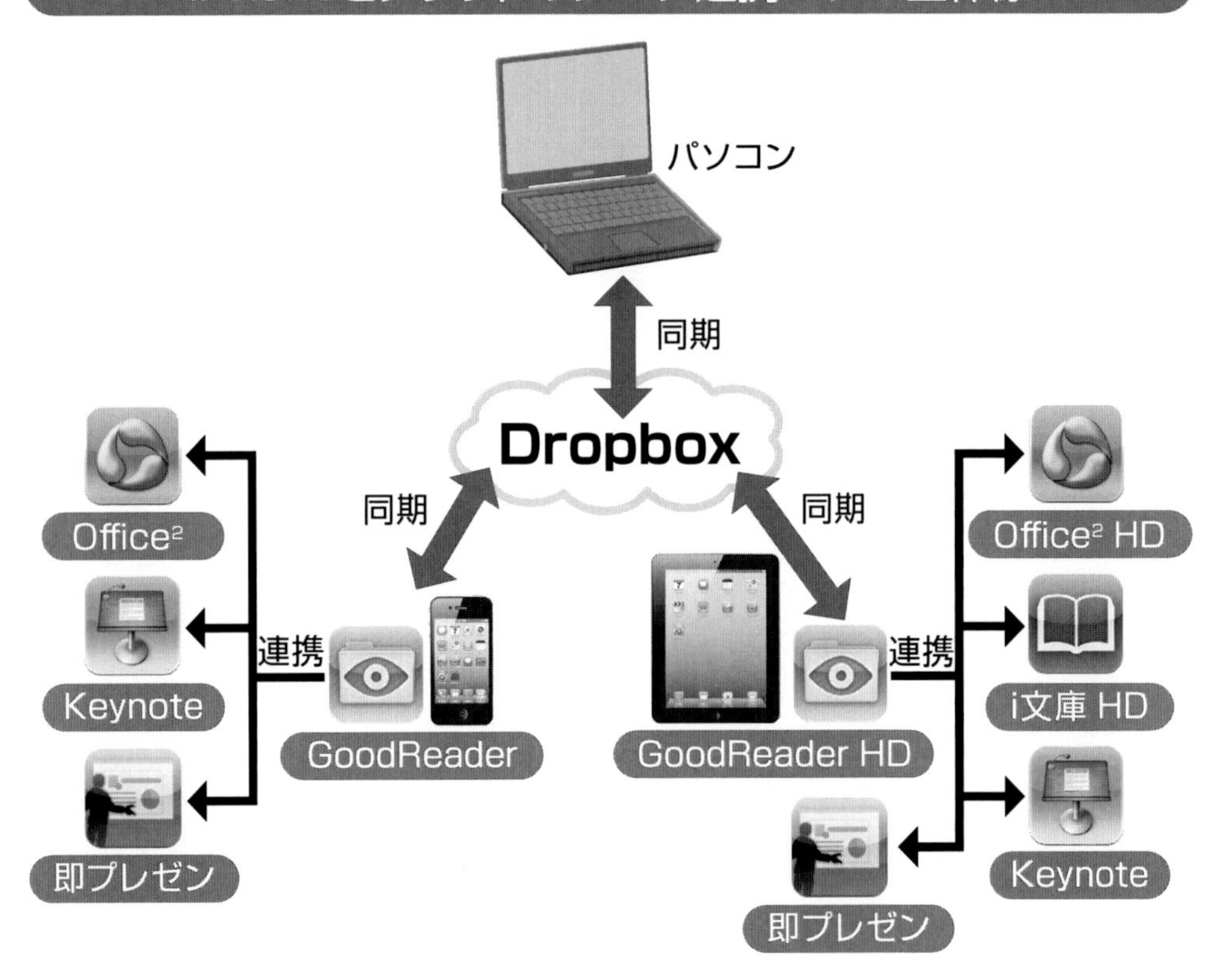

能も備えています。

　他にも各種ストレージサービスとの連携機能であったり、iPhone内のアプリとの連携機能を備えていることから、クラウドとiPhoneのデータ連携の架け橋、iPhone内のデータ連携の「ハブ」として用いることができます。

GoodReaderとDropboxの同期

　GoodReaderは、DropboxやGoogle Docsをはじめとしたクラウドストレージサービスへのファイルアップロード／ダウンロードを容易に行うことができるだけでなく、これらのサービスとフォルダ単位の同期を行うことも可能です。たと

電子書籍・未読フォルダの同期

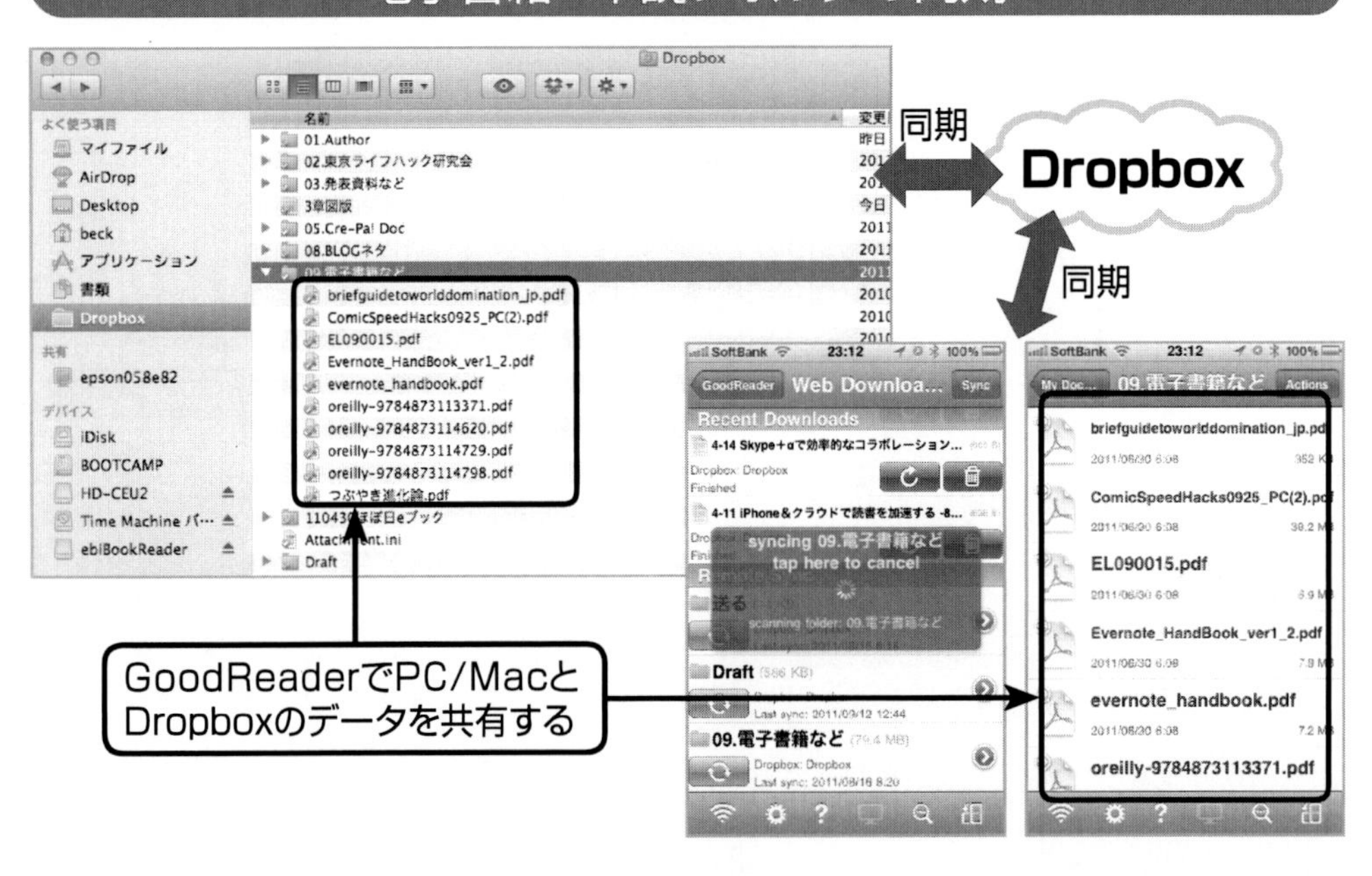
同期
Dropbox
同期
GoodReaderでPC/Macと
Dropboxのデータを共有する

Gmailの添付ファイルをGoodReaderで表示するには

1 添付ファイルの選択

❶ Gmailの添付ファイルを長押しします。

2 GoodReaderの指定

❷ ["GoodReader"で開く]ボタンをタップします。

3 ファイルの表示

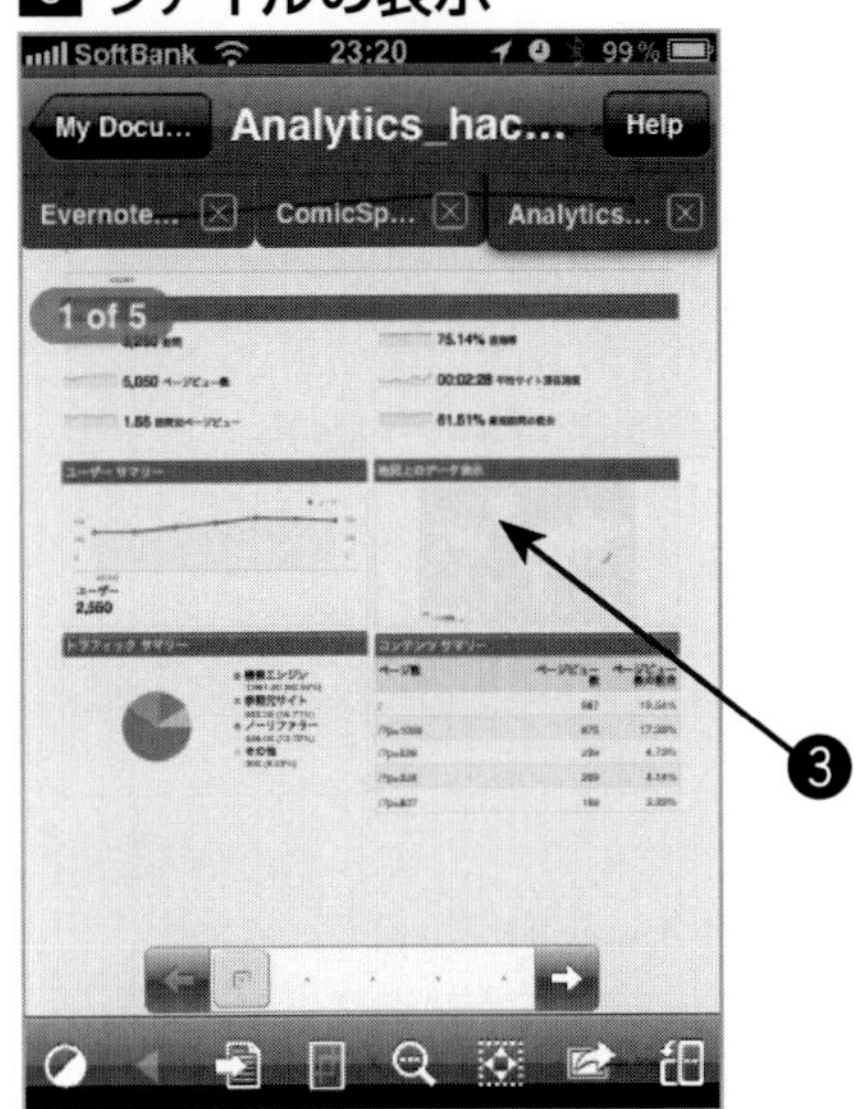

❸ GoodReaderが起動して添付ファイルが表示される。

GoodReaderからGmailのファイルを読み込むには

1 サービスへの接続

❶ [Connect to Service]をタップします。

2 Gmailの選択

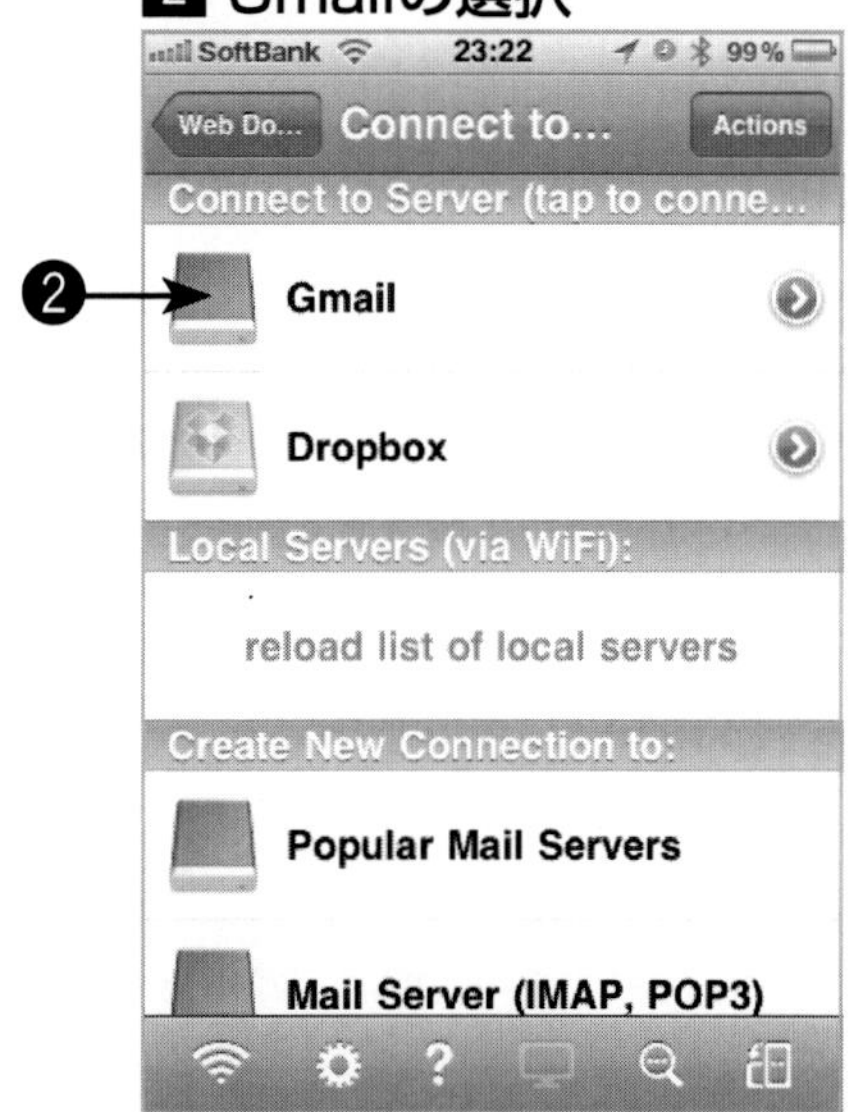

❷ [Gmail]をタップします。

3 ファイルの選択

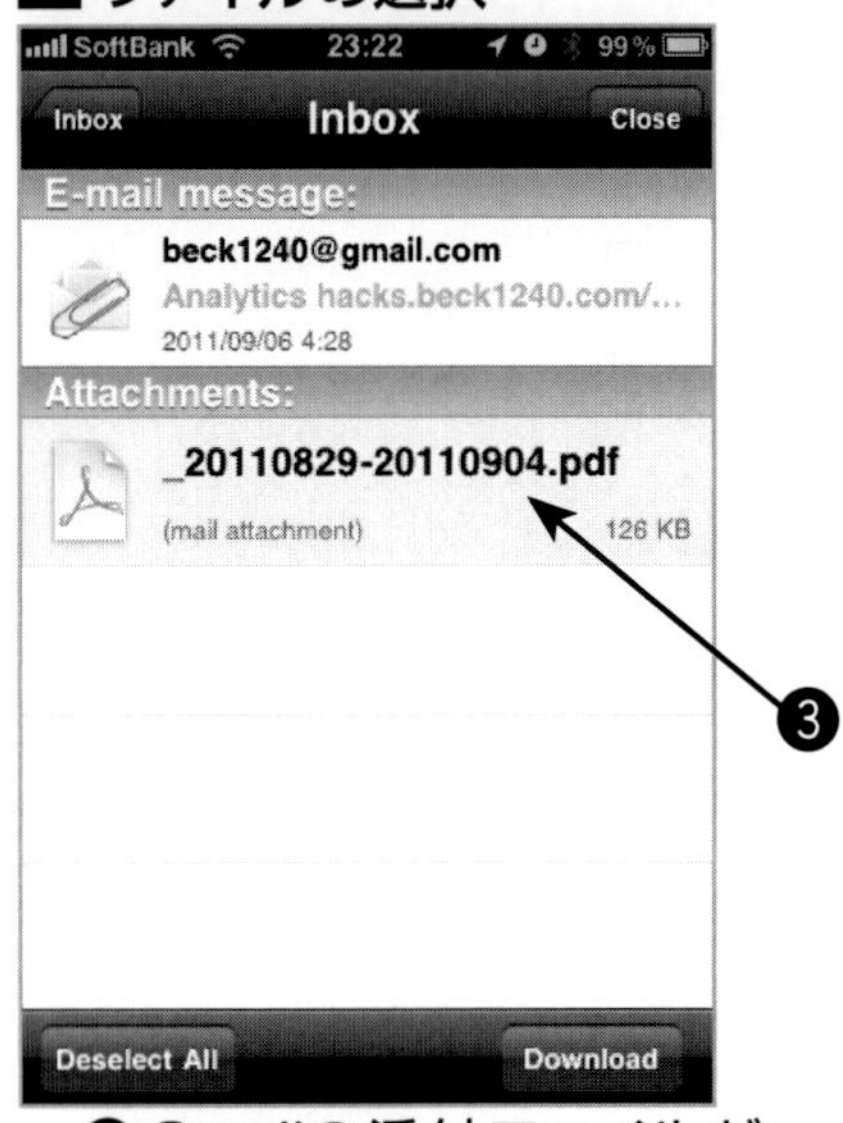

❸ Gmailの添付ファイルが表示されるので表示するファイルをタップする。

えば、Dropboxに読みかけ／これから読む電子書籍を格納するフォルダを用意し、GoodReaderでフォルダと同期を取って電子書籍を管理するといった使い方ができます。

また、GoodReaderからGmailなどのIMAP形式のメールサーバにアクセスして、添付ファイルだけをダウンロードすることもできるので、「そういえば、企画書がメールで送られてきていたな」と思い出したときに、Gmailを開くことなくGoodReader単体でファイルのダウンロードと閲覧が可能になります。

GoodReaderをハブとしたデータ連携

GoodReaderには、他のアプリやサービスに対してデータの受け渡しを行うOpenInという機能があります。たとえば、「.doc」形式のWord文書は、OpenInの機能を使うとOffice²やPagesといった、iPhone／iPadで動作するワープロアプリにデータを引き渡すことができます。

Office²にもクラウドストレージからファイルを読み書きする機能があるのですが、ネットに接続できない場合には、当然ファイルを読み出すことができなくなります。こういった事態を避けるためにも、家を出る前に同期を行い、出先でネットがつながらない環境ではGoodRedaderからファイルをOpneInで引き渡すという保険を掛けておくとよいでしょう。

OpneIn機能でOffice2でファイルを開くには

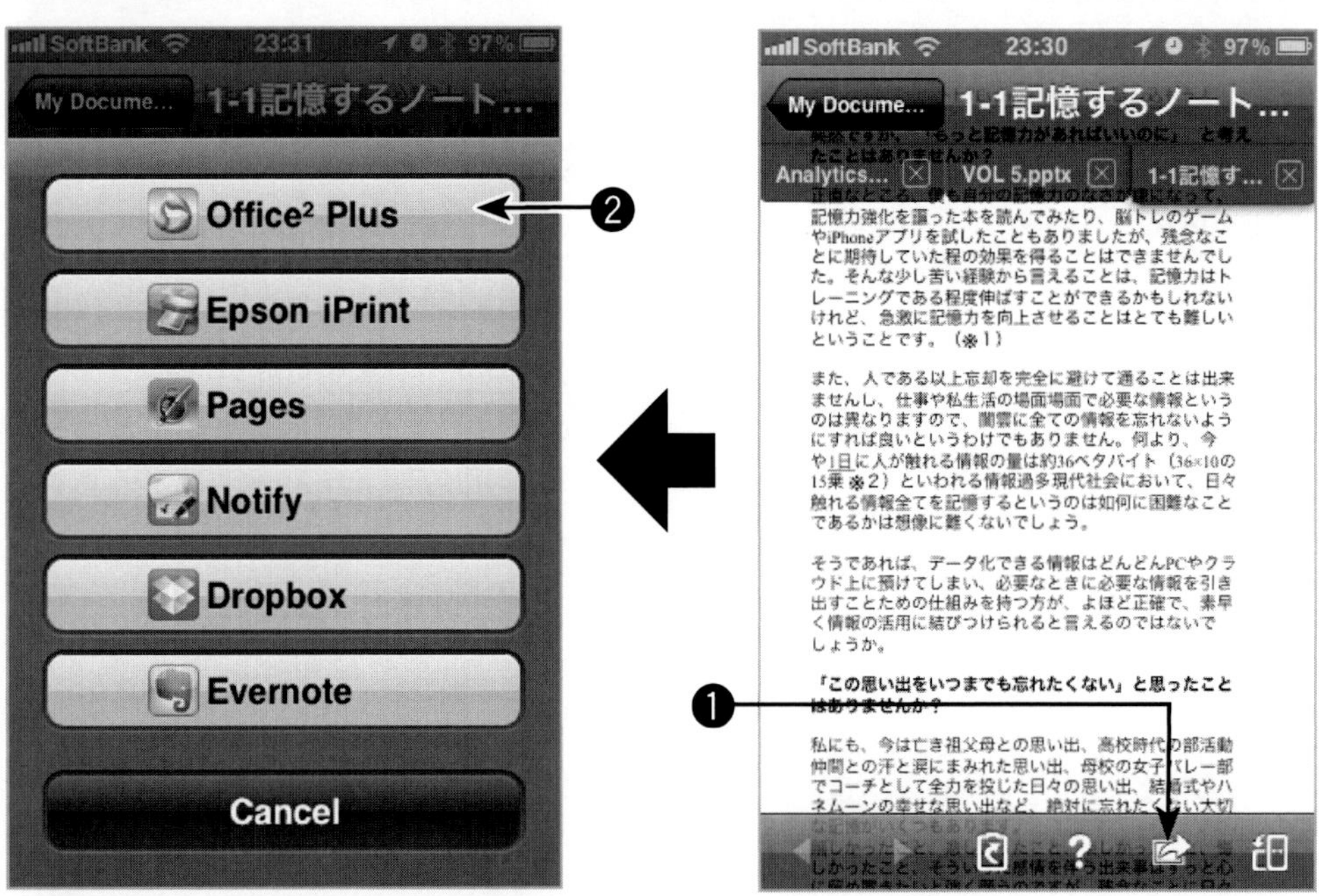

❶ [OpenIn]ボタンをタップ
❷ [Office^2 Plus]ボタンをタップすると表示しているファイルをOffice^{2}で開くことができる

iPhoneでDropboxのデータを編集する

アウトプットはEVERNOTEとは別の場所で行う

ここではDroboxやSimplenoteをハブにしたドキュメンテーション環境の構築について取り上げます。EVERNOTEを使っていると、どうしても「すべての作業をEVERNOTEで行いたい」という思いに駆られます。しかし、EVERNOTEは、メモや備忘録、参考資料といった自分にとって重要な記録や、知的生産に用いる材料の管理にはとても有用なツールですが、「文章を書く」といったアウトプット作業までEVERNOTEで行うにはやや機能が不足しています。

私がブログを書く場合、EVERNOTEを用いるのはネタをためて下書きを作るところまでで、実際に記事を書くときにはMarsEditというブログエディタを用います。ブログを書くときには、専用のソフトなりブログ投稿画面なりで編集をした方が装飾や画像の挿入などが容易にできますし、常に完成のイメージを確認しながら作業を進めることも可能です。

アウトプットといっても実際には職種や職務によって内容は異なります。私の場合、仕事上の主たるアウトプットはPowerPointの資料やWordの文書なので、パソコン上ではMS-Officeを用いて作業を行います。会社の資料を外で編集することはないのですが、勉強会でのプレゼン資料などはDropbox経由でOffice[2]から編集を行います。

また、書籍の執筆活動であれば、テキスト原稿を作成するためにScrivenerというアプリケーションを用い、SimpleNoteを経由してiPhoneのSimpleNoteアプリケーションで編集を行います。

このように自分が必要とするアウトプットにあわせてそれぞれに作業をしやすいアプリケーションを選択した上で、「PC／Mac」と「iPhone／iPad」が連携できるシームレスなドキュメンテーション環境を構築しておくことで、時と場所を選ばずにアウトプットを生み出すことができるようになります。

Dropbox連携アプリケーションを駆使してシームレスに作業を継続する

Dropboxは連携可能なアプリケーションの豊富さにおいて、他のクラウドストレージサービスを遙かに凌駕しています。

たとえば、「iMandalart」や「iThought」などのiPhoneアプリもDropboxを経由してファイル連携を行うことが可能ですし、「TextForce」はDropbox上のText編集に特化した高機能なエディタです。

次のSECTIONで紹介しますが、私が書籍の原稿を書く際には、「iThought」「SimpleOutliner」「Screvener」の順に「アイデア出し」「全体構成の確定」「執筆」というステップを踏んでいきます。

SimpleNoteでつながるテキスト環境

純粋にテキスト環境の同期だけに限っていうと、SimpleNoteは非常に優れたプラットフォームです。SimpleNoteはウェブアプリ、iPhoneアプリ、iPadアプリという公式のアプリ群が用意されているほか、本書の執筆で用いたScrevenerをはじめとし、JustnoteやNotational VelocityというMacアプリや、ResophNotes、

SimpleNote

- ジャンル … メモ同期
- 提供元 … Simperium
- 価格 … 無料

URL http://simplenoteapp.com/

GumNotesなどのWindowsアプリケーションとの連携が可能となっています。

余談ですが、本書の執筆にあたっては、ScrevenerとSimpleNoteの組み合わせが大いに役立ちました。基本的に原稿の執筆は自宅でやっていたわけですが、進みが悪いときには通勤途中の満員電車でiPhone片手に執筆を継続したり、帰り際のカフェでiPadとBluetoothキーボードの組み合わせでカタカタと執筆をしたのも今となってはよい思い出です。

ScrevenerからSimpleNoteへの同期

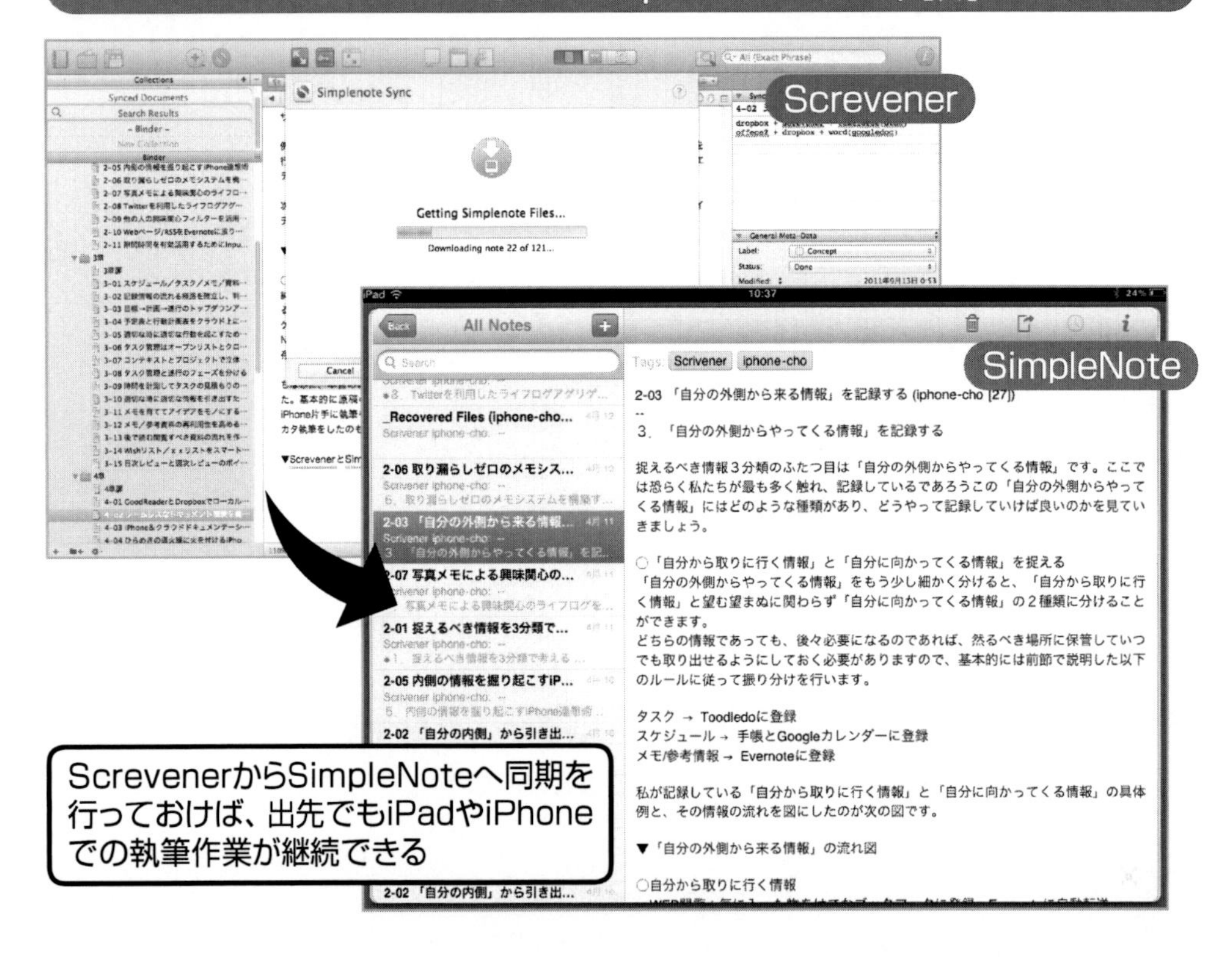

iPhone／iPadで行う「1人ブレスト」

自分の中に眠っているアイデアを掘り起こす「1人ブレスト」

自分の中に眠っているアイデアを掘り起こす手法としては、ブレインストーミングが有名です。ブレインストーミングは代表的な自由連想法であり、本来は集団でお互いの発想を発表しあうことによって、その場にいる人の発想の誘発を狙います。ただし、発想を誘発する効果は薄まってしまいますが、1人で行っても充分に成果を得ることができます。いわゆる「1人ブレスト」です。

「1人ブレスト」と聞くと難しそうですが、いわゆる「連想ゲーム」と要領は同じです。イメージとしては、一昔前に日本テレビ系列で放映されていたテレビ番組「マジカル頭脳パワー」の「マジカルバナナ」というコーナーを想像してもらえばよいでしょう。

連想ゲームやマジカルバナナは「バナナといったら黄色、黄色といったらタンポポ、タンポポといったら春、春といったら入学式」という具合にどんどんと思い付いたことを連ねていくのですが、ここまで直線的に連想をつなげるのではなく、1つの問いに対して思い付く限り連想するものを列挙し、さらに思い付いたキーワードからさらに連想を広げていくのが「1人ブレスト」です。

たとえば、「1人ブレスト」における連想の広がり方は、次のような形になります。

Q. バナナと言えば？ ↓ 黄色、フルーツ、南国、皮、Dole、渋谷のバナナ自販機、ドンキーコング、マリオカートのアイテム

Q. フルーツの効能は？ ↓ ビタミンが豊富、食物繊維が取れる、お菓子に比べるとヘルシー、よい香りでリラックス

1人ブレストの装備を調えよう

1人ブレスト自体は紙とペンさえあればできてしまいますが、1人ブレストを助けてくれるツールを使うことでより効果的に作業を進めることができます。

たとえば、連想を強力に支援してくれるのが「マンダラート」や「マインドマップ」といったフレームワークであり、1人ブレストの最中に思考を補助してくれるのが

「智慧（ちえ）カード」や「オズボーンのチェックリスト」です。

マンダラートやマインドマップはキーワードを書き連ねながら連想を行っていく、いわゆる連想法であり、「智慧カード」や「オズボーンのチェックリスト」は今、あるアイデアを「分けたらどうなるか？」「色を変えたらどうなるか？」という思考のトリガーを提供してくれます。

「iMandalart」で思考のダンジョンを冒険する

マンダラートは今泉浩晃氏によって考案されたアイデア発想法で、3×3のマス目を用意して、中央に配置されたキーワードや問いかけから連想されるもので残りの8マスを埋めていきます。この8マスというのが絶妙で、アイデアが8個も浮かばないような場合でも、なんとか無理をして8マスすべてを埋めようとすることで、

iPhoneアプリ情報
iMandalart / iMandalart HD
- ジャンル … 仕事効率化
- 提供元 … Hiro Art Directions
- 価 格 … 1100円 / 2450円

思いもよらないアイデアを引き出す効果があります。

元々のマンダラートは紙やホワイトボードで行うアイデア発想法でしたが、これをiPhone／iPadで行えるようにしたのが「iMandalart」です。軽快に動作し、直感的にサクサクとアイデアを書き出すことができる上に、マスには写真や音声を貼り付けるといったデジタルならではの機能も提供されています。

8つのマスが埋まった後でそのうちの1つを選択すると、そのマスがセンターになって新たに周囲の8マスが表示され、入力を行うことができます。この延々と繰り返されるフラクタル構造をひたすら突き進む感覚はさながら思考のダンジョンを冒険しているかのようです。

●iMandalartの画面

「iThoughts」で思考の地図を創り出す

マインドマップは、アメリカの教育者トニー・ブザンが考案した思考技術です。

これから表現したい事柄をセンターイメージとして中央に配置し、そこから放射状に枝を伸ばしながらキーワードや図を書き連ねていきます。頭の中で行われていることを目に見えるようにすることで、発想がやりやすくなると言われており、マンダラートが思考を掘り下げていくツールだとすると、マインドマップは思考を広げていくツールです。

iPhoneやiPadには、数多くのマインドマップアプリが公開されていますが、その中でも「iThoughts」をオススメするのは次のような理由からです。

- 見た目に美しく、操作も直感的
- Dropboxを経由してさまざまなアプリと連携できる
- 主要なマインドマップアプリすべてのファイル形式でマインドマップを読み書きできる

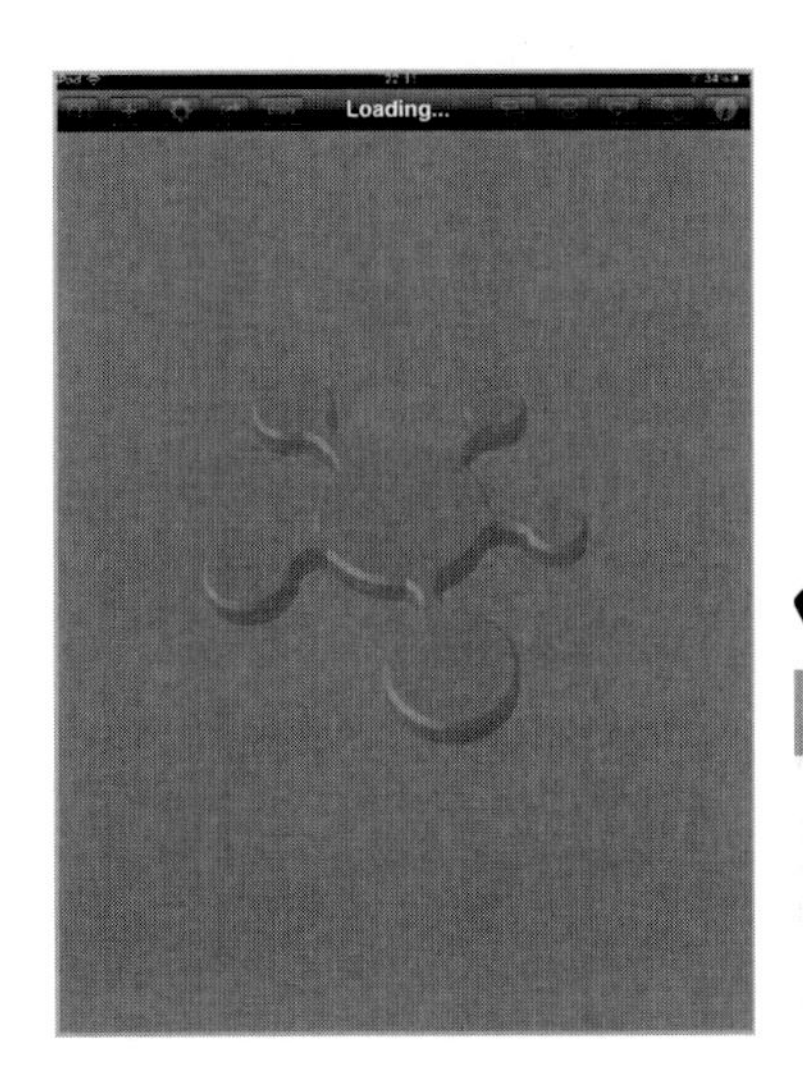

iPhoneアプリ情報
iThoughts / iThoughts HD
- ジャンル … 仕事効率化
- 提供元 … Craig Scott
- 価格 … 700円 / 800円

●OPML形式のファイルを読み書きできる

これらの特徴を活かして、前述の「iMandalart」やデスクトップ版のマインドマップアプリと連携することで、強力な1人ブレスト環境の構築が可能となります。具体的なアイデア出しの手法やアプリ間の連携方法については次のSECTIONで紹介します。

◉iThoughtsの画面

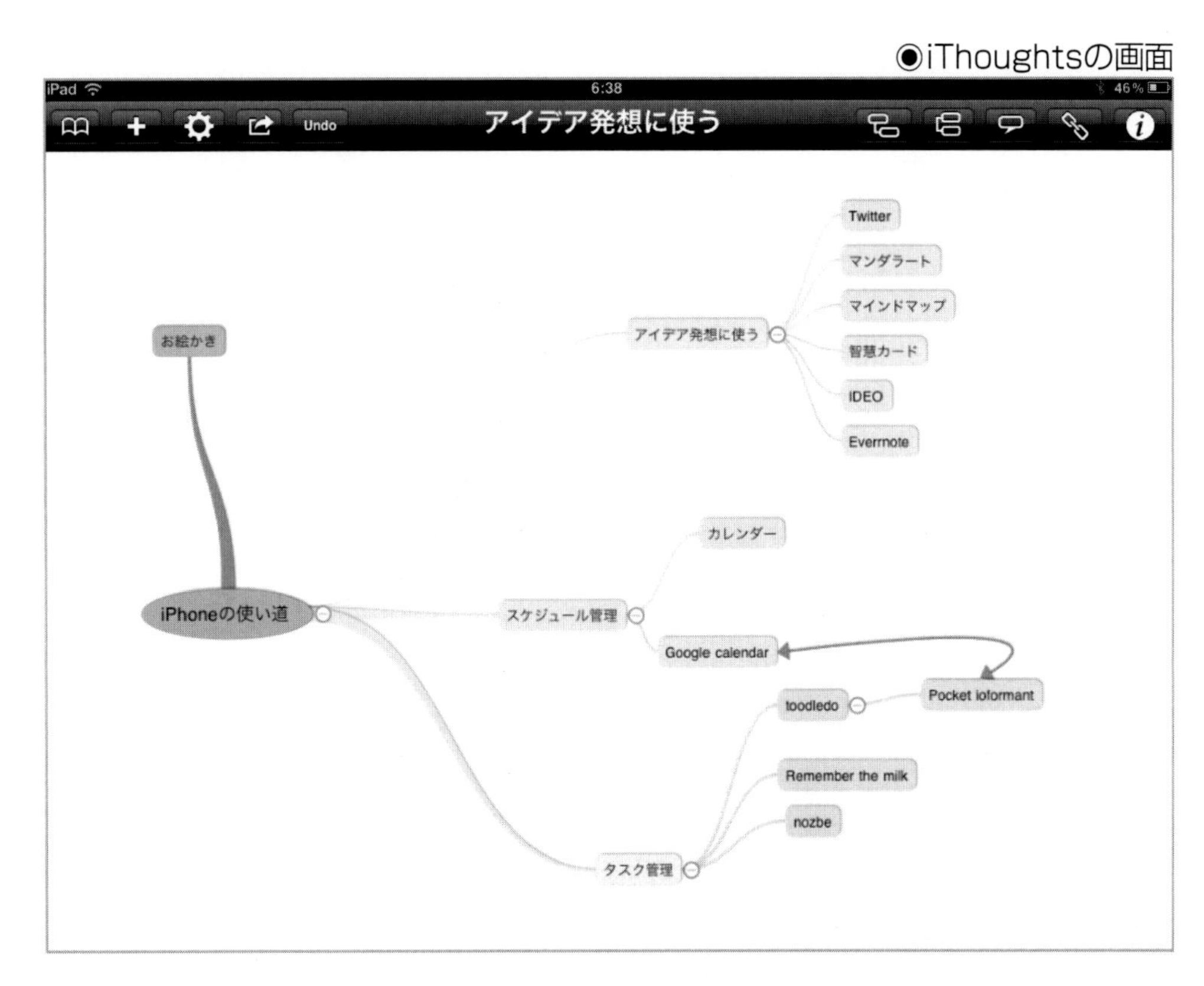

ひらめきをアイデアに昇華するiPhone&クラウド発想術

アイデアが求められる時代

現代は、多くのビジネスパーソンが何らかの「アイデア」を求められる時代です。新商品の企画、新しい開発手法の考案、生産管理における地道なカイゼン、原価低減の努力、サプライチェーンの効率化、ビジネスプロセスの再構築など……。企業活動のあらゆる場面でそこに従事する人のアイデアが求められています。

『アイデアのつくり方』(ジェームズ・W・アレン著、阪急コミュニケーションズ刊)には、アイデアを生み出す原理として「アイデアは既存の要素の組み合わせ以外の何ものでもない」と述べられています。そして、「アイデアは新しい組み合わせ」であると定義した上で、「新しい組み合わせを作り出す才能は事物の関連性を見つけ出す才能によって高められる」としています。

このことからわかることが2つあります。1つはアイデアを「ひらめく」ためには

「材料となる情報」が必要であるということ、もう1つがアイデアを生み出すことは一種の「才能・能力」であるということです。つまり、アイデアが生まれる瞬間、いわゆるひらめきは奇跡的に発生する物でも天から授かるものでもなく、知識を集め、考えを重ねながら、これまでになかった「新しい組み合わせ」にたどり着いた結果であり、アイデアを出す能力は向上させることができるということです。

『アイデアのつくり方』では、アイデアを生み出すステップを次の5つに定義しています。

❶資料集め
❷これらの資料へ手を加える
❸無意識化でアイデアを孵化させる
❹アイデアをひらめく
❺アイデアの具体化、発展

❺は次のSECTIONで取り上げるので、ここでは❶から❹のステップについて、

iPhone&クラウドでどのように実践すればよいか見ていきます。

1カ所に情報を集めて情報を蓄積する

1つめのステップは資料集めです。資料というとイメージしにくいかもしれませんが、ここでは大きくは自分が思いついた、考えたことを記した「メモ」と興味や関心を抱いたウェブクリップや読書メモなどの「参考資料」の2点を想像してください。ここまで説明してきた通り、「メモ」にしても「参考資料」についても管理コストを考えれば現時点ではEVERNOTEに集めることが最良の手段であるといえそうです。

EVERNOTEにメモを残す場合のポイントは、後々加工しやすいように必ず1つのノートに1つの情報だけを載せ、見出しを見ただけで即座にノートの内容が類推できるようにしておくことです。

蓄積した情報にひらめきの導火線をセットする

EVERNOTEに集められたアイデア、参考資料はそのままではただの雑多な情報の塊に過ぎません。これらの情報を真に使えるものとし、『アイデアのつくり方』でいうところの新しい関係性を見つけ出すためには、次の2つの作業を実施する必要があります。

その情報を説明するタグを付与する

1つは、さまざまな角度からその情報を検証し、見えた一面をタグ付けする作業です。その情報について「これは何か?」という問いを持って、その情報を説明するキーワードを付け加えるアプローチのほか、「××というタグにぴったりの情報はないか?」と考えて特定のタグを育てるアプローチの両面からタグを考えます。

前者は個別に付けられたタグ同士がつながり、これまで見えなかった情報の関連性が見えるようになる可能性を高め、後者は特定の課題や目的意識に即した情報が集まり、その関連性を強める可能性があります。繰り返しになりますが、「アイデアとは新しい組み合わせ」なのです。

情報を膨らませる

もう1つは、「メモ」に対して「何か追記できることはないか？」と考え、どんどんと追記を行う作業です。着想メモは多くの場合、一言二言の簡単な物なので、さらに説明を付け加えて情報を成長させる必要があります。

この作業には、もう1つ重要な意味があります。それはノートの更新日時が変更されることです。更新日時が変更されることでリスト内の表示の順序が上がり、自分が何らかの興味を持って変更を加えた一番ホットなノートが必然的に最上位に表示されることになります。逆に、いつまでも手を加えられないノートは下に滞留し続けることになるため、こちらに対しても意識的な対策が打てるようになるのです。

ひらめきの導火線に火を付ける ― マインドマップ&横串タグ検索

発想の元となる情報を一所に集めて、情報を膨らませる・タグ付けを行うなどの手順を踏みながらその事柄について考えを巡らせつつ、休みつつというのを繰り返していけば、いずれはよいアイデアにたどり着るでしょう。しかし、さらに直接的に「関連性を探る」作業を行うことでアイデアへの到達時間をさらに短縮することができます。

直接的に「関連性を探る」作業として「マインドマップで1人ブレスト」と「EVERNOTEのタグの横串検索」次の2つを紹介します。

●マインドマップで1人ブレスト

前のSectuionで紹介したマインドマップにまずは情報をマッピングしていき、わかっている限りの関係性を書き出していきます。

すでにわかっている関係性を

◉マインドマップで情報を整理する

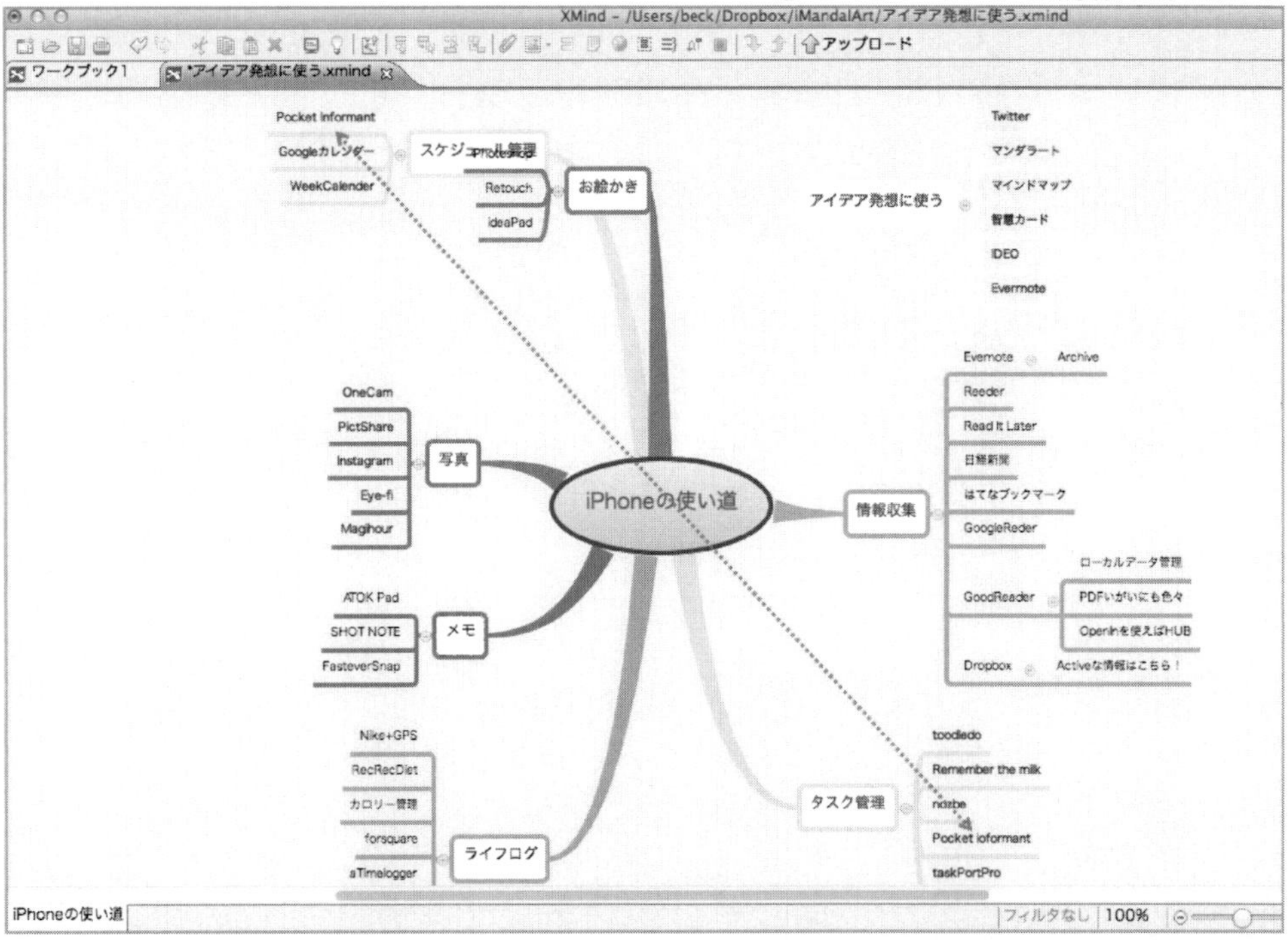

書き出すことは「新しい関係性」を見つけ出すことと無関係に見えるかもしれません。しかし、この作業を行うことで考えなくてもいい部分を明確にすることができたり、思いもよらなかった情報と情報が横に並ぶことで、まったく新しい組み合わせを見つけ出すことができたりする効果が得られます。

タグの横串検索

先ほど情報を膨らませる作業で行った「タグ付け」をある程度行っていくと、今まではつながっていなかったノートがある1つのタグでつながることがあります。まったく異なるクラスタだと思っていたノート同士がある1点で交わることによって、情報と情報の間に新たな関連性が浮かび上がってくるのです。

たとえば、ブログ記事の下書きに四苦八苦しているときに、意図せずクリップしたウェブページに付けたタグがたまたまブログ記事の下書きのタグと同じであったことから、発想が一気に広がるといった具合です。

iPhone&クラウドドキュメンテーション術

ドキュメントのアウトライン構造を作成する

ドキュメントの作成において、Word形式の文書であれ、PowerPoint形式のスライドであれ、最初に行うべき作業は「アウトライン構造の作成」です。アウトラインとは「骨子」「外郭」という意味があり、アウトライン構造を作るとは、これから作成する資料の骨組みを作り上げる作業となります。

たとえば、長い文章であれば、章・節・項のツリー構造で文章の全体像を考えますし、PowerPointの資料であれば、SDS法やPREP法などで大きな括りを決めてから、それぞれの中身をさらにブレークダウンして考えます。一見、回りくどいように見えるかもしれませんが、この工程を踏んでおくことで資料全体としてのヌケ・モレ・ダブリなどの整合を取ることができます。

- SDS法……Summary(概要) Details(詳細内容) Summary(まとめ)
- PREP法……Point(主張・論点) Reason(根拠・理由) Example(具体例・データ) Point(要約・まとめ)

この作業を行うのに最適なツールが「アウトラインプロセッサ」と呼ばれるもので、iPhone／iPad向けにもいくつか専用のアプリが提供されていますし、Microsoft Wordでも「見出しマップ」を用いればアウトラインプロセッサとして用いることができます。

iPhone／iPadアプリのアウトラインプロセッサとしては「Omni Outliner for

SDS法の概要

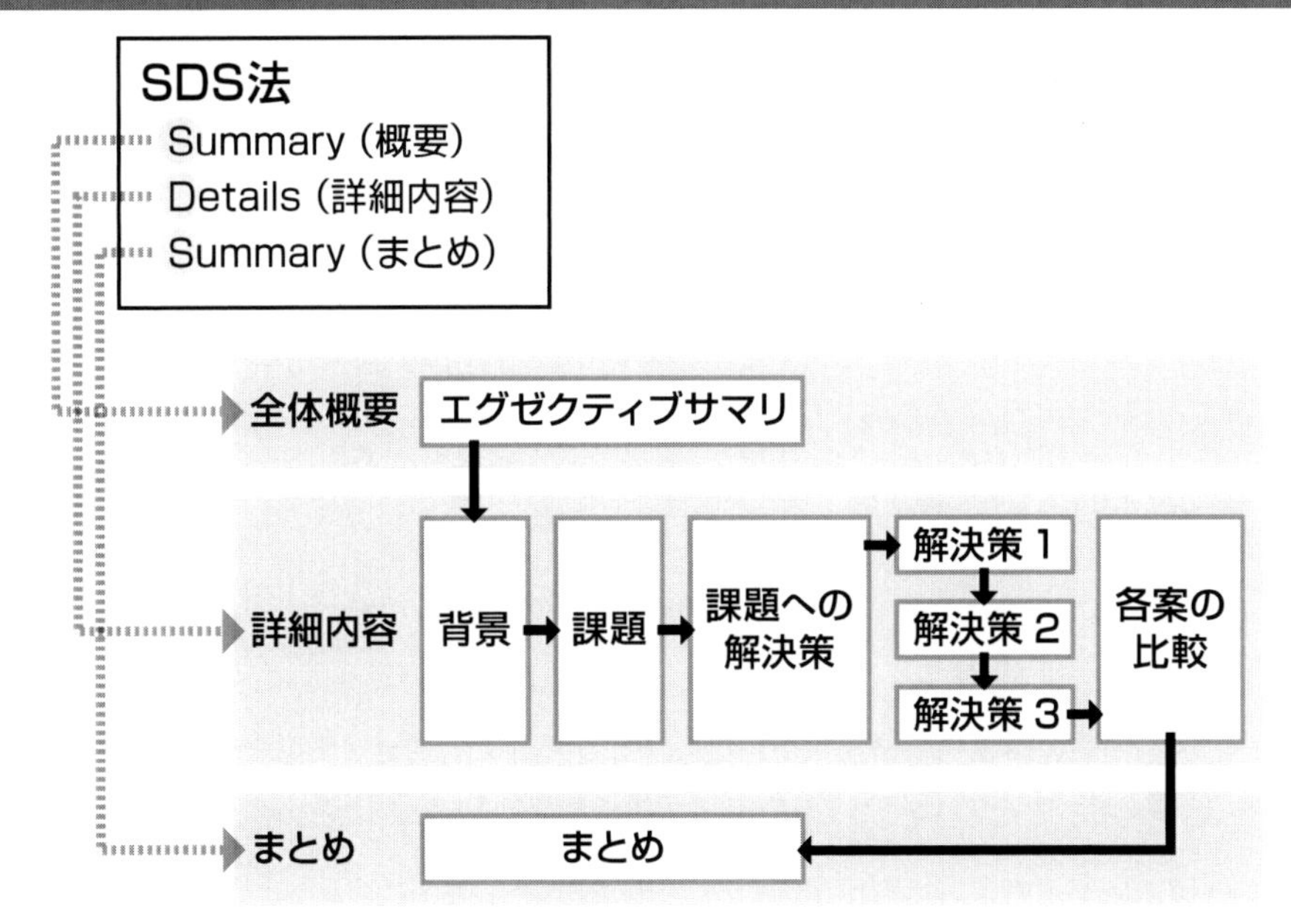

iPad」や「CarbonFin Outliner」が有名ですが、個人的にイチオシなのが「SimpleOutliner」です。アウトラインプロセッサとして直感的に操作できる上に、Dropbox経由でアウトライン文書の共通フォーマットであるOPML形式でファイルをやりとりできるところが特長です。iMandalartやiThoughtもＯＰＭＬ形式のやりとりが可能なので、これらの発想系アプリでアイデアを出し、SimpleOutlinerでアウトラインをきっちり固めた後に、資料作成に望むとよいでしょう。

私が執筆に使用しているScrivenerというMacで動作する高機能なアウトラインプロセッサは、ＯＰＭＬ形式のインポートが可能であるため、iThought→SimpleOutliner→Scrivenerという流れでスムーズに文章作成に移ることが可能です。

シノプシス／キーメッセージを決める

全体の構成が固まったところで、次にシノプ

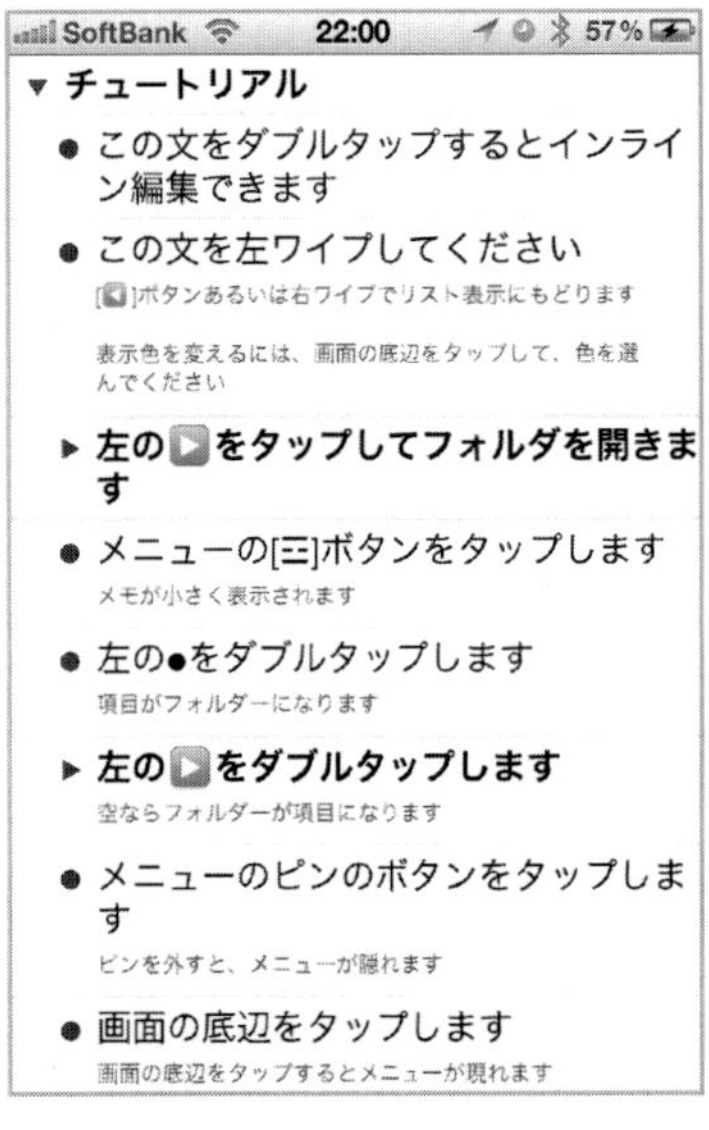

iPhoneアプリ情報

SimpleOutliner

- ジャンル … 仕事効率化
- 提供元 … Words Vehicle
- 価格 … 250円

SoftBank 22:00 57%

▼ チュートリアル

- この文をダブルタップするとインライン編集できます
- この文を左ワイプしてください
  [◀]ボタンあるいは右ワイプでリスト表示にもどります
  表示色を変えるには、画面の底辺をタップして、色を選んでください
- ▶ 左の▶をタップしてフォルダを開きます
- メニューの[☰]ボタンをタップします
  メモが小さく表示されます
- 左の●をダブルタップします
  項目がフォルダーになります
- ▶ 左の▶をダブルタップします
  空ならフォルダーが項目になります
- メニューのピンのボタンをタップします
  ピンを外すと、メニューが隠れます
- 画面の底辺をタップします
  画面の底辺をタップするとメニューが現れます

iThougtのマインドマップをScrevenerで読み込む

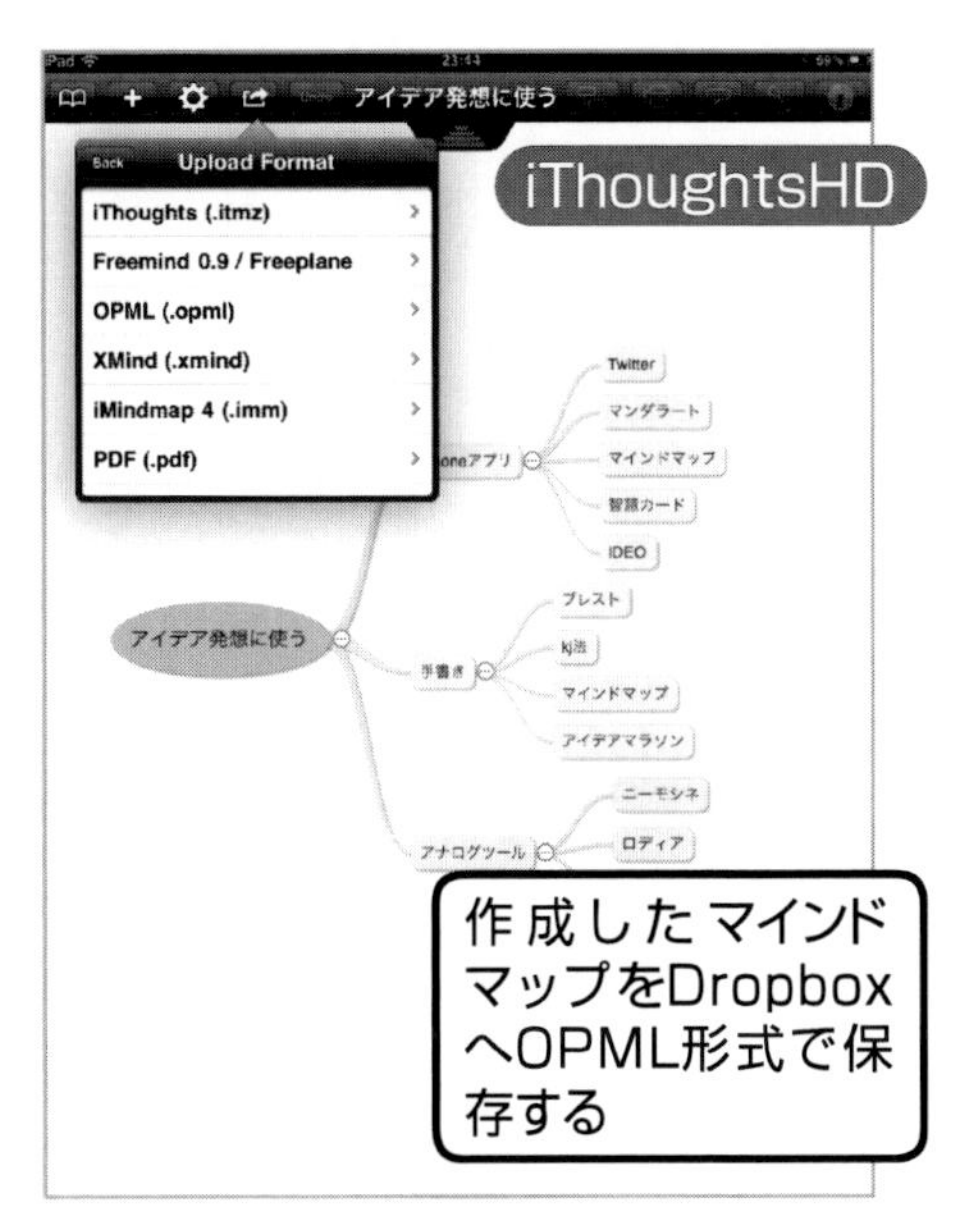

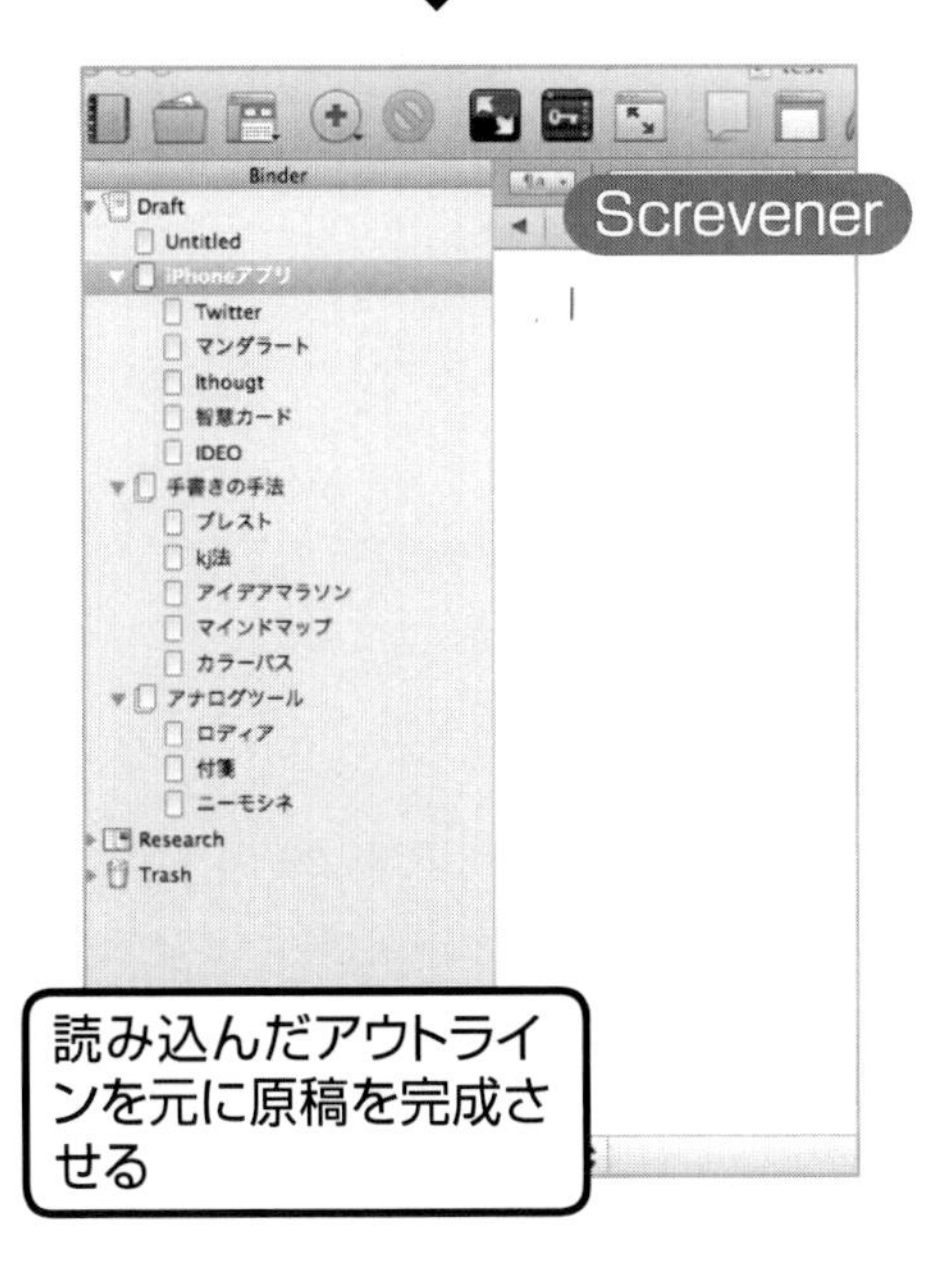

シスを決めていきます。シノプシスとは「概要」の意味で、文章であれば章・節・項といったツリー構造の末端の「項」に概要を書き込んでいく作業になります。スライド資料であれば、概要だけでなくそのスライドでもっとも伝えたい「キーメッセージ」を決めます。

実際に資料作成に使用するツールにもよりますが、SimpleOutlinerにシノプシスを書き込んでもよいですし、WordやPowerPointなど、これからアウトプットを行うアプリケーション上に直接書いておいてもよいでしょう。全体構成と概要が見えてきたところで、一度全体を見渡し、構成を組み替えたり、項目間の内容の調整を行います。

◉ScrevenerのカードビューでSynopsisを書く図

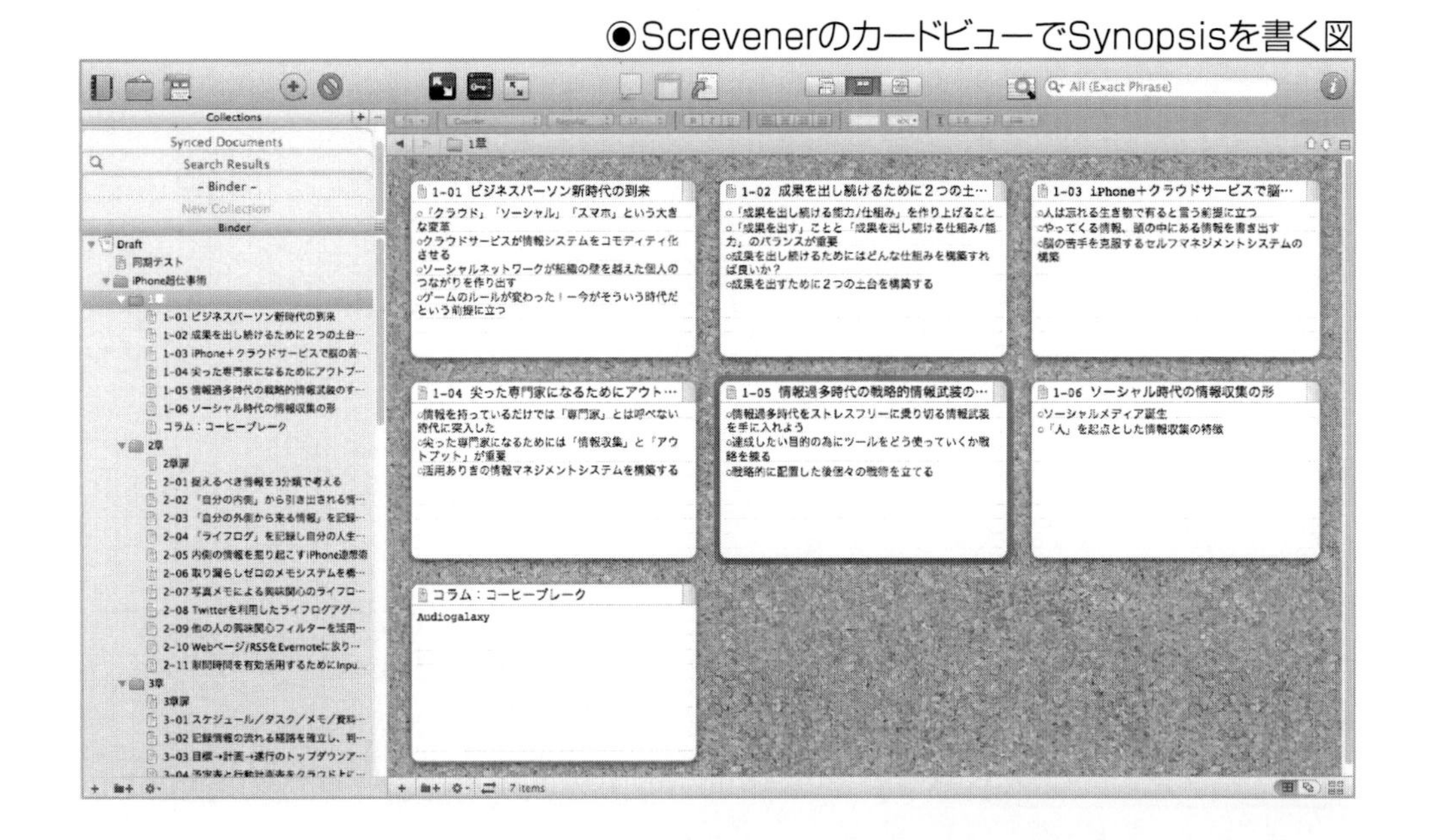

参考資料を用意する

全体構成と各パートの概要が決まったところで資料作成に取りかかりたいところですが、その前に参考資料を一箇所に集める作業を行います。資料置き場として適しているのがEVERNOTEです。

私が執筆活動などを行う際には、「30．著者／ブロガー」というノートブックスタックに「■書籍名」というプロジェクトノートブックを作成し、そこにアイデアメモ、全体構成を考えるのに使用したマインドマップやOPML、ウェブや書籍の引用データなどの必要な資料、編集者とやりとりした記録、送付した原稿、校正用のPDFなどを保管しています。

●EVERNOTEプロジェクトノート

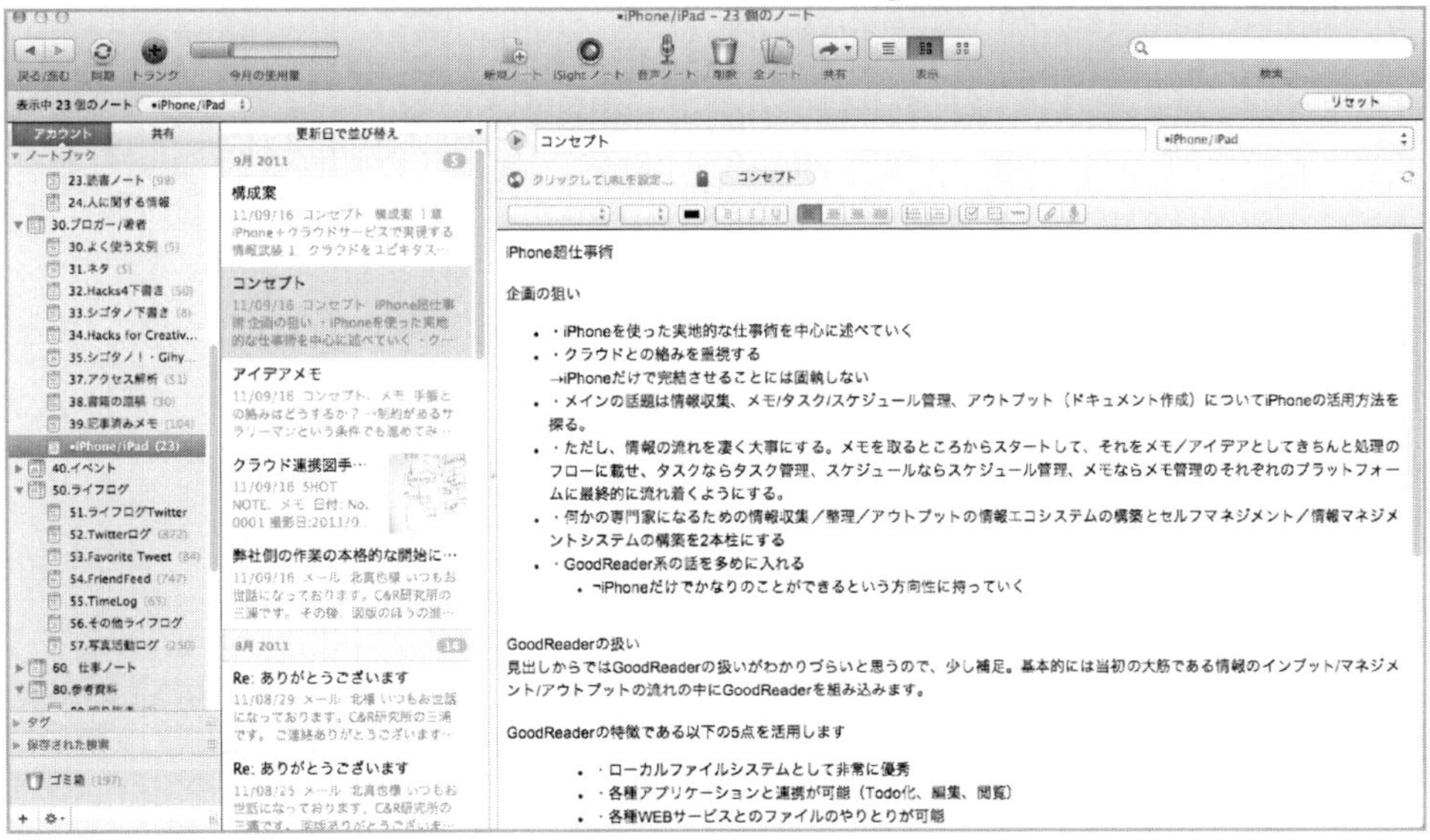

EVERNOTEで作るデータベース

EVERNOTEのカード型データベースとしての活用

データベースというと、技術系の方であれば表（テーブル）があって、列ごとに属性が決められていて、主キーや外部キーを設定することで複数の表（テーブル）の関連を付ける「リレーショナルデータベース」を想像するのではないでしょうか。

EVERNOTEには情報を表で扱ったり、列の値で表と表の連携を取るといった高度な機能はありませんが、「カード型データベース」と呼ばれる簡易なデータベースとして用いるのであれば充分な機能を備えています。たとえば、前のSECTIONまでに紹介してきた、「集めた情報は1情報1ノートにする」というルールもカード型データベースの基本ともいえる使い方です。

カード型データベースは基本的に決まったフォームにデータを入力していきますが、EVERNOTEで用いる場合にはタイトルやタグという定型情報を除けば基本的にはフリーフォーマットになります。また、カード型データベースに比べると、タグ付けや要素検索など情報を引き出す手段や絞り込み／グルーピングを行う手段も豊富なことが特徴といえます。

「検索タグ」と「名前タグ」の活用

データベースとしてEVERNOTEを用いる場合には情報を見つけ出すための「検索タグ」と情報をくくりつけるための「名前タグ」を設定しておくと便利です。

「検索タグ」を付けるのは、ある情報の塊の中心となるノートです。た

検索タグと名前タグの概念図

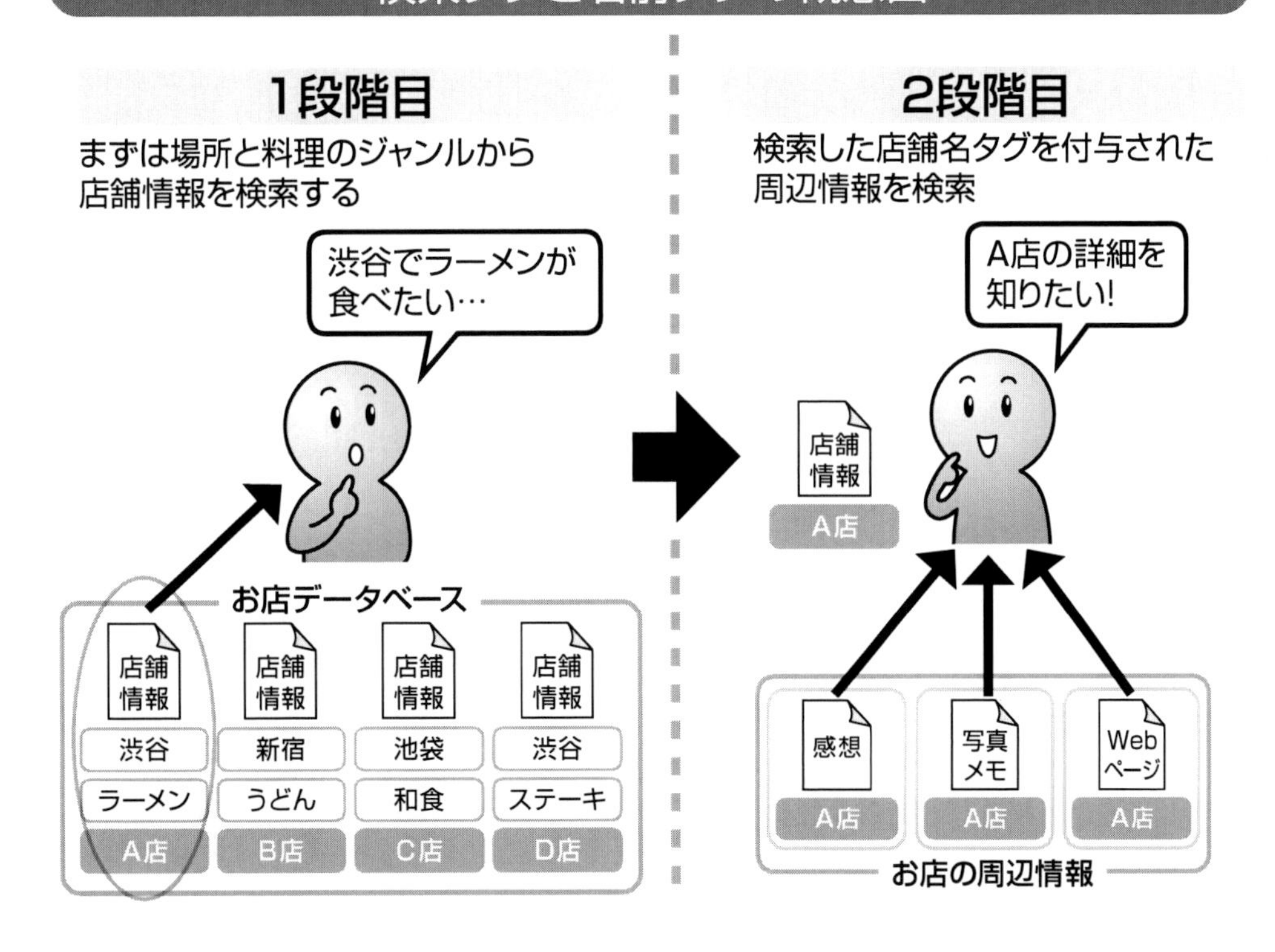

2段階目

とえば、自分のお気に入りのお店データベースを作ろうと思った場合は、そのお店の店舗名や住所、電話番号、地図などが記されたお店の基本情報ノートに「検索タグ」を付与するといいでしょう。

お店データベースを作成する際に私が使用するのは、渋谷や池袋などの「場所」タグと中華やイタリアンなどの料理の「ジャンル」です。こういった「検索タグ」を用意しておけば、「渋谷でイタリアンを食べたい」というニーズに合致した店舗を検索することができるようになります。

また、EVERNOTEには、店舗の基

◉お店データベースのイメージ

本情報のほか、そこで食べた料理の写真、そこについて書いたブログ記事など、さまざまな情報を取り込んでおくことができます。1個1個のノートは断片的な情報ですが、これらのノートに店舗名の「名前タグ」を付与することで、情報を意味のある塊で閲覧することができるようになるのです。

もう1つのリレーションシップモデル

EVERNOTE上でノート間のリレーションをとる方法としては、「タグ」のほかにも「ノート間リンク」があります。ノート間リンクは名称の通りノートとノートにリンクを張る機能ですが、これを使って情報の再利用に関する利便性を高めることができます。

たとえば、Aという PowerPointの資料を作るときに、Bというウェブサイトと、CというPDFファイルを参考にしたとします。このときにAのPowerPointを格納したノートからBのウェブクリップノートとCのPDFを格納したノートに対してリンクを張っておくことで、それぞれの情報の再利用性を高めることができます。

Aという資料はあなたのアウトプットですから、比較的記憶にとどまりやすいですし、過去事例として参照を行う機会も他の情報に比べて多くなるはずです。また、Aという情報はBとCの情報の一部を含みますが、すべては含んではいないため、Aという情報の全体像をつかむために改めてBとCを参照する場面も少なからず発生します。

Aを後から見返した際に、BとCをまた1から探し出すのは面倒ですが、AのノートにBとCへのリンクが張ってあれば、一瞬でBとCの情報を引き出すことができます。

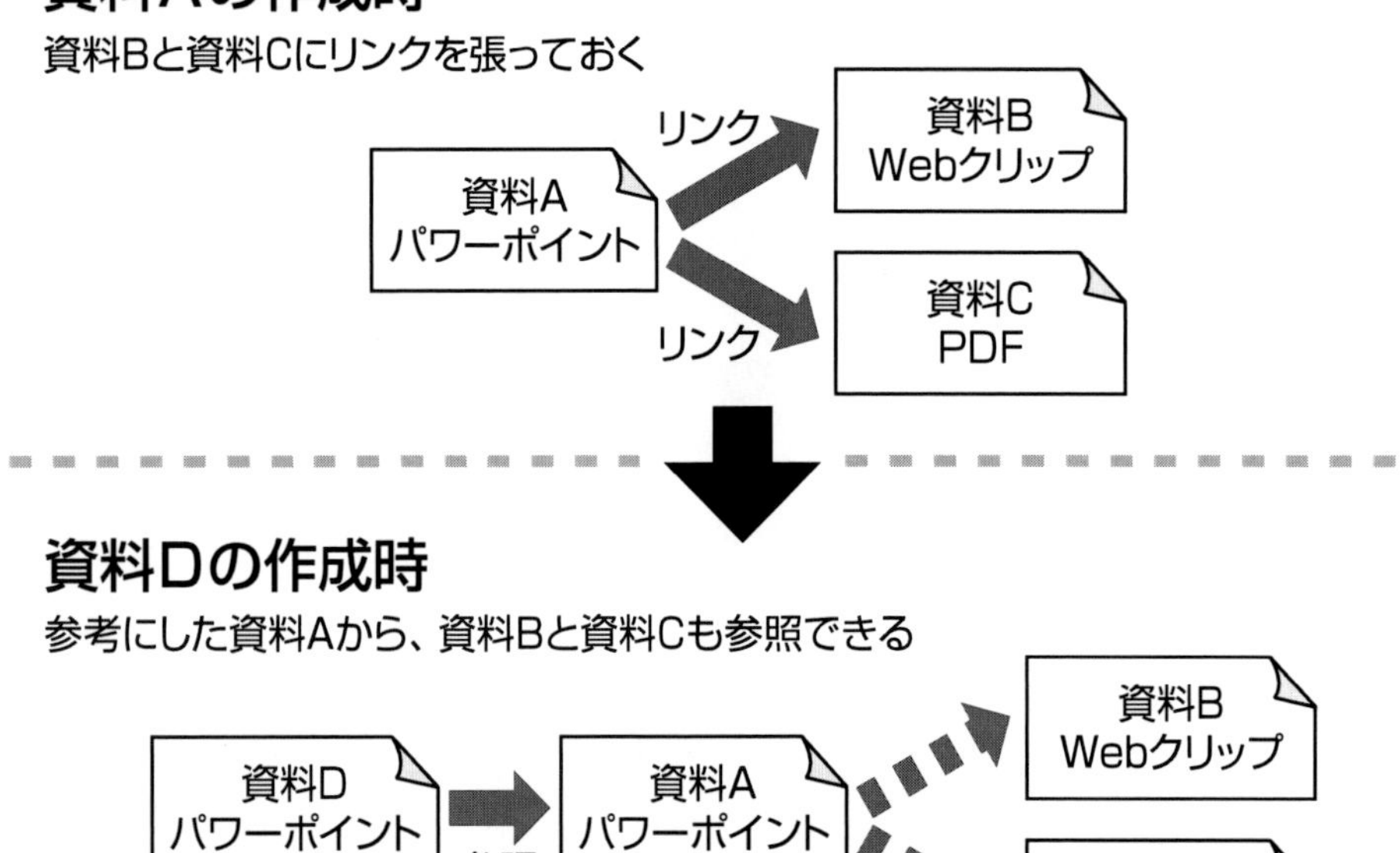

ノートコピーを用いてテンプレートからノートを作成する

EVERNOTEのノートは自由に記入ができるフリーフォーマットですが、同じ種類の情報をまとめたノートのフォーマットがバラバラでは使い勝手が悪くなってしまいます。住所録であれば、人によって住所が書かれている位置が右上だったり左下だったりするとノートを開くたびに住所が書かれている位置を探さなければならなくなるのは非常に不便です。

同種の情報を載せるデータベース用途のノートを作成するときに便利なのが、テンプレートノートの利用です。あらかじめ用途ごとにテンプレートノートを作成しておき、新しいデータを追加するときにはテンプレートをコピーして使います。

テンプレートを作るのが面倒な場合は、どこかのウェブページのフォーマットなどを拝借して、中の文字を削除してテンプレートを作るとよいでしょう。たとえば、お店データベースを作るのであれば、基本は「ぐるなび」のウェブページをクリップしたものを使って、「ぐるなび」に掲載されてない店舗の情報を登録するときはテンプレートを使用するという使い分けを行うとよいでしょう。

名刺管理からスタートする人脈管理術

名刺から始まる人付き合い

日本では古くから名刺交換というコミュニケーション手法が存在しました。近頃では会社の名刺だけではなく、個人名刺・ブロガー名刺などのプライベートな名刺を持っている人も私の周りには多くなっています。こういった状況の元では、名刺を管理することはビジネス・プライベートの両面において、自らの人脈を管理する起点になり得るのです。

もらった名刺はアドレス帳へその日に取り込む

名刺はとにかくもらったその日にiPhoneで撮影し、名刺認識・管理アプリ「WorldCardMobile」を使ってiPhoneのアドレス帳に取り込みます。そんなことをしてしまうとアドレス帳が埋まってしまうと感じるかもしれませんが、検索やグループ分け

名刺をアドレス帳に登録する

認識されたデータを確認、必要なデータを追加する

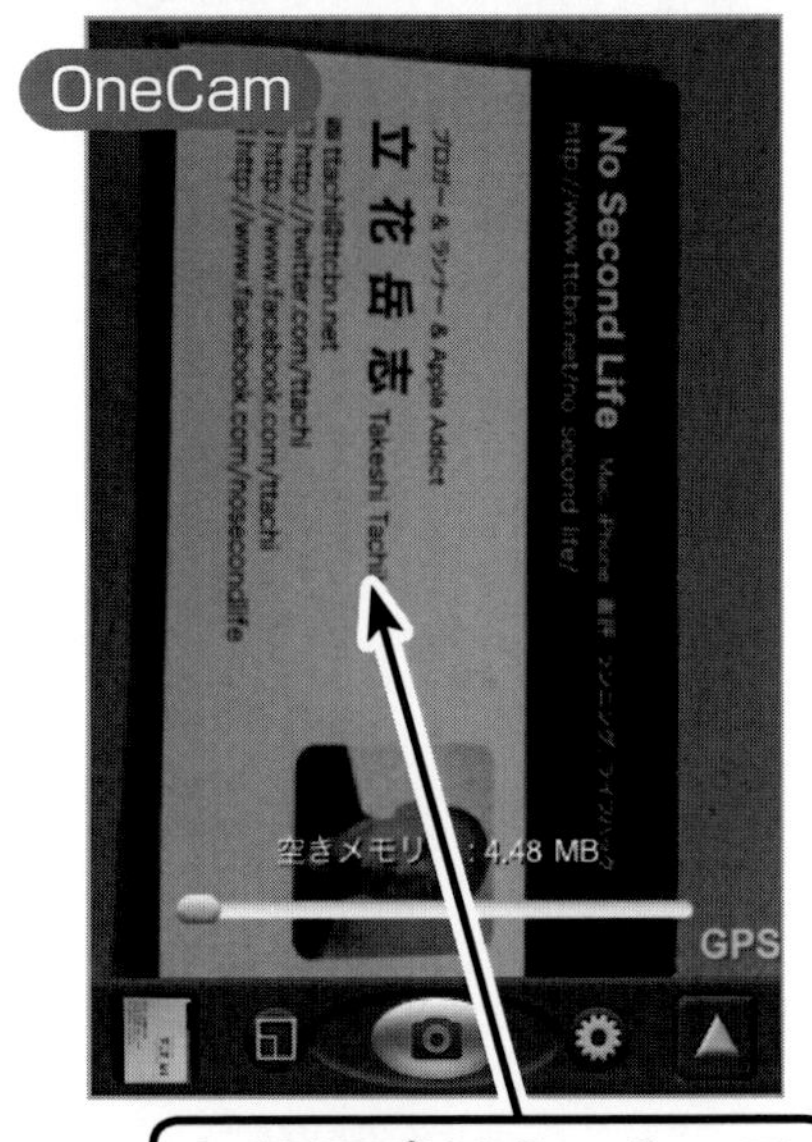

カメラアプリのOneCamで名刺を撮影する

認識されたデータがアドレス帳に表示される

WorldCardMobileで名刺の画像を認識する

を使えば快適さを保つことができます。

確かに名刺交換をした人にいきなり電話をする機会は少ないでしょうが、後からメールで連絡したいと思ったときにiPhoneのアドレス帳で名前を検索するだけでメールアドレスが得られる利便性は捨てがたいものがあります。

連絡先をiPhoneのアドレス帳に登録するメリットは、メールや電話連絡がしやすくなるだけではありません。個人の連絡先が書かれている名刺のメールアドレスは、その人がメインで使用しているアドレスであることが多く、iPhoneのアドレス帳をGmailやWindows／Macのアドレス帳と同期し

◉ウェブサービスとアドレス帳の連携

ておくことで、その人のFacebookやTwitterのアカウントを検索することも可能です。

グループ分けでアドレス帳を快適に保つ

私はアドレス帳こそが最強の人脈管理データベースであると考えています。アドレス帳に登録されていれば、メールも電話もウェブページへのアクセスもタップ1つで可能ですし、名刺から取り込んだ情報であれば、住所も登録されている可能性があります。

iPhoneのアドレス帳に「友達」以外の連絡先が入ることについて多少なりとも違和感を覚えるかもしれませんが、「同じ会社の同期」「研修で意気投合した」「一度合コンで会った」といった理由で登録された「一見さん」の連絡先も少なからず入っているのではないでしょうか。

ただし、アドレス帳への登録件数が増えてく

iPhoneアプリ情報
WorldCardMobile iPhone
- ジャンル … ビジネス
- 提供元 … Penpower Technology Ltd.
- 価 格 … 1000円

れば、必要な情報が見つけづらくなることは確かです。こういうときに便利なのがグループ分けの機能です。

このグループ分けの操作をストレスなく行えるアドレス帳アプリが「GRContact」です。標準のアドレス帳では画面切り替えが必要であったグループ切り替えがタブ操作で行え、同じグループ内のメンバーにメールの一斉送信ができるといった特長があります。

最初のうちはいちいちグループ分けを行うことを面倒に感じるかもしれませんが、自分の人脈・交友関係を定期的に整理することで、長らく連絡を取っていない友人のことを思い起こして連絡を取ったりするきっかけにもなります。また、本当に誰か思い出せない場合などは、「様子見」グループにしばらくおいておき、しばらく時間をおいた後に連絡先から削除すればよいでしょう。

iPhoneアプリ情報

GRContact

- ジャンル ･･･ ユーティリティ
- 提供元 ･･･ Sanzo Product
- 価 格 ･･･ 250円

GRContactからメールを送信する

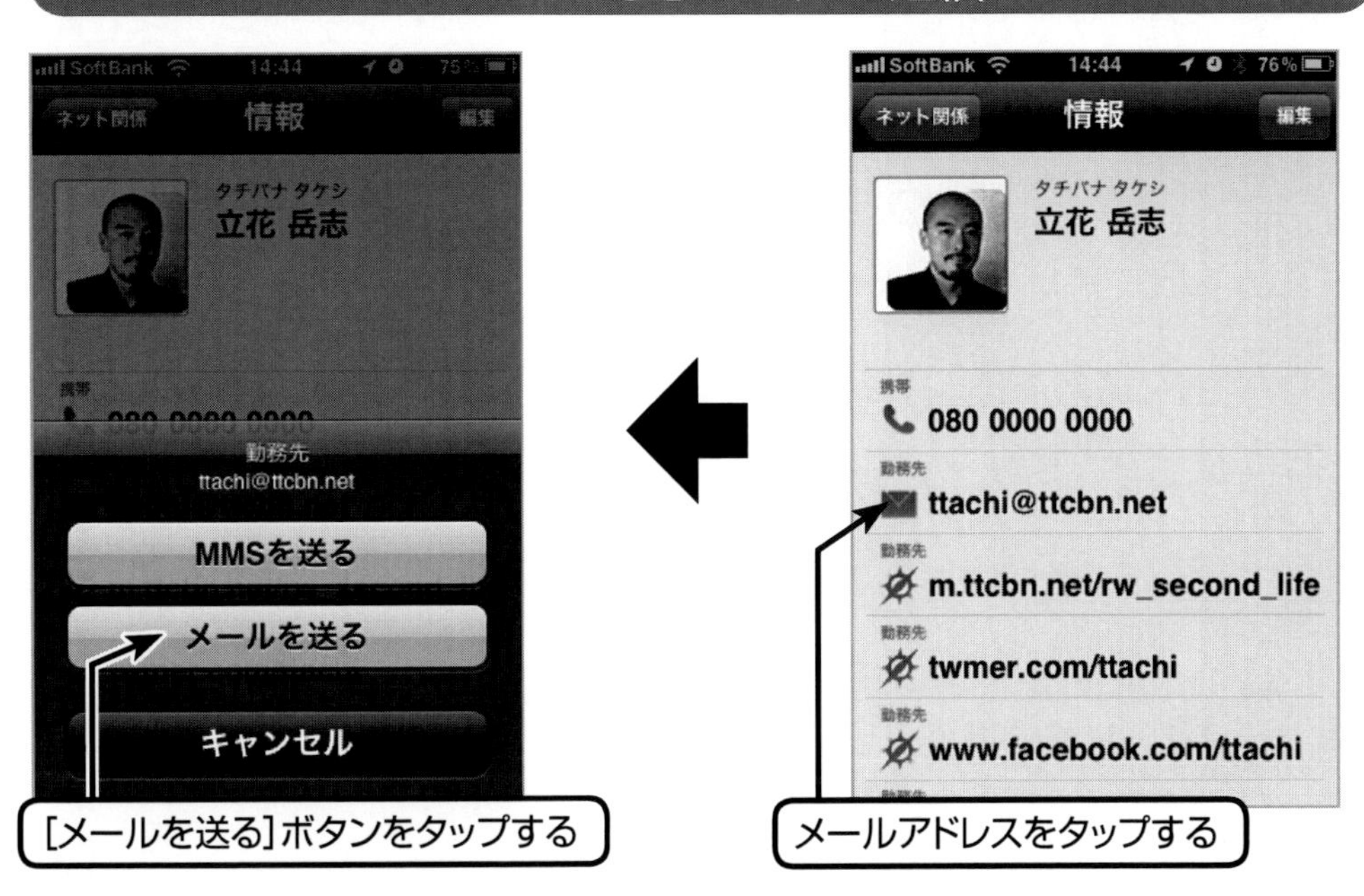

GRContactでグループ単位にメールを一斉送信する

人に関する情報を「EVERNOTE」で結合する

「WorldCardMobile」でデータを読み取った後の写真データは、「PictShare」で「EVERNOTE」に送信します。

「PictShare」でアップロードすれば、撮影日がノート作成日になるので、その人といつ出会ったかの記録が残ります。可能であれば、出会ったその場で「OneCam」を用いて名刺を取り込んでおくと、「どこで出会ったか」という記録を残すこともできます。さらに一言「×××で出会う」などを書き添えておくだけで、その人に関するヒントを多く残すことができます。

名刺の写真データをEVERNOTEに取り込む理由は、それを見て電話をしたり、メールを送りたい訳ではありません。それらの機能はアドレス帳に任せて、EVERNOTEでは集めたその人に関する種々の情報を関連づける原本として使用します。

名刺画像を取り込んだノートのタイトルにはその人の名前を入力し、出会った場所や経緯を簡単に書き加え、その人の名前やTwitterIDをタグ付けします。加えて、ブログ記事や重要なメールなど、その人に関する情報を取り込んだときには、ノー

PictShareで名刺の画像をEVERNOTEに一括送信する

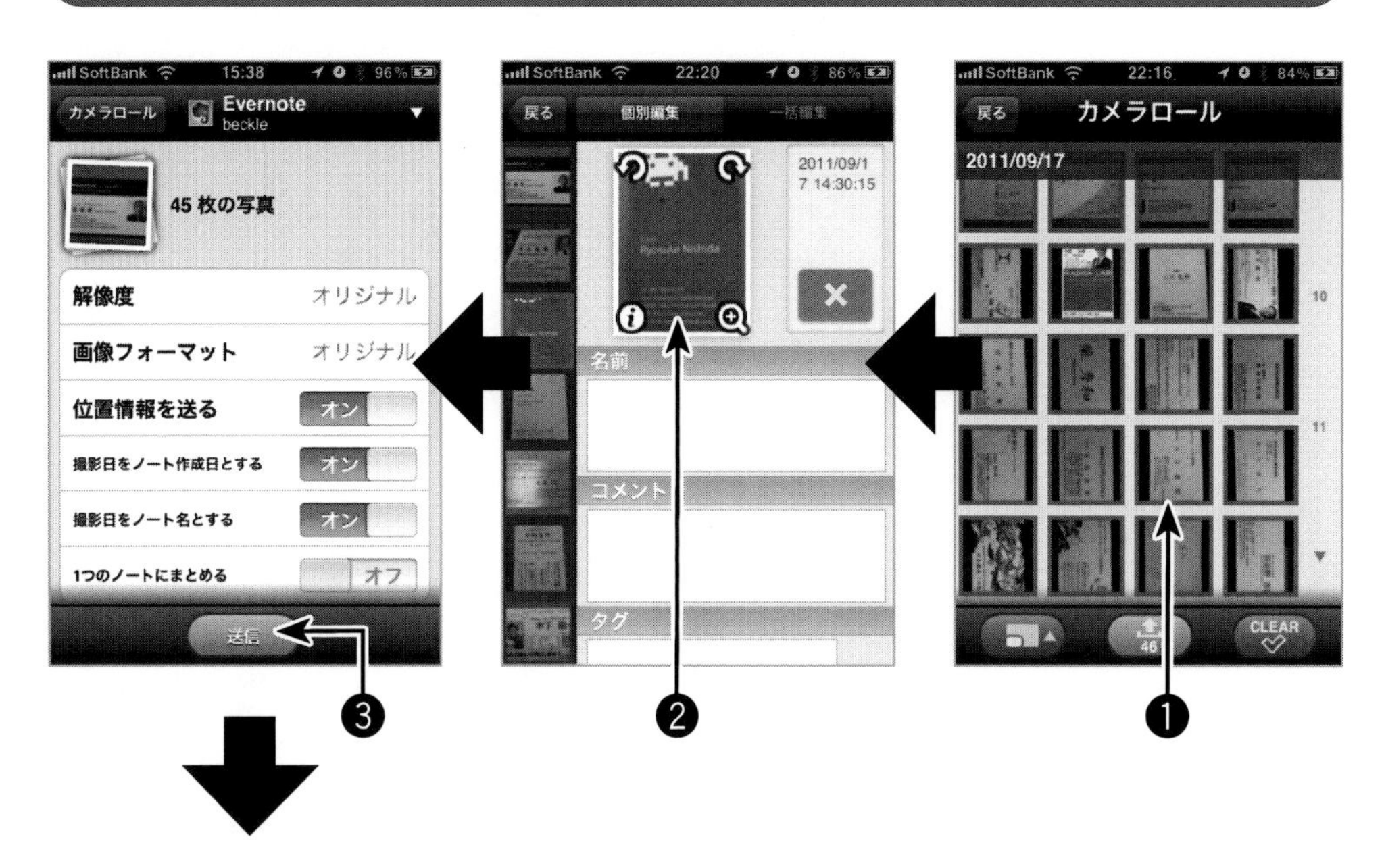

❶ OneCamで撮影した名刺の画像をPictShareでまとめて選択する
❷ 撮影した画像の回転を調整する
❸ [送信] ボタンをタップする
❹ 取り込んだ名刺は、ノート名をその人の名前に変更し、名前タグやその人と自分のこれまでの交流の記録などを残す

トに対して名前やTwitterIDのタグを付与しておきます。後々その人に関する情報を閲覧したいと思ったときには、「すべてのノート」を選択して、名前やTwitterIDのタグで絞り込みをかけることで、その人に関する情報を見ることができます。

◉EVERNOTEの人脈データベース

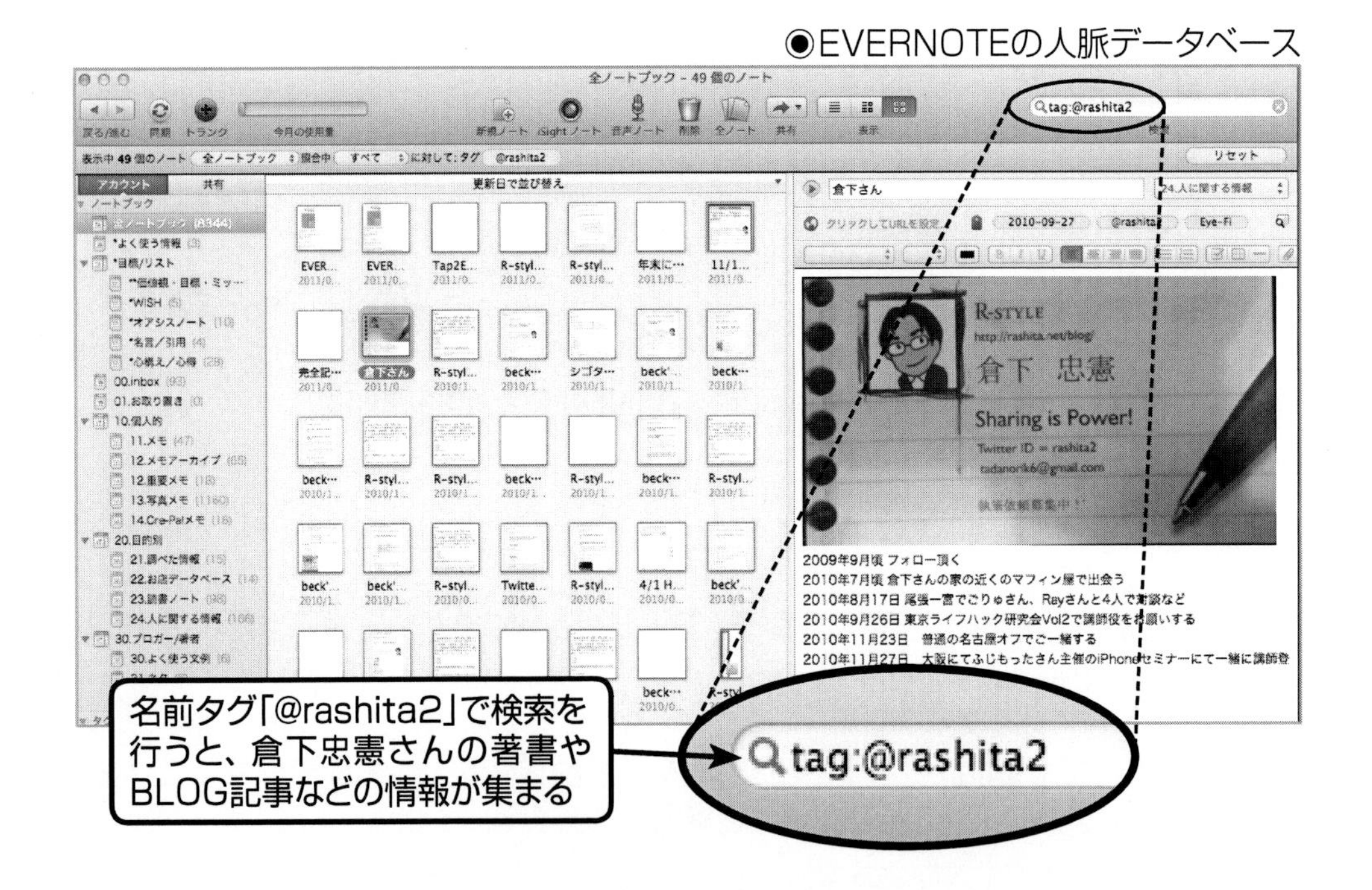

CHAPTER 6
クラウド&iPhoneによるライフログとその活用

習慣を作り上げるiPhoneモチベーション管理術

新しい習慣を身につけるためには21日間必要

人が何か新しい習慣を形成するためには、おおよそ21日程度は継続する必要があるといわれています。『3週間続ければ一生が変わる―あなたを変える101の英知』(ロビン・シャーマ著、海竜社刊)には、次のように書かれています。

> 新しい習慣は、新しい靴に似ています。
> 最初の2、3日は、あまり履き心地がよくありません。
> でも、3週間ぐらいたつと慣れてきて、第2の皮膚のようになるのです。

たった21日間と思うかもしれませんが、実際に物事を連続して21日間続けることはそう容易ではありません。「三日坊主」という言葉がある通り、何かを始めようとしても、人間には変化に反抗し現状を維持しようとする恒常性という性質が備わっているため、なかなかうまくいかないものなのです。

日記が書けない、運動が続かないという三日坊主となってしまうのは、何もその人が「怠惰」だとか「意志薄弱」だからというわけではありません。三日坊主で終わるか否かの違いを分けているのは、気合いや根性という精神論ではなく、仕組み化できているかどうかの一点につきるのです。

プチ達成感を得るためのマイスコアボード

「続けるための仕組み」の1つ目としては、昔ながらの○×表を付ける方法があります。縦軸が身に付けたい習慣で、横軸が時間軸(日付)です。習慣化したいと思っている行動が取れている日には○を付け、取れなかった日には×を付けます。

紙で書くのが面倒であれば、iPhoneアプリ

Touch Goal (Goals/Habits Tracker) - Manage Your Everyday Life

- ジャンル ･･･ 仕事効率化
- 提供元 ･･･ Green Onion Software Co., Ltd.
- 価 格 ･･･ 350円

◉習慣形成シート

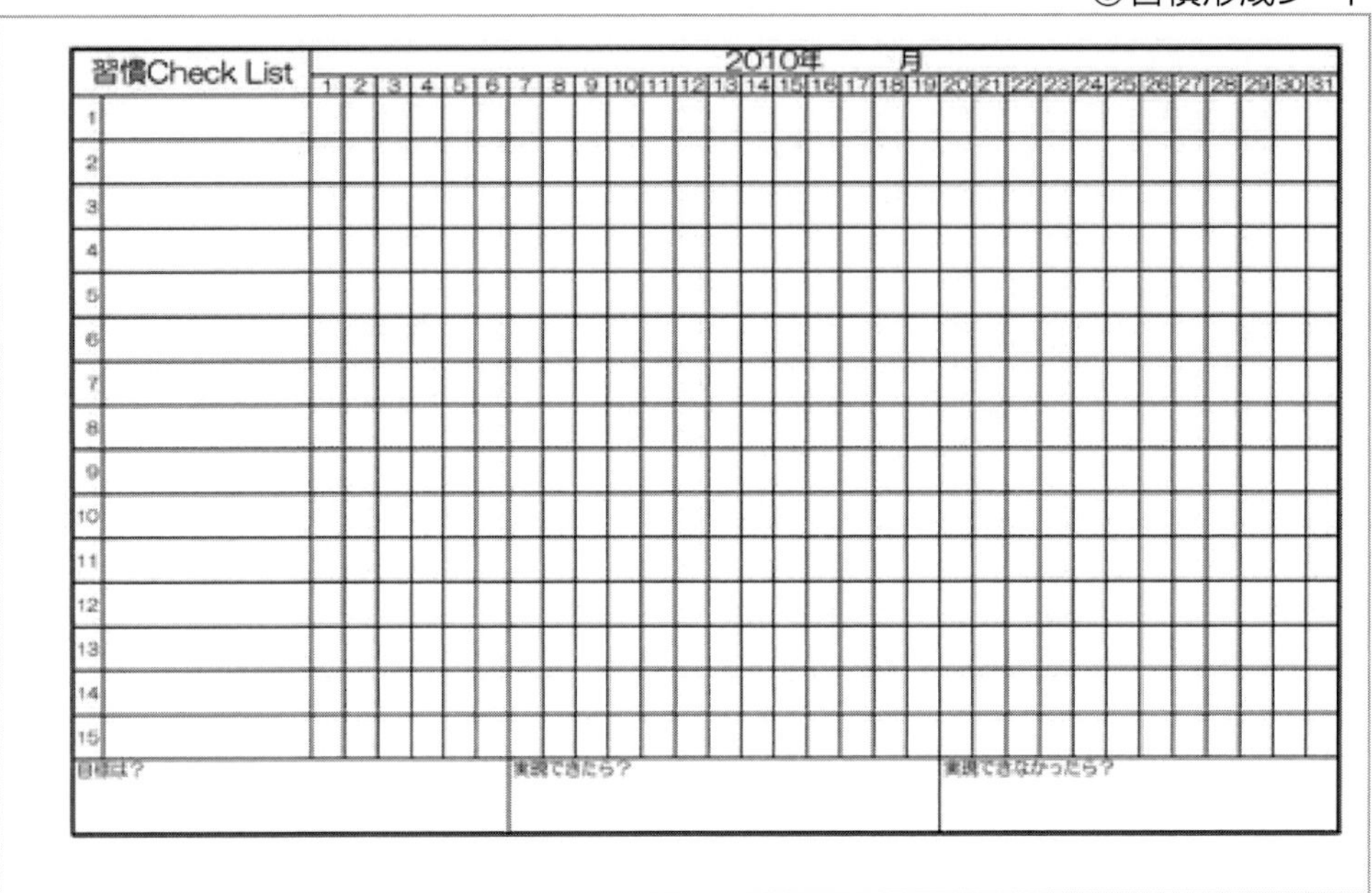

習慣Check List	1	2	3	4	5	6	7	8	9	10	11	12	13	14	15	16	17	18	19	20	21	22	23	24	25	26	27	28	29	30	31
1																															
2																															
3																															
4																															
5																															
6																															
7																															
8																															
9																															
10																															
11																															
12																															
13																															
14																															
15																															

2010年　月

目標は？　実現できたら？　実現できなかったら？

◉Touch Goal

Touch Goal		水 1/5	木 1/6	金 1/7	土 1/8	日 1/9	月 1/10	火 1/11
1km走る	1							
筋トレ	1							
ブログを書く hacks4	1							
英語の勉強(15分) 15分	1							
情処の勉強(15分) 15分	1							
		0	1	5	11	1	0	0

that it exists and it becomes available only when a man is in that state of mind in which he

Menu

の「Touch Goal」を使うとよいでしょう。Touch Goalは単純にマス目に○を付けるだけでなく、1マスに複数個の○を付けることができ、「勉強10分」という単位で行動を設定しておいて、30分勉強した日には○を3つ付けるといった活用が可能です。

自分の行動記録を何らかの形で残しておくと、「プチ達成感」という報酬が得られるために継続へのモチベーションが維持しやすくなります。何かを続けようとすると、どこかで「面倒だ」とか「今日は体調が優れないから止めておこう」と何かしらの「やらない理由」を探してしまいますが、この記録を見返すことで「いやいや、ここまで頑張ったんだから頑張ろう！」と踏みとどまることができるのです。

連続記録を残したいのであれば「Streaks」

「Streaks」というアプリも私たちの習慣形成を強力にサポートしてくれます。

iPhoneアプリ情報

Streaks - Motivational Calendar

- ジャンル ··· 仕事効率化
- 提供元 ··· Fanzter, Inc.
- 価 格 ··· 85円

「Streaks」は、1つの行動に1つのカレンダーが用意され、毎日継続できていれば、どんどんと連続記録が伸びていきます。

連続記録がいったん途切れるとまた最初からカウントされるのですが、これまでの最高連続記録は残り続けます。連続記録が伸び続け、カレンダーが×で埋め尽くされる様子はかなりモチベーションを高める要因となります。また、連続記録が途切れたとしても最高記録が残り続けるため、次はその最高記録を抜こうというモチベーションを得ることもできるのです。

「Streaks」の特性として、沢山の行動記録を残すのには向いておらず、またサボればサボった分だけカレンダーに空白ができ連続記録もまったく伸びないために「自

◉ランニングカレンダー

分はなんてダメなんだ」とモチベーションをダウンさせてしまう恐れもあります。自分が日常的な習慣としたいと思っていること、特にこれだけは絶対にやれるようになりたいと思っている行動を選抜して記録するようにするとよいでしょう。私の場合は、このアプリケーションを日常の習慣としたい「ランニング」と「ブログの更新」の記録に用いています。

「iGoal2」の実践

次に時間の積み上げの記録を行う「iGoal2」を紹介します。時間の積み上げ記録は習慣形成というよりも、行動を起こすモチベーションを維持するための報酬であると共に、同時に目標に対する進捗度を示すものでもあります。

1000時間の勉強で合格できる資格試験を1年後に受験する場合、平均すると1日3時間

iPhoneアプリ情報

iGoal2

- ジャンル ･･･ 仕事効率化
- 提供元 ･･･ Lee Hoseok
- 価 格 ･･･ 無料

程度の勉強時間が必要になります。勉強時間を記録し続けていけば、この１０００時間という目安時間にどの程度近づいたのかがわかりますし、全体の３分の１の時間が過ぎて、まだ３３３時間に到達していないのであれば、進捗に遅れが出ているということもわかります。

◉iGoal2

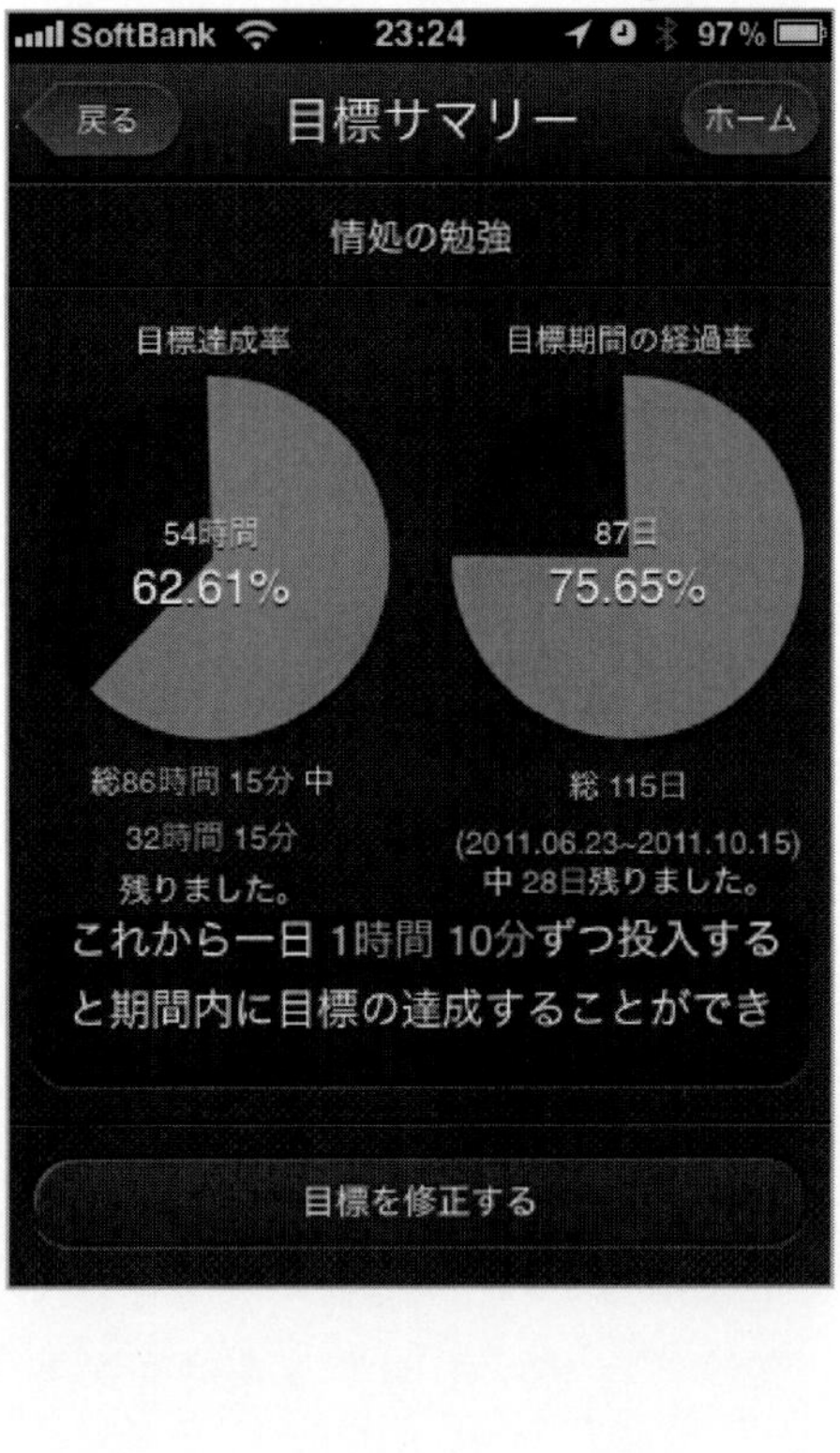

「iGoal2」は、はじめに最終的なゴールとなる目標時間を設定し、それを日割り計算して日々の目標に対して実際に取り組んだ時間の差分を確認することができます。

私はこのアプリケーションを用いて「勉強時間」を記録しています。

やる気をチャージするための「オアシスノート」と「PowerSong!」

どうもやる気が出ないときや、疲れはててしまっているときにやる気をチャージするための仕組みとして、EVERNOTEの「オアシスノート」とiPodの「PowerSong!」

を紹介します。

オアシスノートは、自分の思い出の写真や、大切な手紙、好きなマンガの1コマ、好きな小説や名言など、元気の源となるものをまとめておくEVERNOTEのノートブックです。オアシスノートは言い換えるならば、自分が生きてきた人生で見つけた宝物を入れておく宝箱です。

EVERNOTEの使い方としては何ら凝った使い方ではありませんが、どうしようもなく落ち込んだときに力を与えてくれるこのノートブックは、第2の脳として人生を記憶してくれるEVERNOTEの実に本質的な使い方と

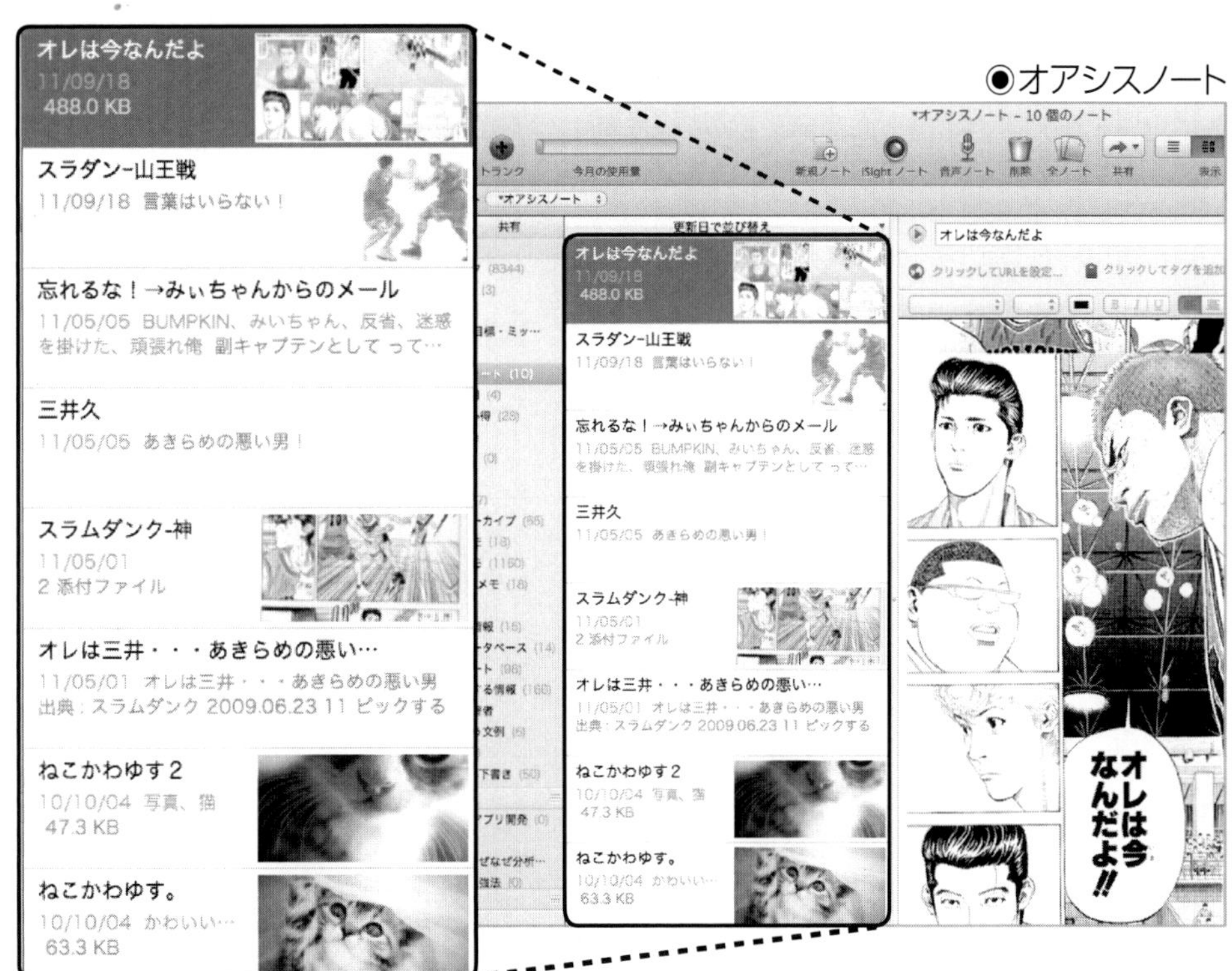

◉オアシスノート

いえるのではないでしょうか。

もう1つの「Power Song!」は、ただ自分のテンションが上がる曲ばかりを入れたプレイリストを用意しておくというものです。凝ったものではありませんが、効果は非常に強力で、さらに付け加えれば、習慣化のためのやる気の補給だけでなく、仕事でつらいときなどにもかなり効果があります。

かつて自分の至らなさが原因でプロジェクトに危機をもたらしてしまったことがありました。夜も寝ることができず、食事ものどを通らない状態になっていた私を支えてくれたのが、通勤電車の中で聴いた「Power Song!」の音楽だったのです。

「オアシスノート」も「Power Song!」も凄く単純な仕掛けかもしれませんが、仕事で失敗したり、プライベートでうまくいかないことがあったり、さまざまな要因でどうしても元気が出せなくなってしまったときには絶大な効果を発揮します。

◉PowerSong!のリスト

食事／運動／体重記録からはじめる効率的ボディマネジメント

健康に関するライフログの振り返りをスクリーンショットが楽にする

健康に生きたいというのは、多くの人に共通する想いです。働き方が多様化し、不摂生な生活を送りがちな私たちが健康に生きるために、iPhoneやクラウドを活用していきましょう。SECTION-16（96ページ）で触れたようにiPhoneではさまざまな健康に関するライフログを取得することができます。

ランニングの記録や食事の記録を後から振り返りを行いたい場合、個別にアプリを起動するのは面倒です。SECTION-17（108ページ）でライフログをTwitterに集める方法を紹介しましたが、あの方法も1日単位でのライフログの集約なので、複数日の記録を並べて見返す用途には向いていません。

複数日の運動、体重、食事の記録を一望したいときは、スクリーンショットを保存しておくのが便利です。たとえば、Nike+GPSであれば、ランニングの結果がiPhoneの

1画面に収まるように表示されるため、Homeボタン＋ロックボタンで結果画面のスクリーンショットを残します。同じようにRecRecDietやWiscaleなどの体重、食事の記録を行っているアプリの画面もスクリーンショットを残し、最後にPictShareでEVERNOTEにアップロードします。

EVERNOTEではこれらのスクリーンショット専用のノートブックを作成しておき、ひたすらスクリーンショットだけを残していけば、ノートのサムネイル表示ビューでスクリーンショットを並べて見ることができるようになります。

　これらは使用しているアプリを閉じる前にスクリーンショットを残すだけの簡

●EVERNOTEのスクリーンショット用ノートブック

2:13
2011/9/19 Mon
おきた
ねる
おはようパンダからは就寝・起床
時間が、Nike+GPSからは走った日時と距離が同時にわかる

単な作業であることと、EVERNOTE上では日付けで画像（PictShareでノート名を撮影日にしている）を並べ替えて表示できるため、振り返りが非常に楽になります。

Twitterを使って知人に監視される仕組みを作る

SECTION-16（96ページ）で紹介した、Wifi Body ScaleやRunkeeper／Nike+GPSなどのアプリケーションは、自動でTwitterへ投稿することができます。RecRecDietも手動ではありますが、Twitterに投稿する機能があります。ランニングや体重管理、食事記録などを続ける自信がない場合などは、「Twitter上の知り合いに対して「今からダイエットをする」と宣言し、「Twitter上に流れる食事、運動、体重情報を監視してもらうとよいでしょう。

宣言して取り組むとうまくいく理由は、人間の深層心理には「言行一致の法則」と呼ばれるものがあるからです。こ

●Twitterで体重や食事記録、運動記録を晒す

beck1241
Sep 17, 5:45pm via WiTwit
私の体重 : 73.3 kg. あと 10.3 kg 減らすべきです。 体重計測なう♪ http://withings.jp

beck1241
Sep 17, 5:34pm via RunKeeper
Just completed a 6.87 km run with @runkeeper. Check it out! rnkpr.com/av9wpr #RunKeeper

の「言行一致の法則」について『いつも三日坊主のあなたが続ける人になる50の法則』（佐々木正悟著、中経出版刊）で次のように述べられています。

人間には常に、現行を一致させたいという思いがあります。つまり、「いったこと」と「行うこと」を一致させたいという傾向があるのです。一度「やる」と宣言してしまったことに対して、その約束を破ることにかなりの抵抗を感じます。

もしもダイエットが継続できないという悩みがあるのであれば、ぜひ皆さんの友人に宣言してみてください。

Facebookでダイエット仲間を作る

これはここ数カ月続けていることですが、Facebookに「東ラ研Health Hack部」（「東ラ研」は主宰している勉強会「東京ライフハック研究会」の略称）というグループを作成して、そこに参加しているメンバー同士でランニングの結果や1日の摂取カロリーと運動量のバランスなどを報告しあう仕組みを作りました。10月末時点で77

●報告に対してコメントが付けることができる

北真也
土曜日の分。病み上がりランだけにタイムはグダグダ。

いいね！・コメントする・投稿のフォローをやめる・昨日 0:58 (携帯から)

保科 浩子さん、水落 雅俊さん、竹下 皇さん、他2人が「いいね！」と言っています。

竹下 皇 病み上がりですか？頑張り過ぎないで下さいね(๑^ω^๑)/
22時間前 携帯から・いいね！

コメントする

●ヘルスハック部のFacebookページ

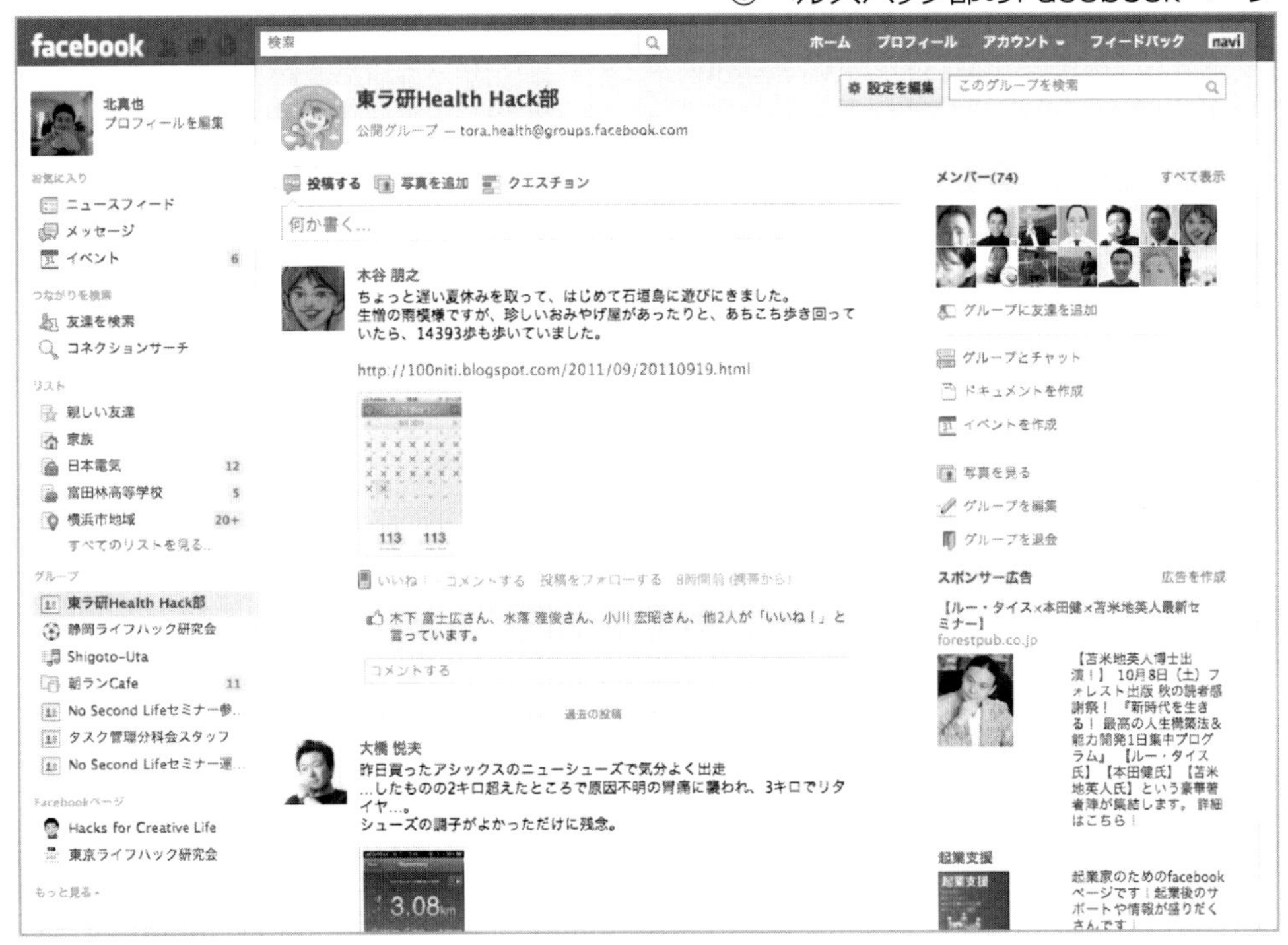

名が参加しています。

基本的にはTwitterの仕組みと変わらないのですが、この場では監視という意味合いを持たせるのではなく、仲間意識をお互いに持つことによって他のメンバーのがんばりに対して「いいね！」を積極的に付けたり、コメントを付けたりという、よい循環を作ることを目的としています。

もちろん全員がアクティブに参加しているわけではないのですが、開始当初からほぼ毎日のように投稿して習慣化に成功した人もいます。たかが「いいね！」、されど「いいね！」です。頑張っていることを誰かにほめてもらえる環境に身をおくことでモチベーションを高めることも、よい習慣形成へとつながるのです。

iPhone&クラウドで読書を加速する

MediaMarkerで蔵書を管理する

読書は最も手軽な情報収集、もしくは勉強の手段の1つです。ここでは蔵書管理サービスである「MediaMarker」を用いて読書を管理し、EVERNOTEと組み合わせて、効率的に読書の記録を残す方法を紹介します。

MediaMarkerは、バインダーに登録した本の所有状況や読書の進捗を管理したり、タグで分類したり、評価やメモを残したりときめ細やかな情報管理を行うことができるクラウドサービスです。さらには、専用のiPhoneアプリを用いることで、MediaMarkerに登録されている蔵書の情報をいつでもどこでも引き出せる上に、iPhoneのカメラでバーコードを読み取ってバインダー登録することも可能です。

私は主にMediaMarkerを次の用途で使用しています。

- ウィッシュ（WISH）リスト
- 蔵書管理
- 読書メモの保存

簡単にMediaMarkerを使った読書管理の一連の流れを見ていきましょう。

❶欲しい本をウィッシュリストに加える
❷本を買うときにウィッシュリストを見返す
❸本を購入後、すでにWISHリストに入っている本はステータスをWISHリストから「所有」と「購入済み」に変更する。WISHリストに入っていない本はiPhone版のアプリからバーコードで登録を行う
❹新たに本を読み始めるときには「未読」状態

◉ウィッシュリストの表示

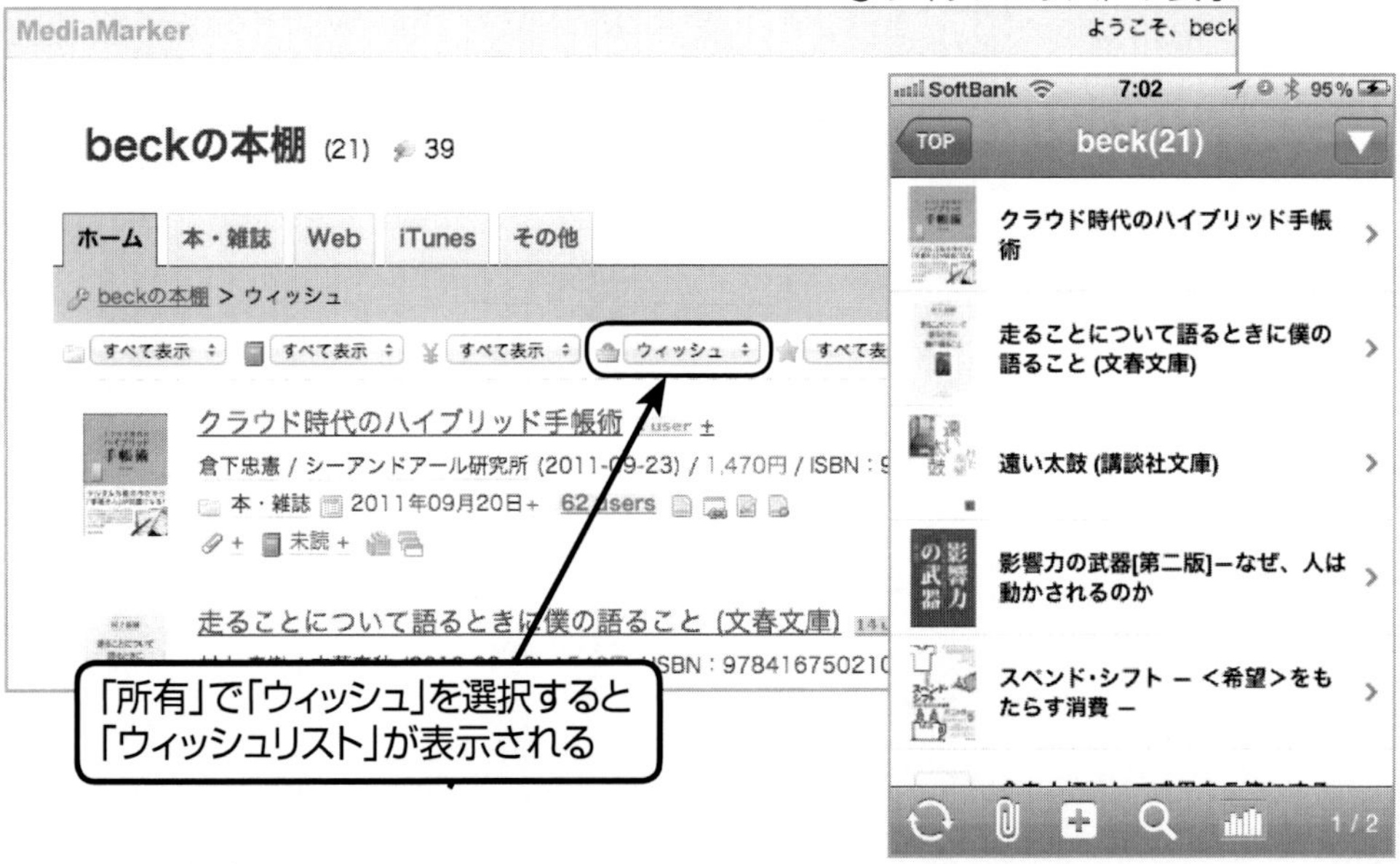

「所有」で「ウィッシュ」を選択すると「ウィッシュリスト」が表示される

◉MediaMarkerの登録画面

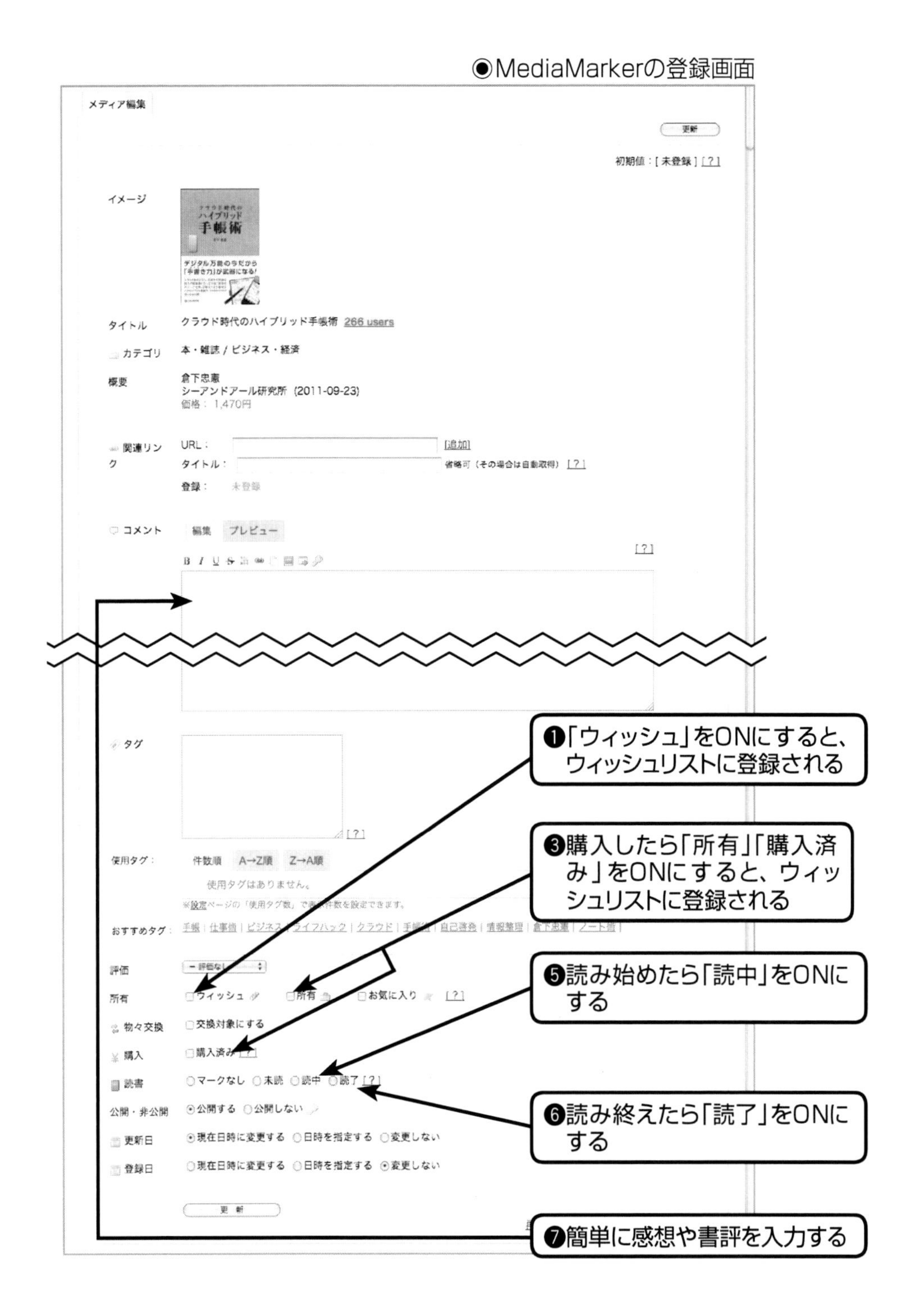

の本で絞り込みを掛けて読む本を決める

❺読み始めたら「読中」状態に変更する

❻本を読み終えたら「読了」状態に変更する

❼簡単な感想書評をメモ欄に残す

MediaMarkerと他のアプリとの連携

MediaMarkerでは、本をバインダーに「登録」したタイミングや、ステータスを「購入」や「読了」に変更したタイミング、「コメント」を付けたタイミングでToodledoやEVERNOTEに情報を書き出すことができます。

MediaMarkerを用いることにより、読書に関して、次の流れを作り出すことができます。

❶本を購入・登録した際にToodledoに「×××を

◉購入書籍の選択

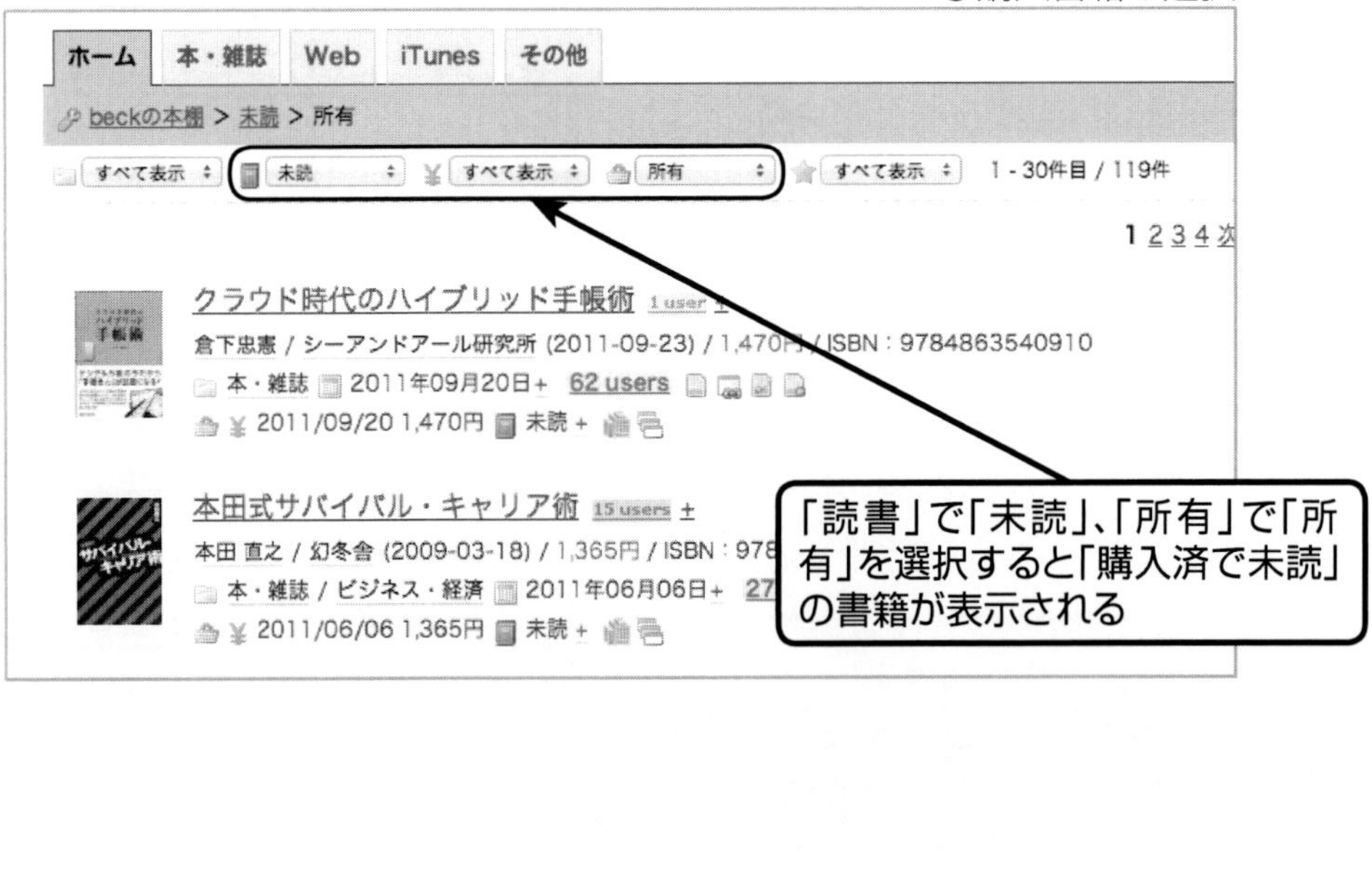

ホーム　本・雑誌　Web　iTunes　その他

beckの本棚 > 未読 > 所有

すべて表示　未読　すべて表示　所有　すべて表示　1 - 30件目 / 119件

1 2 3 4 次

クラウド時代のハイブリッド手帳術　1 user

倉下忠憲 / シーアンドアール研究所 (2011-09-23) / 1,470円 / ISBN : 9784863540910

本・雑誌　2011年09月20日+　62 users

¥ 2011/09/20 1,470円　未読 +

本田式サバイバル・キャリア術　15 users +

本田 直之 / 幻冬舎 (2009-03-18) / 1,365円 / ISBN : 978

本・雑誌 / ビジネス・経済　2011年06月06日+　27

¥ 2011/06/06 1,365円　未読 +

「読書」で「未読」、「所有」で「所有」を選択すると「購入済で未読」の書籍が表示される

MediaMarkerを中心にした読書管理と蔵書メモの流れ

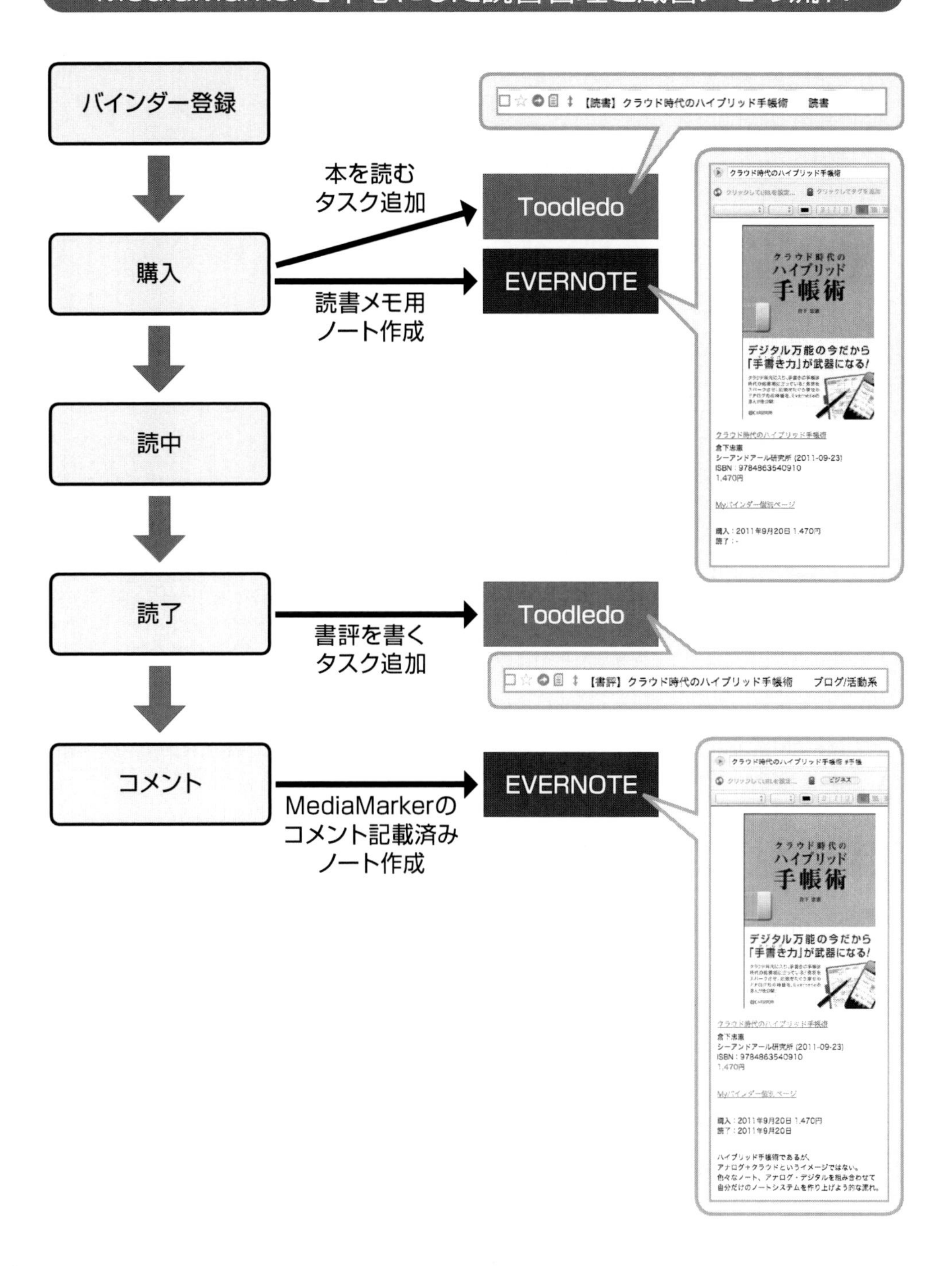

読む」というタスクを追加し、EVERNOTE用に読書メモ用のノートを作成
❷読了時にToodledoに「×××の書評を書く」というタスクを追加
❸読書メモを記入したタイミングでEVERNOTEにもそのノートをコピー

あまりやり過ぎるとタスク管理や蔵書管理が面倒になってしまいますが、読書もタスクとして管理したい場合や、読書メモをEVERNOTEに残したいなどのニーズがある場合には、非常に有用な機能といえるでしょう。

マーキングしたページは写真で残す

読書の際に、紙面に線を引っ張ったり「ドッグイヤー」と呼ばれる折り込みを付ける人も多いのではないでしょうか。私も読書をしていて気になった箇所には折り込みを付け、気になった箇所に線を引きます。何度も読み返すような本で、特に重要なページには付箋を付けることもありますが、面倒なので滅多なことでは付けません。

重要な箇所を強調するのはよいのですが、残念ながらいかにマーキングを施したところで、その本を読み返さない限りいつかは重要な箇所についての記憶は消えて

しまいます。私の場合は、読書中のメモや抜き書きを作成し、読後の書評を書くという作業をあらかじめ自分の読書の工程に組み込んでおくことで、マーキングしたページを「読み返す」タイミングを設定しています。

読書メモや抜き書きは、すべてEVERNOTEに集約させるために、マーキングしたページは写真データとしてEVERNOTEに取り込んでいます。この写真データは本を読んでいる最中や読了後にはそれほど必要ではないのですが、過去に読んだ本の情報を調べるときには抜群の効果を発揮します。

マーキングしたページの画像を残すときに使用するのが「FasEverSnap」です（118ページ参照）。基本的に本を読んでいるときはマーキングを行うのみで、後からまとめてドッグイヤーを行っているページを撮影していきます。FastEverSnapは、

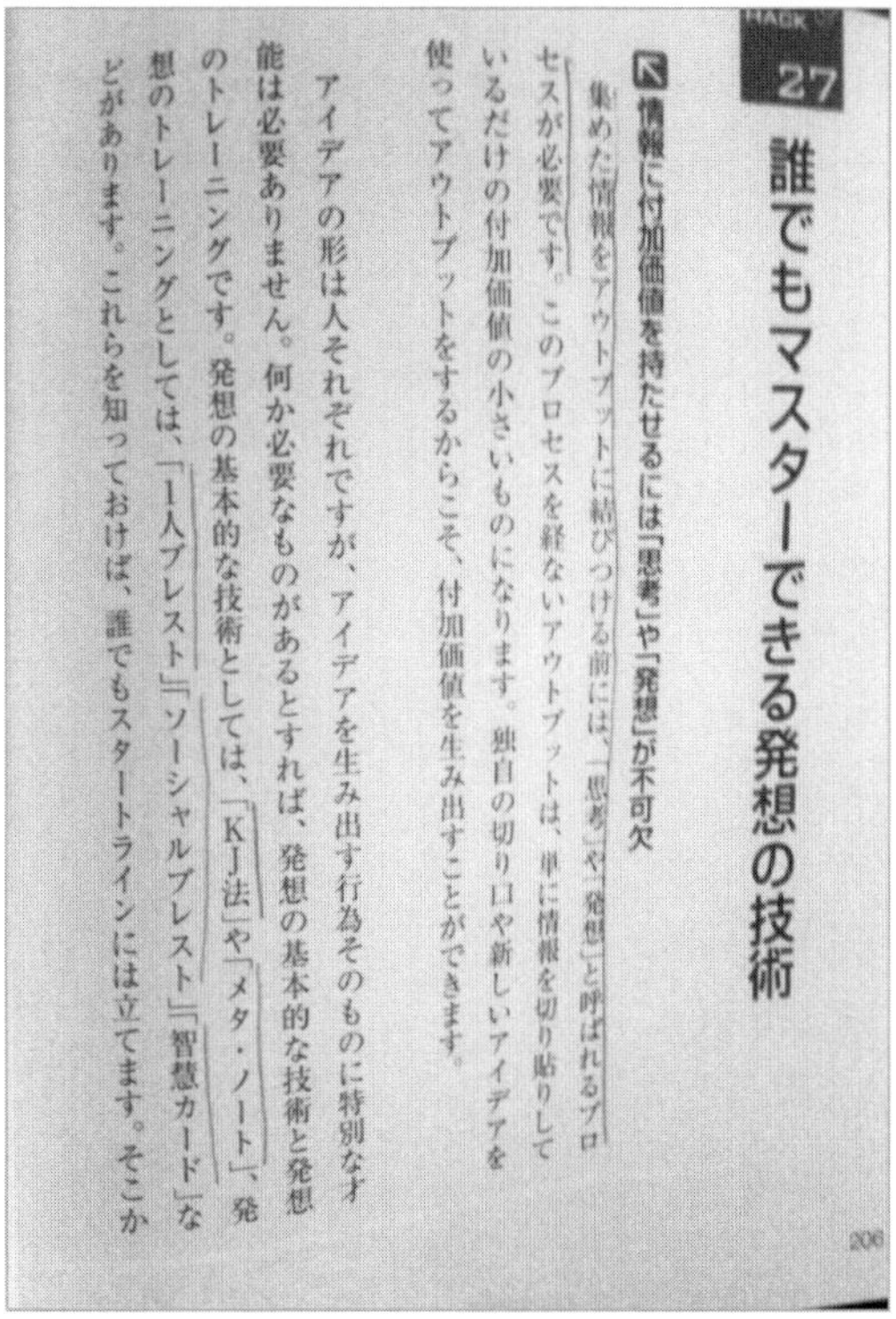

◉ドッグイヤー&赤線を引いた本の写真

HACK 27
誰でもマスターできる発想の技術
情報に付加価値を持たせるには「思考」や「発想」が不可欠
集めた情報をアウトプットに結びつける前には、「思考」や「発想」と呼ばれるプロセスが必要です。このプロセスを経ないアウトプットは、単に情報を切り貼りしているだけの付加価値の小さいものになります。独自の切り口や新しいアイデアを使ってアウトプットをするからこそ、付加価値を生み出すことができます。
アイデアの形は人それぞれですが、アイデアを生み出す行為そのものに特別なオ能は必要ありません。何か必要なものがあるとすれば、発想の基本的な技術と発想のトレーニングです。発想の基本的な技術としては、「KJ法」や「メタ・ノート」、発想のトレーニングとしては、「1人ブレスト」「ソーシャルブレスト」「智慧カード」などがあります。これらを知っておけば、誰でもスタートラインには立てます。そこか
206

タグやノートブックを設定した状態で撮影した写真を直接EVERNOTEにアップロードできるため、「読書ノート」のノートブックに著者名と書名のタグを付けてマーキングしたページの画像をアップロードすることができます。

EVERNOTEで読書記録を管理する

最後にEVERNOTEを使った読書記録の統合管理について紹介します。私は読書記録として、次の4つを残しています。

- マーキングしたページの画像データ
- 読書中の読書メモ、抜き書き
- MediaMarkerのコメントに書いた簡単

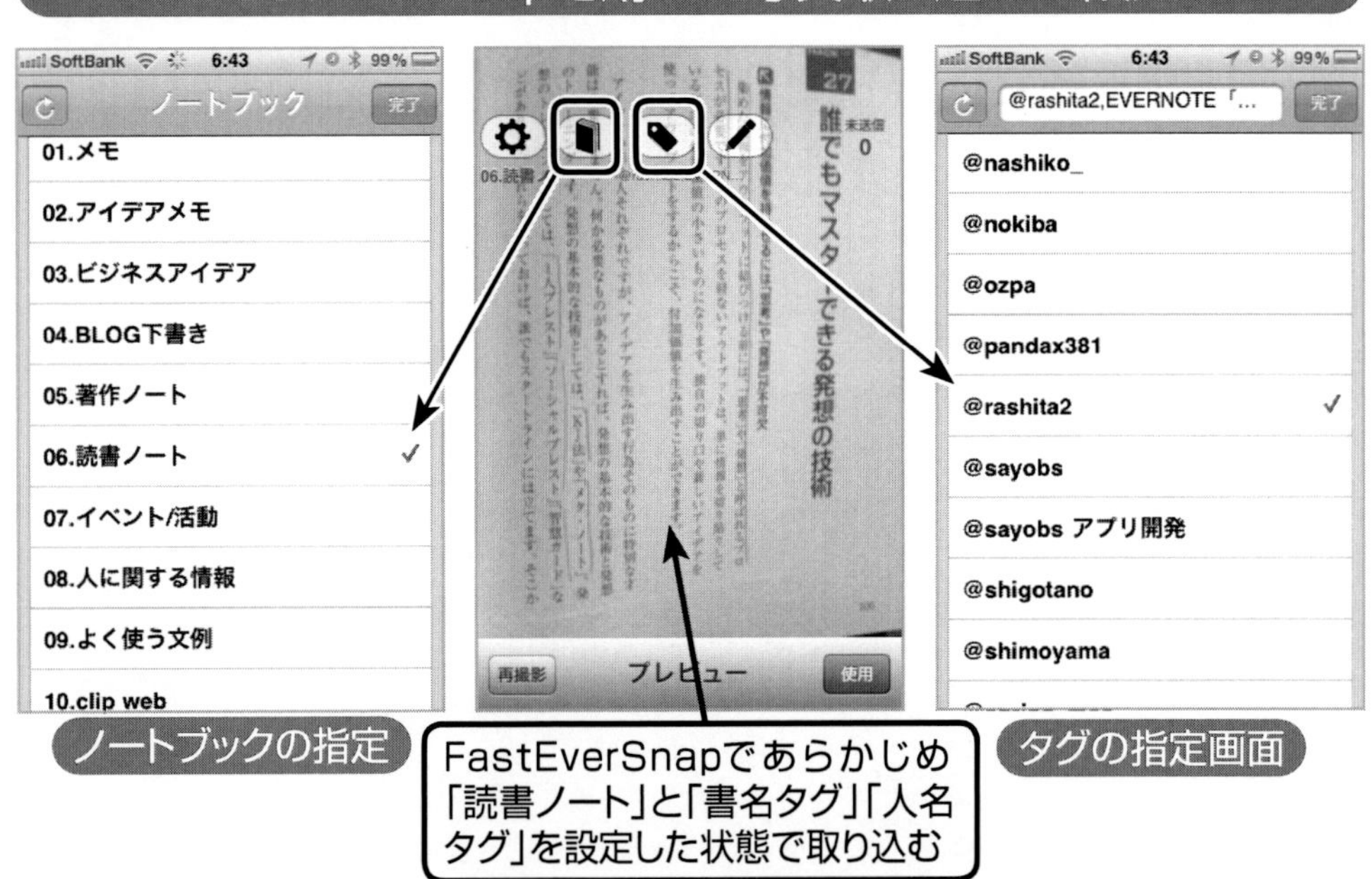

な感想／紹介

●ブログに書いたちゃんとした書評

写真データは先述の通り読書中にそのつど取り込みを行います。読書メモや抜き書きという作業については、MediaMarker上で本の状態を「購入」にしたタイミングで自動的にEVERNOTE作成されたノート上で行います。ここまでの作業はやや手が掛かっていて、まさにEVERNOTEに読書の記録を残しているという趣の作業とな

●書名タグで読書記録を集めた図

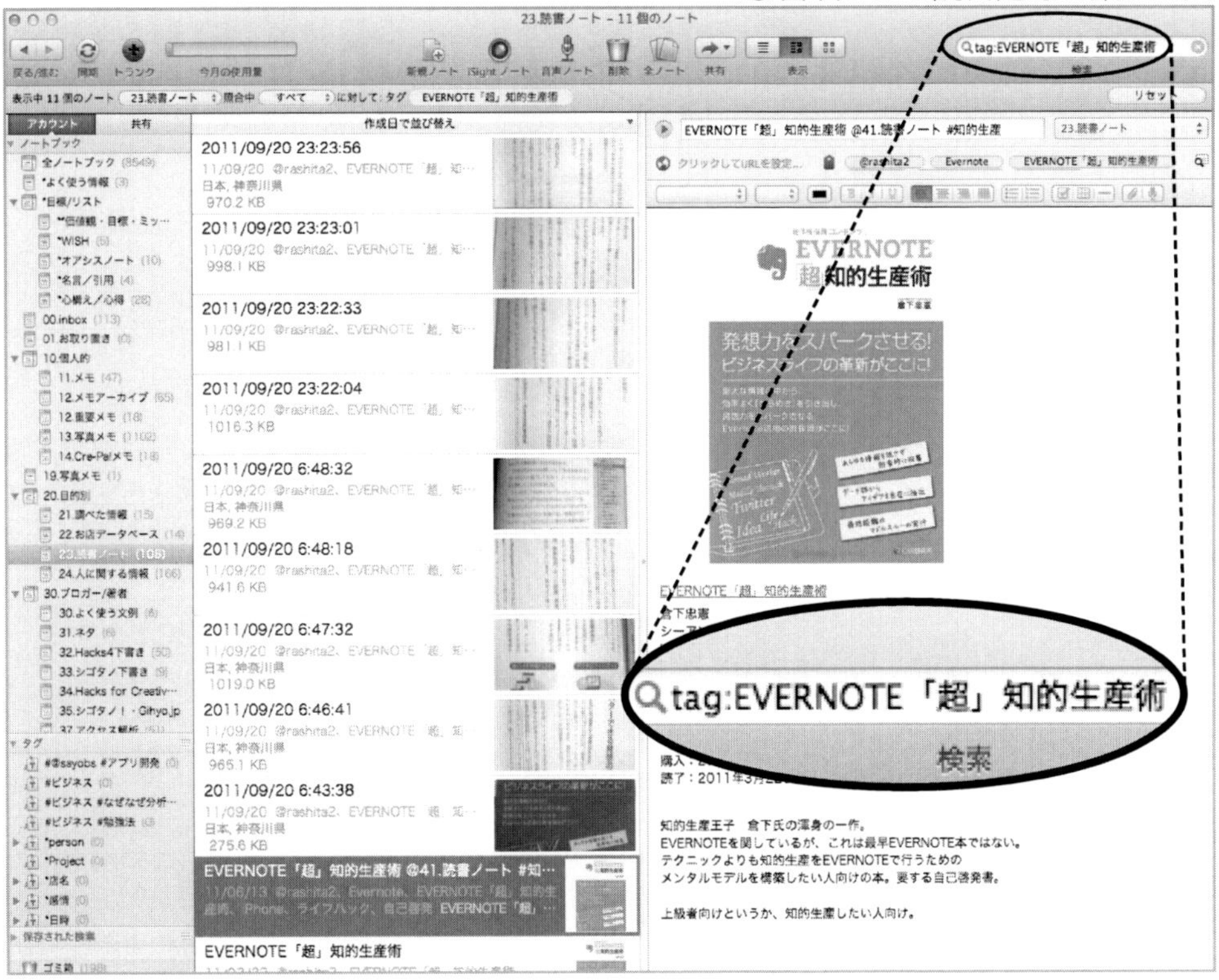

ります。

後の2つはここまで残してきた読書記録を元に作成されたアウトプットとも呼べる作業です。MediaMarkerのコメント欄に残した簡単な感想と紹介文は自動的にEVERNOTEに取り込まれる用に設定していますし、ブログに書評を書いた場合も、SECTION-15（88ページ）で書いた手法で自動的に自分が書いたブログ記事をEVERNOTEに取り込んでいるため、手間なく取り込むことができます。

上記4つの読書記録を結ぶのが「書名」タグです。あまりひねりがないワザですが、EVERNOTEに入っているその書籍に関する情報はすべて「書名」タグで集められるようにしておくことで、読書記録が後から再利用しやすくなります。

iPhone／iPadで一歩進んだプレゼンテーションを演出する

iPhone単体でも充分にプレゼン可能

iPhoneやiPadには、PowerPointやKeynoteのファイルを再生する機能が備わっています。たとえば、自分が作成したPowerPointの資料をDropboxに格納しておけば、客先にプレゼンテーションしにいく道すがら、iPhoneで資料を確認しながら脳内リハーサルを行うことも可能です。

ただ、iPhoneやiPadで再生された資料は文字の大きさなどが狂ってしまい、正しく表示できないことが多い点には注意が必要です。客先などに綺麗な状態で資料を見せたい場合は、ＰＤＦや画像に変換して、GoodReaderやカメラロールに格納するか、後に紹介するような専用のアプリケーションを使って表示する必要があります。

それなりに値段が張るプレゼンアプリを使わずに安価に済ますのであれば、GoodReaderに格納したＰＤＦファイルをＶＧＡ出力でプロジェクタに映す方法があります。iPhoneだけで客先にプレゼンテーションできるGoodReader+PDFは強力な代換え手段になるはずです。

リモートでKeynote／PowerPointを利用する

MacユーザーでKeynoteとPowerPointを利用している人は「Pointer」というアプリが非常に便利です。Mac側に専用のサーバソフトを入れる必要があるのですが、これ1本でKeynoteでもPowerPointでもiPhoneから遠隔操作ができるようになります。

Pointerは再生中のプレゼン資料をiPhone画面に表示できるだけでなく、iPhone画面上に表示された資料上の触れた位置にポインタを指し示すことができます。

これまでもPC／Macのプレゼン資料を操作するためのコントローラとレーザポインタがセットになったものがありましたが、今日では表示されている資料の確認も、ページ送りも、

iPhoneアプリ情報

Pointer

- ジャンル …仕事効率化
- 提供元 …Karmeye
- 価 格 …無料

ポインティングもすべてiPhoneだけでできる時代になったのです。

このほか、Mac側にソフトを入れずとも遠隔でKeynoteを操作できる「Keynote Remote」というアプリもとても便利です。PowerPointは使わないとか、特別なソフトを入れるのはいやという場合はこちらの導入を検討してみてください。

◉Mac上のPowerPointをPointerで操作する

PointerServerをMacにインストールすれば、iPhoneアプリのPointerからMac上のPowerPoint/Keynoteが遠隔操作できる

iPhone／iPadのKeynoteでプレゼン

「Pointer」も「Keynote Remote」も共にMac上のアプリケーションに対してリモート操作を行うものでした。つまり、プレゼンテーションをするためにはMacを持ち歩く必要があります。

重たいMacは持ち歩きたくない……という場合もあるでしょう。iPhoneやiPadの

◉iPhone画面上でKeynoteを再生

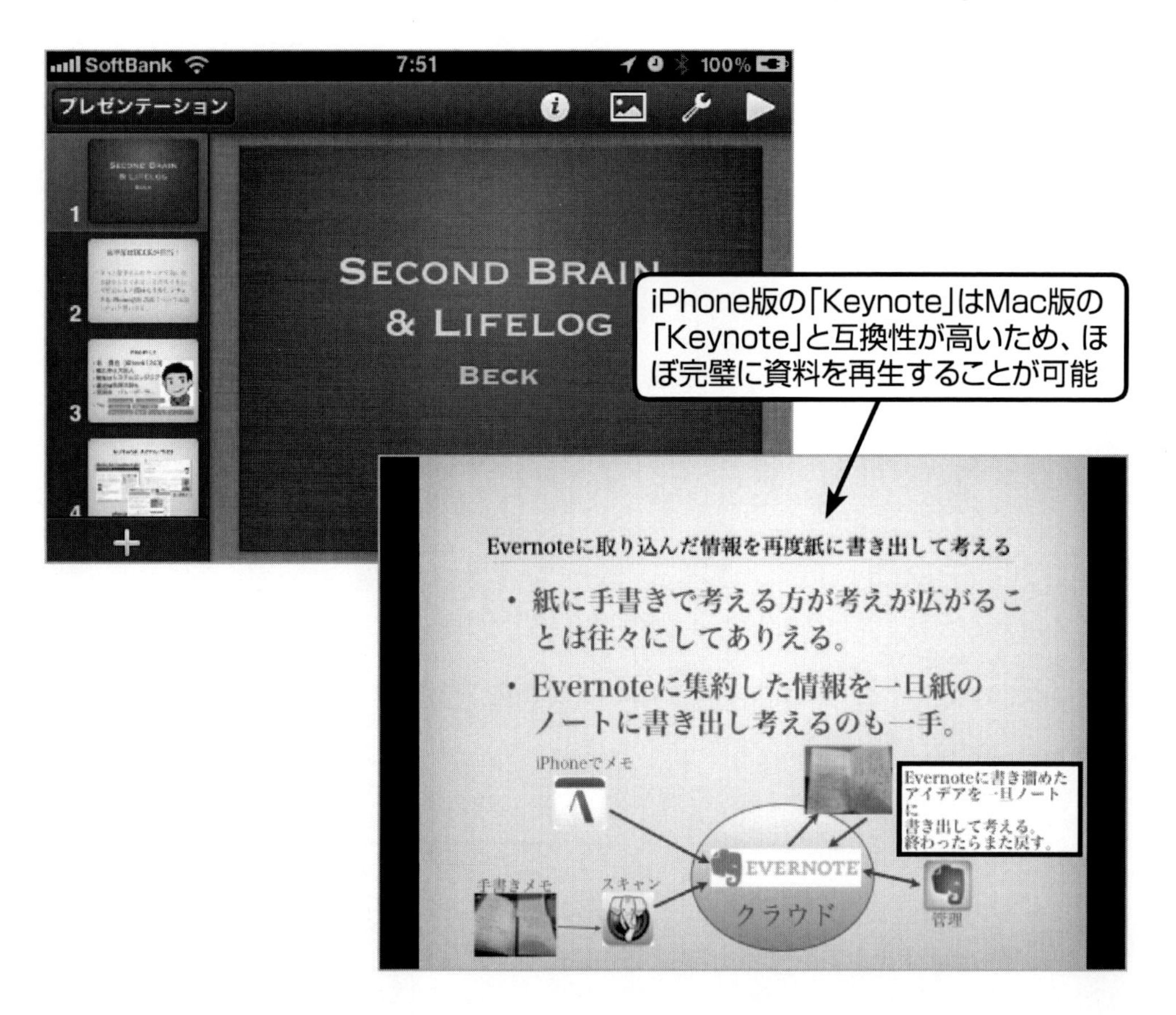

みでプレゼン可能なアプリケーションの代表格はiPhone／iPad版の「Keynote」です。はじめはiPadでしか使えなかったのですが、後にiPhoneにも対応しました。

やや制約はあるもののMac版のKeynoteとの互換性も高く、話題のiCloudでデータが自動的に同期できるようになったのも魅力です。

会社のWindowsでPowerPointを使わなければならない場合

私も仕事柄、PowerPointを使うことが多く、KeynoteよりもPowerPointの方が効率的にプレゼン資料を作成することができます。しかも、会社であれば当然のようにWindowsを使うことになります。

「i-Clickr PowerPoint Remote」は遠隔でPowerPointを操作するアプリです。Windowsにあらかじめ専用のアプリケーションをインストールする必要がありますが、先に紹介した「Pointer」や

iPhoneアプリ情報
i-Clickr PowerPoint Remote
- ジャンル … ビジネス
- 提供元 … Senstic
- 価格 … 850円

「KeynoteRemote」と同様の操作感でWindowsを操作できるのは、とてもありがたいです。

　また、WindowsやMacのリモート操作ではなく、iPhone／iPad単体でPowerPointのプレゼンテーションを行いたい場合には、「即プレゼン」が重宝します。このアプリのよいところは、PowerPoint資料を正確に表示できるところで、プロジェクタ投影などを行わない場合でも、iPhone／iPadの画面上で相手に資料を見せることができます。

「即プレゼン」があれば、PowerPointがインストールされたPCやMacがなくてもプレゼンができる

iPhoneアプリ情報

即プレゼン

- ジャンル ･･･ ビジネス
- 提供元 ･･･ CYBERWARE Inc.
- 価 格 ･･･ 700円

iPhone/iPad/Macで行うシームレスな資産管理

お小遣い帳か？ 家計簿か？ 資産管理か？

突然ですが、あなたはお金をどのように管理していきたいと考えていますか？たとえば、自分の手で家計を管理している人は、財布と銀行口座のお金の出入りぐらいはつかみたいと考えるでしょうし、お小遣い制の人であれば月3万円という予算の中でどうお金をやりくりするか、という視点でお金の管理を考えるはずです。

iPhoneには数多くの家計簿アプリがありますが、どのアプリを使えばよいかはこの「どのようにお金を管理したいか」というニーズにかかってきます。決まっている予算の中でお金のやりくりを考えたい人にとっては「iExpenseIT」のように最初から予算の総額を決めた上でお金を使っていくタイプのアプリがいいでしょうし、収支ではなく支出をしっかり管理できればよい場合は「支出管理」、財布と銀行のお金の管理という話になれば「かんたん家計簿iMoney」というアプリがおすすめです。

ただ、長い人生、自分の資産が本当はどうなっているのかを把握することは非常に重要です。収入と支出のバランスを把握し、貯蓄とローンと投資を把握し、いつごろどの程度のお金が必要になるかという見通しを立てておくことができれば、将来自分や自分の家族がお金のことで苦労する事態を完璧ではないものの、ある程度は回避することができます。

iComptaではじめる統合的な資産管理

今日では複数の銀行口座にお金を預け、複数のクレジットカードを所持することが珍しくはありませんし、電子マネーなどの新しい形式の決済手段も登場しました。また、インターネットでの証券取引やＦＸなどが一般的になるにつれて資産運用を行う人の裾野が広がり、銀行以外の金融機関に現金以外の何らかの資産を持つことがそれほど珍しいことではなくなりました。

多様化する個人の資産や決済方法に柔軟に対応できるアプリは、以前であればWindows用の「MS Money」が代表格でしたが、今では開発が中止になってしまいサポートも終了しています（現在は「Money Plus Sunset Deluxe」という機能限定版の無償ソフトが提供されている)。Macユーザの方で資産管理をしっかりやりたいというニーズがあるのであれば、「iCompta」利用をおすすめします。

「iCompta」は銀行口座、クレジットカード、証券会社口座などさまざまな資産を統合的に管理できる高機能な資産管理アプリケーションです。Mac版のアプリのほか、iPhoneやiPadからも利用可能で、MacとiPhone/iPad間の無線LAN経由で同期を行ったり、Dropbox上に保存用ファイルをおいてデータをシームレスに引き継ぐこともできます。金融機関が提供してくれるお金の入出力情報を取り込むこともできますし、口座間のお金の移動も簡単に行うことができます。

iPhoneアプリ情報

iCompta

- ジャンル … ファイナンス
- 提供元 … LyricApps
- 価 格 … 1650円

iComptaの基本的な使い方

iComptaは非常に高機能なツールであり、慣れるまでに少々の苦労を要します。まずは基本的な操作を押さえて、お金の収支を管理できるようにします。ここでは、基本操作として、アカウントの作成、収支の記録、アカウント間でのお金の移動について紹介します。

アカウントの作成

ここでいうアカウントとは、本来のaccountの和訳である「口座」を意味します。銀行口座とお財布のほか、クレジットカードや証券口座、電子マネーなどさまざまな口座情報を登録できます。

◉iCompta画面キャプチャ

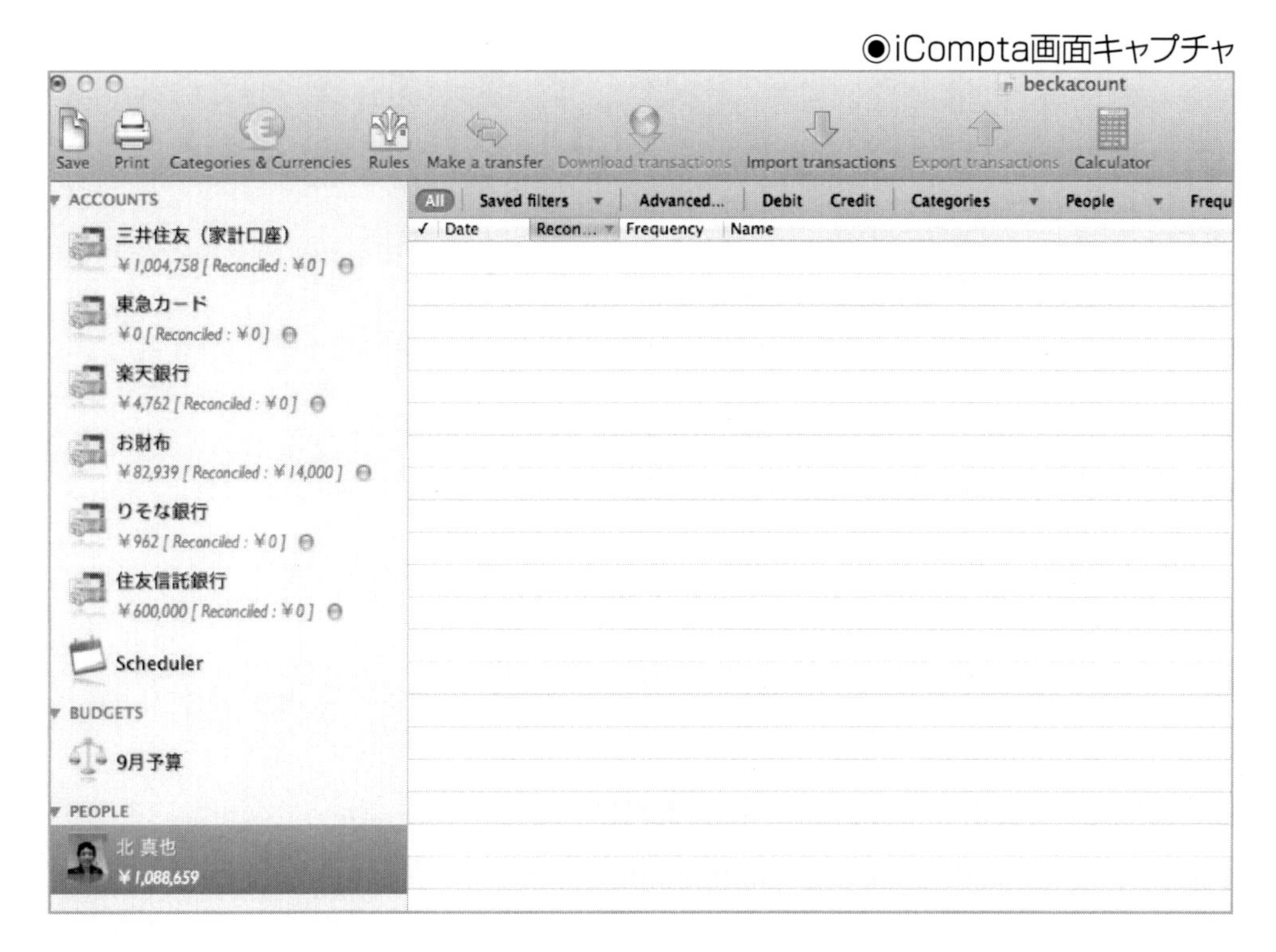

使ったお金の記録

使ったお金を記録するにはアカウント画面の右側の「Transaction」から入力を行います。

アカウント間でお金の移動を行う

もっと単純なアカウント間のお金の移動は銀行口座からお金を引き出すというアクションです。その他にも銀行口座からのカードの引き落としなどもありますが、そちらはルールという機能を用いる方が利便性が高いので、ここでは銀行口座からお金を引き出す方法を取り上げます。

アカウントの作成方法

◉収支の入力方法と各項目の意味

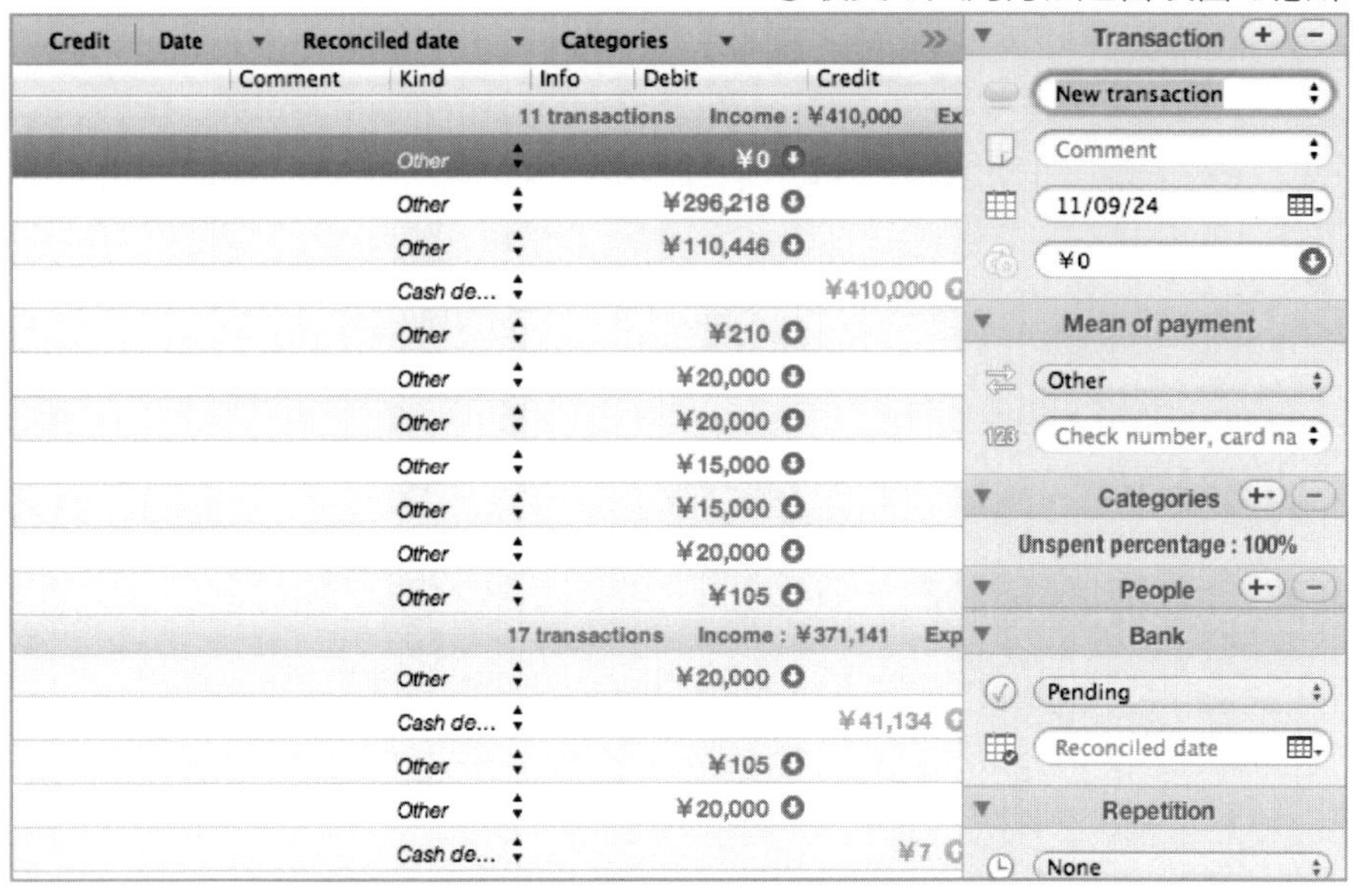

口座間の資金移動の操作

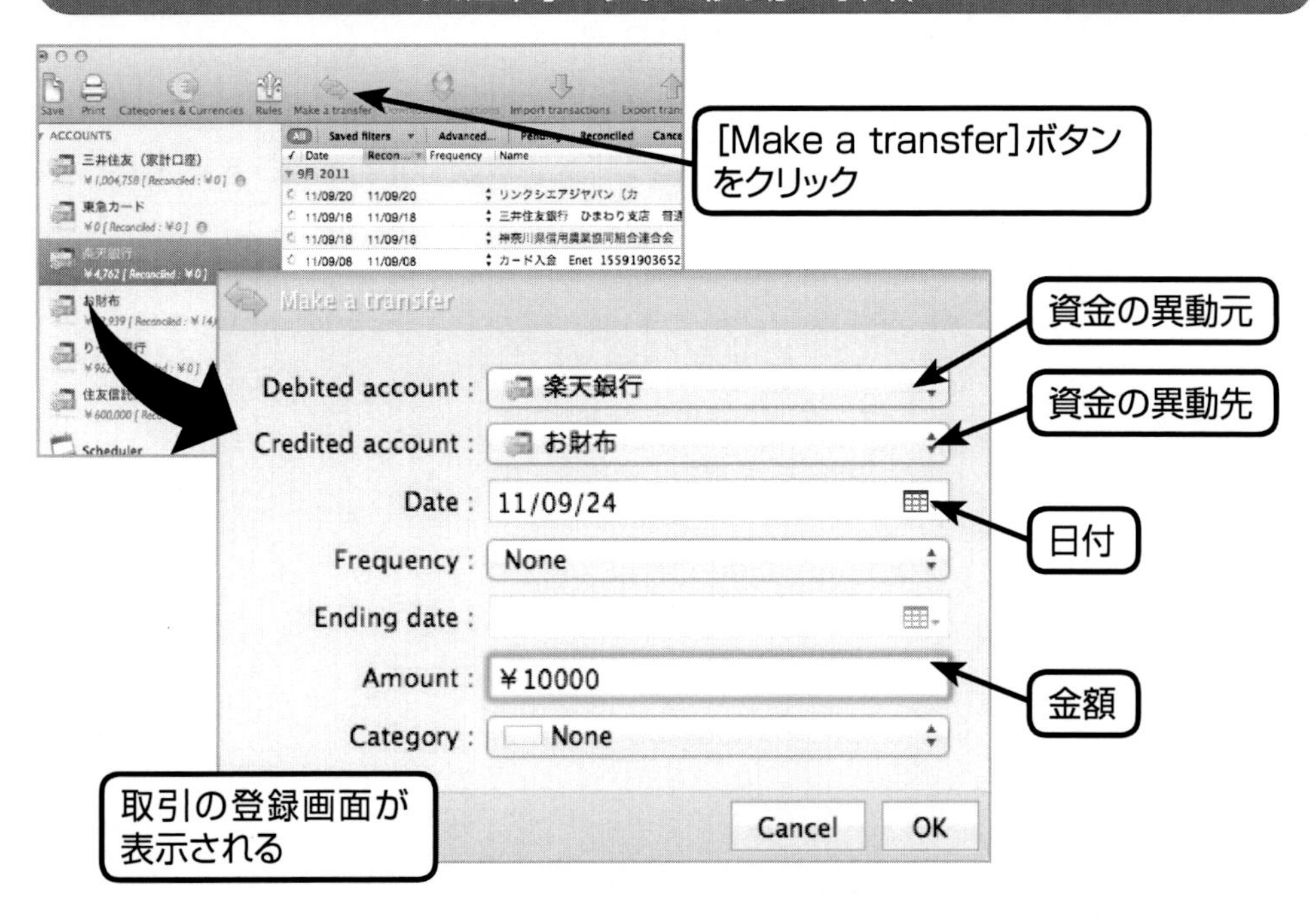

Mac とiPhone 間でデータを同期する

MacとiPhoneの間でデータ同期を行う機能は同一のWifiにいるときにMac側のソフトから同期をかける方法と、Dropboxで保存ファイルを共有する方法があります。どちらの同期機能を用いたとしても、外で空いた時間などを活用してiPhoneに入力した出費情報を、スムーズにMacへと引き継ぐことが可能となります。

自動入力を使って省力化する

「MicrosoftMoney」には、ＯＦＸファイルという金融機関における現金の出し入れ情報を読み込む機能がありました。多くの金融機関がこのＯＦＸファイル、もしくはそれに相当するＣＳＶファイルの出力に対応しています。

iComptaではこのＯＦＸファイルやＣＳＶファイルのインポートに対応しており、多くのクレジットカードや銀行内での収支はこの機能を使って簡単に記録ができるようになっています。

ただし、カード払いで出費した場合などは、レシートの支出情報を手で入力すると、カード会社から取り込んだＣＳＶの情報とバッティングすることがあります。

自動入力の手順

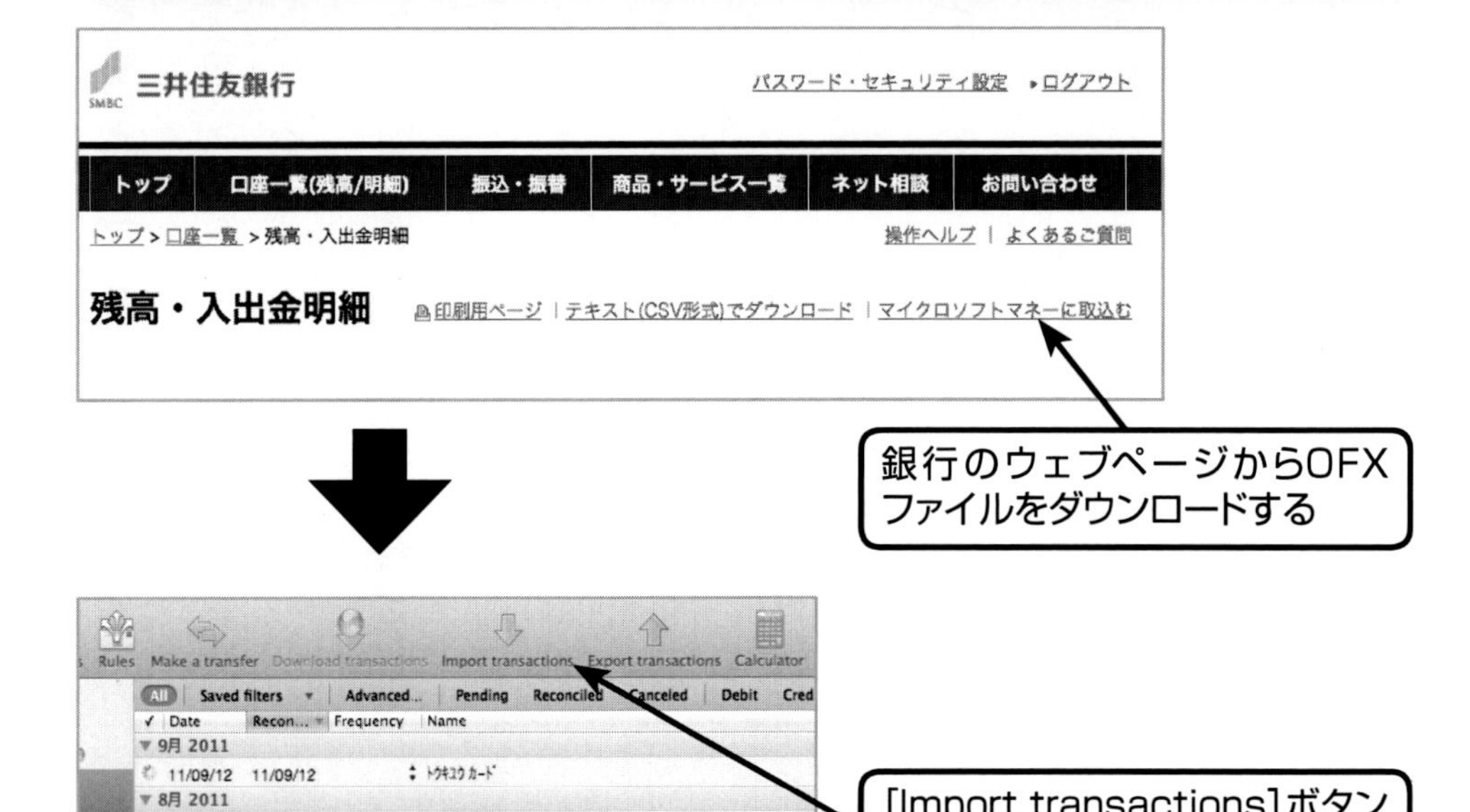
三井住友銀行
残高・入出金明細
マイクロソフトマネーに取込む
銀行のウェブページからOFXファイルをダウンロードする
Import transactions
[Import transactions]ボタンをクリック

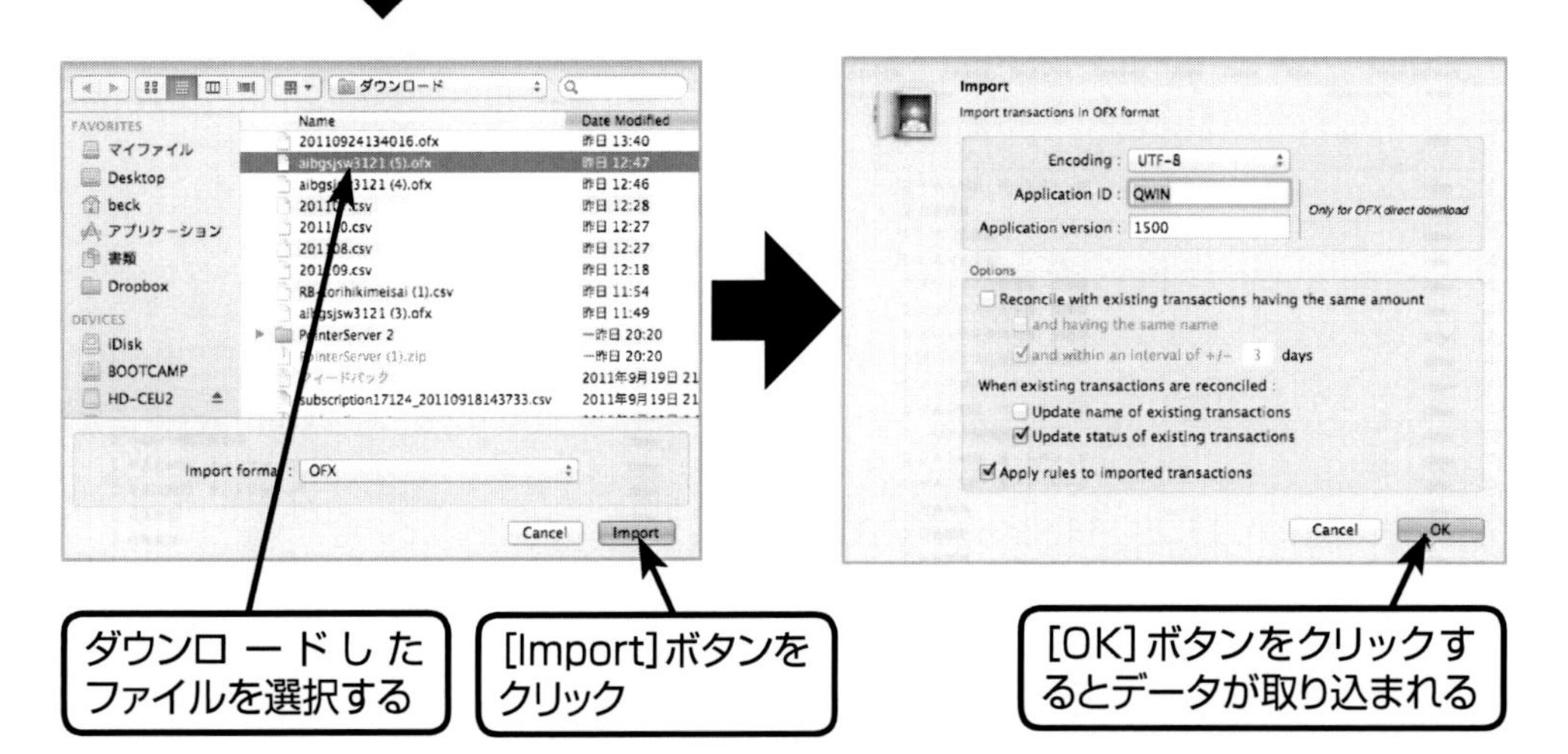
ダウンロードしたファイルを選択する
[Import]ボタンをクリック
[OK]ボタンをクリックするとデータが取り込まれる

こういった場合を想定して、インポートと画面ではOFXやCSVファイルの各行の内、どの情報を取り込んでどの情報を無視するかを設定できます。いちいちチェックするのが面倒であれば、リアルタイム性は損なわれますがカードでの支出記録をファイルインポート1本に絞ってしまうというのも手でしょう。

串刺し予算管理で目標管理

iComptaの特徴的な機能に予算管理があります。予算管理というと仰々しいですが、要するに「我が家の食費は3万円以内」という形で、カテゴリごとの支出の目標金額を定めてその使用状況を見ることができる機能です。

iComptaでは複数口座の費目に対してカテゴリごとの合算を出すことが可能です。たとえば、食費に対する支払いを現金とカードの両方から行っていたとしても、予算管理画面では両方の口座の食費カテゴリの費目の合計金額を合算した結果が表示されるのです。

カテゴリの設定による予算管理

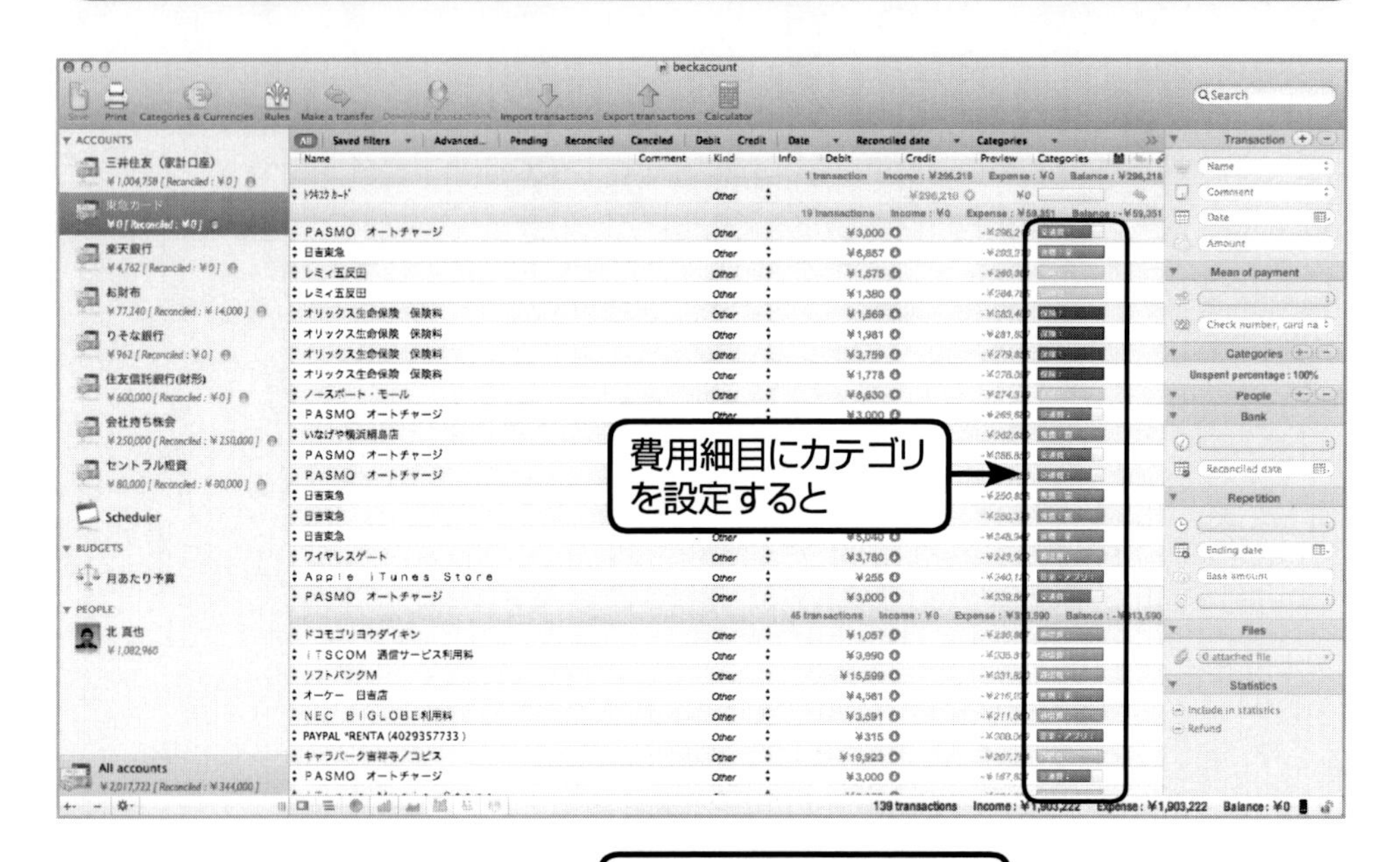

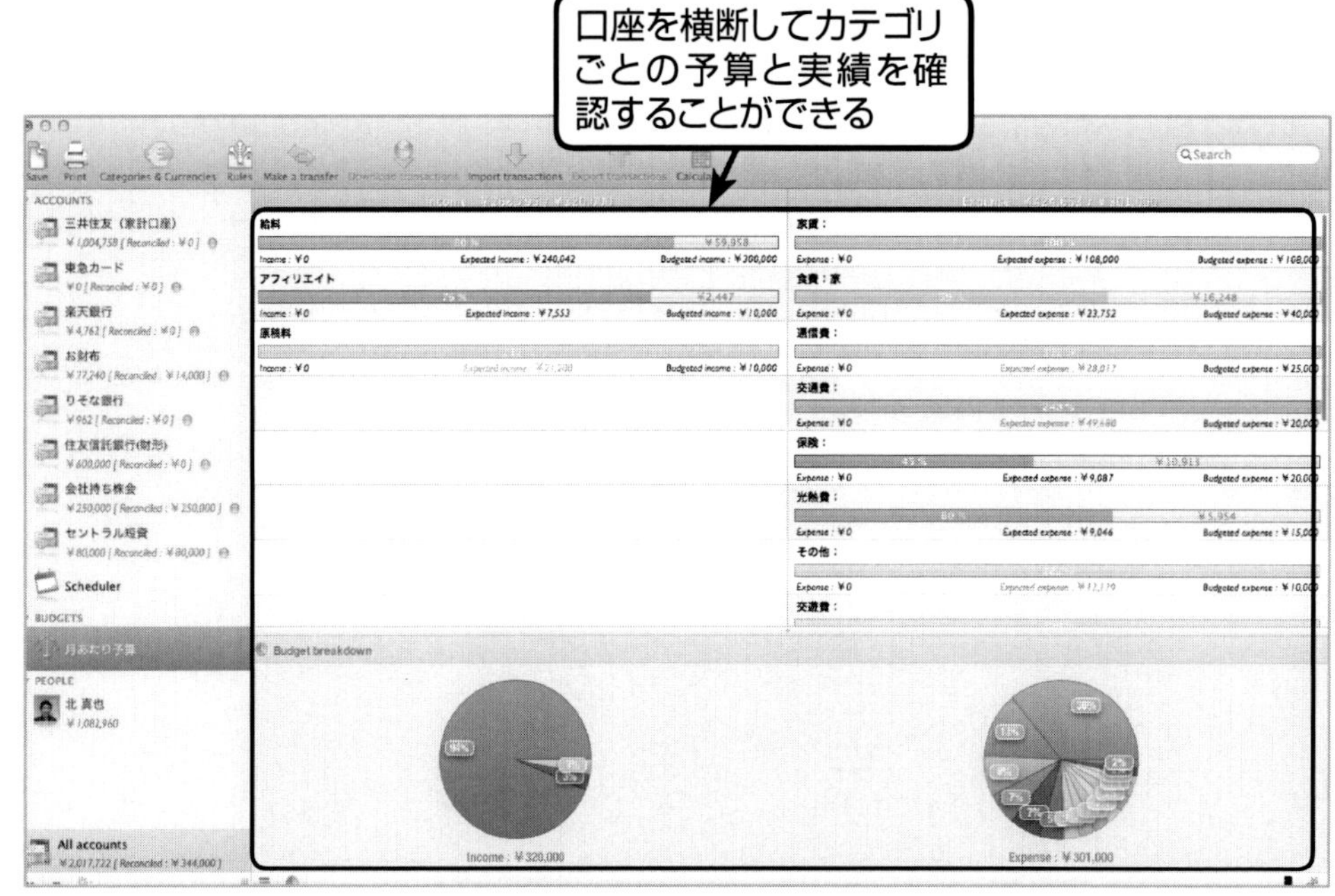

口座を横断してカテゴリ
ごとの予算と実績を確
認することができる

ルールを決めて入力を省力化

iComptaではルールと呼ばれる自動処理機能があります。銀行口座であれば、家賃の引き落としやカードの引き落としなど、定期的に行われる処理に対して自動でカテゴリを振ったり、口座間のお金の移動を行うことができます。

自動入力を用いてCSVやOFXからデータを取り込んだ後に「Apply Rule」を実行すれば、自動で取り込んだデータに対して、カテゴリ付けや口座間のお金の移動を自動的に行うことが可能となります。

◉ルールの設定画面

設定したルールの実行

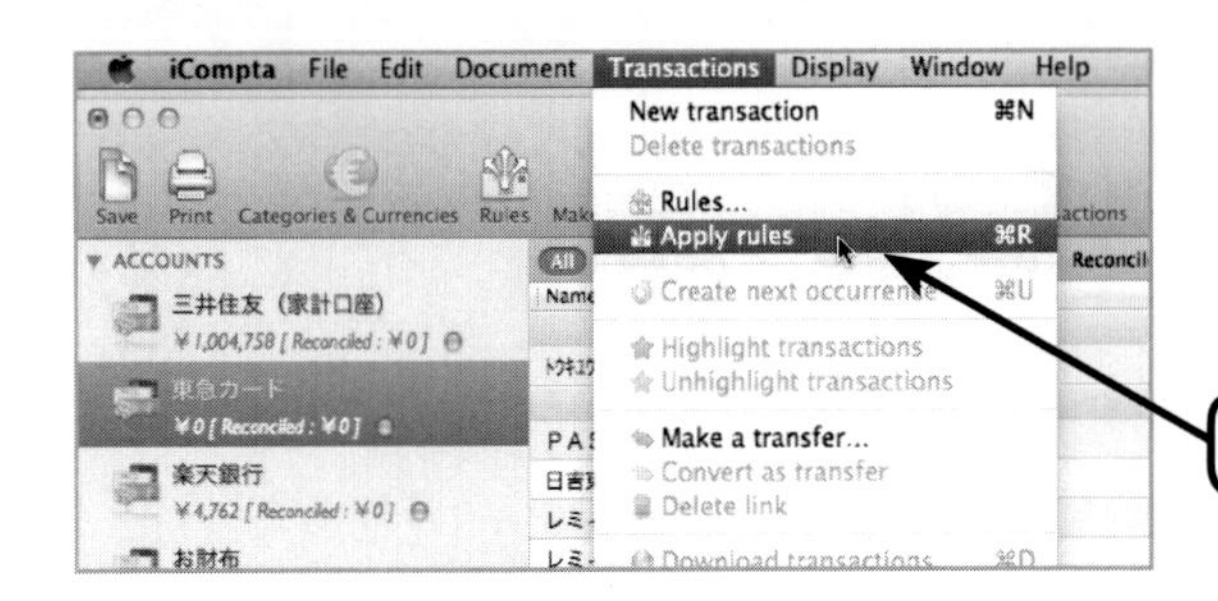

[Apply rules]を選択する

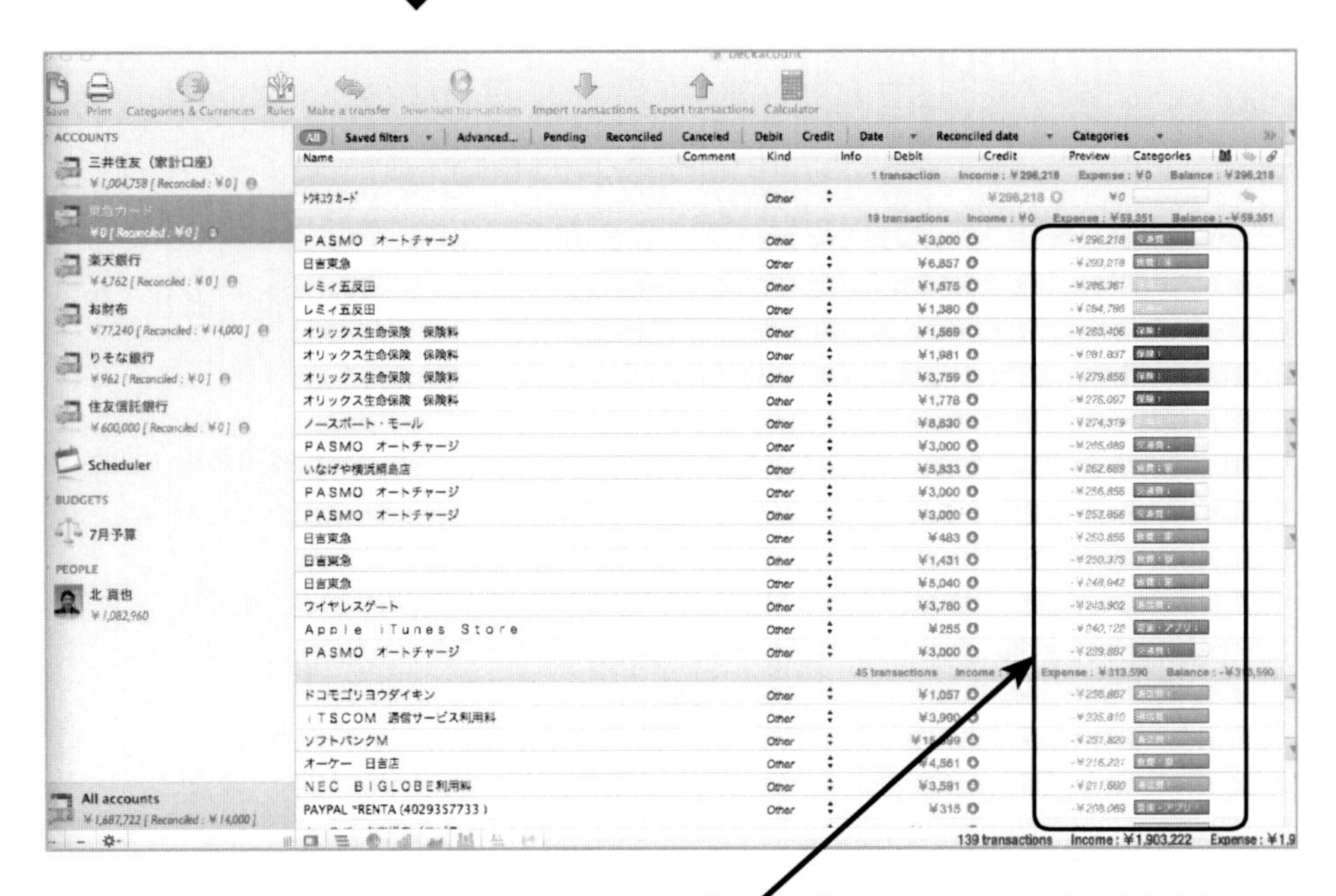

設定されたルールに基づき自動的にデータが作成される。費目名から自動的にカテゴリを設定されるので、カード払いなどは費目名が決まっているため自動処理を行いやすい。

おわりに

クラウド・スマートフォン時代の幕開け

クラウドツールやスマートフォンが発展を遂げる中で、私たち個人ができることは飛躍的に向上しました。いつでもどこでもメールやRSSを読むことができますし、Youtubeを見ることも、Skypeで通話しながらマインドマップで情報を共有することもとても簡単にできてしまいます。

ほんの4年ほど前にWindowsMobileを搭載したスマートフォンを使っていたこともあるのですが、その時代と比べても今のiPhoneの使いやすさ、機能の豊富さは隔世の感を覚えます。クラウドサービスがPC／Macだけでなく、スマートフォンからも利用しやすくなり、シームレスなサービス利用が当たり前である現状を考えれば、ケーブルを接続して手動でデータをコピーしていた時代が遠い昔のように感じます。

しかし、CHAPTER-1でも取り上げたとおり、企業におけるクラウド／スマートフォン活用については、その取り組みへの濃淡が分かれる状況となっています。セキュリティやデータの保全性などのリスクは下手をすると深刻なダメージをその企業に与えてしまう恐れがあるため、一概に導入できない企業が遅れているとか頭が固いとか、そういう単純な問題でもないのです。

本書でお伝えしたかったこと

実際の所、私自身EVERNOTEやGoogleカレンダーが会社で使えないという状況の中で、クラウドの活用がプライベートや執筆業、勉強会などの個人活動中心にならざるを得ないことも、また1つの事実です。

しかし、EVERNOTEを使っている、もしくはEVERNOTEの利便性を知っているが故に、仕事に関する着想であったり、仕事で使えそうなウェブクリップであればEVERNOTEで管理し、着想をアイデアに昇華させていざアウトプットする段階になってはじめて会社のPCでデータを管理するといった使い分けができるのです。

本書でお伝えしたかったことは「とにかくクラウドやiPhoneを使って仕事しようぜ！」というメッセージではなく「仕事のこの部分であればクラウドやiPhoneを使うことができるし、実際使った方が便利」という判断を、実際にクラウドやiPhoneを使ったうえで下して欲しいという想いです。

あなたにとって本書の内容が「ここでクラウドやiPhoneを使いたい」という判断材料となり、「成果を出す仕組み」の構築に一役買えればこれに勝る喜びはありません。

本書をお読み頂いた方へのお願い

本書の執筆に取りかかったのは2011年の2月の中頃でした。前著の出版イベントなどが一段落付き、本書の編集を担当して下さっている三浦様と企画のオーソライズも取れ、まずは1章を書き上げて、というころにあの日が訪れました。忘れられない、忘れてはならない3月11日の東日本大震災です。

そこから本書の執筆は1カ月以上も止まったままでした。被災地の映像を見て以来、自分に何かできることはないか、何かしなくてはいけないという想いに駆られ、空回り、結局何もできないまま、時だけが流れていきました。

あの日以来、この本が書き上がったならば印税の一部は義援金／寄付金やふるさと納税という形で定期的に被災地に送り、僅かではありますが復興に役立てたいと考えていました。色々思い悩んだ結果、自分が「できること」「やるべきこと」をきっちりこなしながら継続的に協力していくことが良いという結論に至り、再び筆を走らせることができた次第です。

皆様にお願いしたいのは一緒に継続的な支援を行っていきましょう、ということです。そんなことを言われなくっても、すでに支援を行っている方はどうかそのままに、最近意識が向いていなかったと思われる方は、ぜひ意識を向け直して頂ければと思います。

謝辞

まず、本書の執筆に書き始めから完成まで9カ月という膨大な期間を頂いてしまい、多々ご迷惑をお掛けいたしました編集の三浦様には心からお詫びを申し上げると共に、忍耐強く本書を出版するところまで導いて頂けたことに厚く御礼を申し上げます。

何よりも、土日は元より平日会社から帰ってきてもMacに向かってカタカタと原稿を打っている夫のこの活動を笑って許してくれる奥さんには本当に感謝してもしきれません。こうやって本書を無事に世に送り出すことができたのは、ひとえに奥さんの理解と協力のおかげであると痛感しています。本当にありがとう。

2011年10月末日

北真也

■著者紹介

北　真也（きた しんや）

大阪府出身。大手メーカーでシステムエンジニアとして日々奮闘する傍ら、自身が主宰するブログ「Hacks for Creative Life!」や勉強会「東京ライフハック研究会」で実践的な仕事術を研究・発信するほか、人気ブログ「シゴタノ!」での連載を持つ。著書に「EVERNOTE情報整理術」（技術評論社刊）。TwitterのIDは"beck1240"。

●ブログ「Hacks for Creative Life!」
http://hacks.beck1240.com/
●勉強会「東京ライフハック研究会 公式BLOG」
http://tokyo.lifehacklabs.com/

■本書について

●本書は2011年10月現在の情報で記述されています。

編集担当：吉成明久 / イラスト：やまもと さをん
カバーデザイン：秋田勘助（オフィス・エドモント）

目にやさしい大活字
新時代のワークスタイル クラウド「超」活用術

2015年1月9日　　初版発行

著　者　北真也
発行者　池田武人
発行所　株式会社　シーアンドアール研究所
本　社　新潟県新潟市北区西名目所4083-6（〒950-3122）
電話　025-259-4293　FAX　025-258-2801

ISBN978-4-86354-767-4 C3055